国家级一流本科专业建设成果教材

石油和化工行业“十四五”规划教材

精细化工专业新工科系列教材

精细化工实物仿真实践指南

PRACTICAL GUIDELINE FOR FINE CHEMICAL SIMULATION

杨占旭 主编
李 宁 张财顺 副主编

新形态教材

本书配有数字资源与在线增值服务

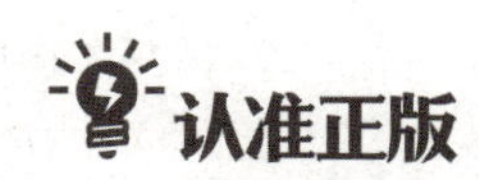

认准正版

易读书坊

1. 扫描左边二维码并关注“易读书坊”公众号

2. 刮开正版授权码涂层，点击资源，扫码认证

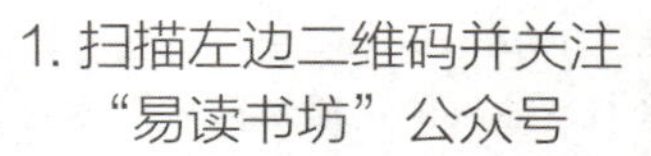

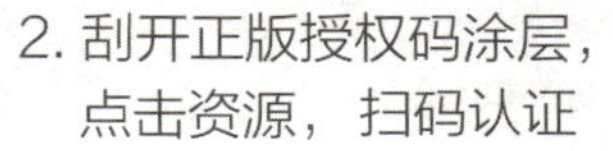

刮开涂层
扫码认证

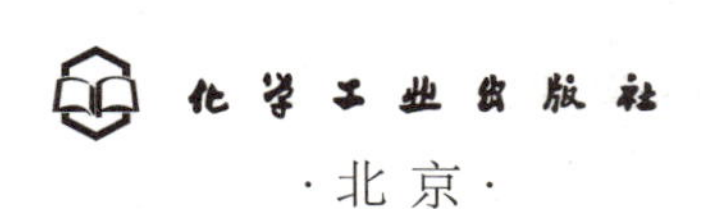

化学工业出版社

·北京·

内容简介

《精细化工实物仿真实践指南》系统介绍了精细化工实践平台的具体功能和特点，环氧乙烷、壬基酚聚氧乙烯醚、烷基苯磺酸装置的详细工艺流程，装置各岗位的操作说明、巡检、主要参数调节方法，装置事故预案与应急事故处理方法，精细化工相关设备的维护使用，DCS控制系统操作等相关内容；同时，配套了重要设备的虚拟仿真动画，以便读者随时观看学习。通过完整的工艺流程、精细化工企业安全生产及相关事故处理过程、设备仪表使用以及DCS仿真操作的实践教学环节，培养学生解决复杂工程问题的能力，提高学生精细化工职业素养，强化学生团队意识和创新意识。

本书可作为高等院校应用化学、精细化工、石油工程等相关专业的实习实践指导教材，也可以供石油化工等行业人员培训使用。

图书在版编目（CIP）数据

精细化工实物仿真实践指南 / 杨占旭主编 ； 李宁，张财顺副主编． -- 北京 ：化学工业出版社，2024.5

国家级一流本科专业建设成果教材

ISBN 978-7-122-44677-0

Ⅰ．①精… Ⅱ．①杨… ②李… ③张… Ⅲ．①精细化工-仿真系统-高等学校-教材 Ⅳ．①TQ062-62

中国国家版本馆CIP数据核字（2024）第083884号

责任编辑：王　婧　杨　菁　　　文字编辑：黄福芝
责任校对：李　爽　　　装帧设计：张　辉

出版发行：化学工业出版社
（北京市东城区青年湖南街13号　邮政编码100011）
印　　装：河北鑫兆源印刷有限公司
787mm×1092mm　1/16　印张12　字数301千字
2025年3月北京第1版第1次印刷

购书咨询：010-64518888　　　售后服务：010-64518899
网　　址：http://www.cip.com.cn
凡购买本书，如有缺损质量问题，本社销售中心负责调换。

定　　价：39.00元

版权所有　违者必究

前言

《精细化工实物仿真实践指南》是石油化工产业链实物仿真实践系列教材中的一个分册。

生产实习实训是化工类专业实践教学过程中不可缺少的一个重要组成部分。为了更好地解决培养到就业“最后一公里”的问题，辽宁石油化工大学坚持以问题为导向，本着“虚实结合，能实不虚”的建设原则，基于“专业链与产业链对接、教学内容与职业标准对接、教学过程与生产过程对接”的理念，与中国石油抚顺石化公司、秦皇岛博赫科技开发有限公司合作开发和建设了石油化工产业链实训培训基地——精细化工实践平台。

精细化工实践平台分为乙氧基化和烷基苯磺酸两部分，平台由现场实物仿真装置、先进的 OTS 系统（操作员培训系统）和三维虚拟工厂组成。该精细化工模块以中国石油抚顺石化公司的工业化生产装置为原型，在保持原有尺寸特征前提下，按比例缩小搭建，装置内不走物料，无污染，成本低。平台中四个工艺过程均独立采用与生产现场高度一致的控制系统，并针对工业生产过程中可能发生的突发事件，通过设置高度模拟故障过程，加强学生安全意识、创新性等能力的培养。

本书系统介绍了精细化工实践平台的具体功能和特点，环氧乙烷、壬基酚聚氧乙烯醚、烷基苯磺酸装置的详细工艺流程，装置各岗位的操作说明、巡检、主要参数调节方法，装置事故预案与应急事故处理方法，精细化工相关设备及仪表的维护使用，DCS 控制系统操作等相关内容。通过完整的工艺流程、精细化工企业安全生产及相关事故处理过程、设备仪表使用及 DCS 仿真操作的实践教学环节，培养学生解决复杂工程问题的能力，提高学生精细化工职业素养，强化学生的团队意识和创新意识。

全书主要由辽宁石油化工大学的杨占旭、李宁、张财顺等编写，中国石油抚顺石化公司的杨青松协作编写，由杨占旭统稿。本书共分为 6 章，杨占旭和张财顺编写第 1 章至第 3 章，李宁和季程程、孟竺编写第 4 章至第 6 章，现场装置实际操作的部分由杨青松协作编写。本书在编写过程中得到辽宁石油化工大学教务处、工程训练中心、石油化工学院的教师和行业企业专家的帮助，特别是得到秦皇岛博赫科技开发有限公司的大力支持，书中第 5 章二维码链接的主要设备及原理素材资源由秦皇岛博赫科技开发有限公司提供技术支持，在此表示衷心感谢。

由于编者水平有限，书中难免存在疏漏之处，恳请专家读者批评指正。

编者

2024 年 1 月

目录

第1章 概述

生产实习是化工类专业实践教学中不可或缺的重要环节，是培养高水平应用型人才的重要手段。考虑石油化工企业安全生产等诸多因素，建立了以工程集群化技术为特征、多学科交叉、多专业组合的石油化工产业链实训培训基地。

培训基地包括油气钻采、油气集输、石油加工、石油化工和精细化工五个平台。每个平台既相对独立又自成体系，相邻平台间相互衔接，将计算机虚拟仿真与真实设备操作相互融合，构建了完整的石油化工生产实践教学链。

精细化工平台分为乙氧基化和烷基苯磺酸平台两部分，平台由现场实物仿真装置（如图 1-1 和图 1-2）、先进的 OTS 系统（操作员培训系统）和三维虚拟工厂组成。实物仿真装置分别以中国石油抚顺石化公司 6.5 万吨/年环氧乙烷装置、4.6 万吨/年壬基酚聚氧乙烯醚装置、15 万吨/年烷基苯装置和 3.6 万吨/年磺化装置为原型，在完整保持工业化装置大尺寸特征的前提下按 1∶6 的比例建设而成，现场配备了工业级仪表和控制系统，主要静设备内部结构可见，动设备可进行拆卸组装。通过 OTS 和现场交互系统将实物仿真装置和三维虚拟工厂有机联系，实现整个工艺生产过程的开停工、稳态运行、方案优化、故障处理等操作培训，培养学生的工程能力、创新意识及分析和解决复杂工程问题的能力。

图 1-1　精细化工平台乙氧基化实物装置

图 1-2 精细化工平台烷基苯磺酸实物装置

通过不断摸索和总结，建立了多学科交叉、多专业组合、强化能力培养和系统综合评价的实训新模式。通过化工安全实训—单体设备实训—工艺流程实训—控制系统实训—装置操作实训的全流程渐进式的实践过程，培养学生的综合工程素养和职业能力；通过总结出的“教学做考”四位一体实训体系，以学生能力培养为主体，以培养高水平应用型人才为目的，使学生工程实践能力得到全面提升；通过应用现场讲解、小组讨论、动手实践、案例分析等多种教学手段，使学生感受到石油化工企业的真实职业氛围，真正解决培养到就业“最后一公里”的问题，为学生未来更好地适应精细化工企业的岗位和职业发展需求夯实基础。

第2章 精细化工安全生产

石油化学工业的迅速发展，为我们提出了新的课题，即安全生产问题。从安全的角度分析，精细化工生产不同于冶金、机械制造、纺织和交通运输等行业的生产，它有其突出的特点，具体表现在以下几个方面。

(1) 易燃易爆

精细化工生产中，从原料到产品，整个工艺流程中涉及的半成品、中间体、溶剂、添加剂、催化剂等，绝大多数属于易燃易爆物质，还有的属于爆炸性物质，它们又多以气体和液体状态存在，极易泄漏和挥发。尤其在生产过程中，工艺操作条件苛刻，如高温、深冷、高压、真空，许多加热温度都达到或超过了物质的自燃点，一旦操作失误或设备失修，极易发生火灾爆炸事故。另外，就目前的工艺技术水平来看，在许多生产过程中，物料仍必须用明火加热，加之日常的设备检修又要经常动火，这样就构成一个突出的矛盾，既怕火，又要用火。同时，各企业及装置的易燃易爆物质储量很大，一旦处理不好，就会发生事故，其后果不堪设想，以往所发生的事故，都充分证明了这一点。

(2) 毒害性

有毒物质普遍地存在于精细化工生产过程之中，其种类之多，数量之大，范围之广，超过其他行业。其中，许多原料和产品本身即为毒物，在生产过程中添加的一些化学性物质也多属有毒物质，在生产过程中由化学反应还会生成一些新的有毒性物质，如氰化物、氟化物、硫化物、氮氧化物及烃类毒物等，这些毒物有的属一般性毒物，也有许多属于高毒和剧毒物质。它们以气体、液体或固体状态存在，并随生产条件的变化而不断改变原来的状态。此外，在生产操作环境和施工作业场所，也有一些有害的因素，如工业噪声、高温、粉尘、射线等。对这些有毒有害因素，要有足够的认识，采取相应措施，否则不但会发生急性中毒事故，而且随着时间的增长，即便是在低浓度（剂量）条件下，也会因多种有害因素对人体的联合作用，影响职工的身体健康，引发各种职业性疾病。

(3) 腐蚀性强

精细化工生产过程中的腐蚀性主要来自以下三个方面：其一，在生产工艺过程中使用一些强腐蚀性物质，如硫酸、硝酸、盐酸和烧碱（氢氧化钠）等，它们不但对人体有很强的化学性灼伤作用，而且对金属设备也有很强的腐蚀作用。其二，在生产过程中有些原料和产品本身具有较强的腐蚀作用，如原油中含有硫化物，常腐蚀设备管道。其三，由生产过程中的化学反应，生成许多新的具有不同腐蚀性的物质，如硫化氢、氯化氢、氮氧化物等。根据腐蚀的作用机理不同，腐蚀分为化学性腐蚀、物理性腐蚀和电腐蚀三种。腐蚀的发生不但大大降低设备的使用寿命，缩短开工周期，而且更重要的是可使设备变薄、变脆，承受不了原设计压力而发生泄漏或爆炸着火事故。

（4）生产的连续性

制取精细化工产品，生产工序多，过程复杂。社会对产品的品种和数量需求日益增加，迫使精细化工企业向着大型的现代化联合企业方向发展，以提高加工深度，综合利用资源，进一步扩大经济效益。石化企业的生产具有高度的连续性，不分昼夜，不分节假日，长周期地连续倒班作业。在一个联合企业内部，厂际之间、车间之间管道互通，原料产品互相利用，其是一个组织严密、相互依存、高度统一不可分割的有机整体。任何一个厂或一个车间，乃至一道工序发生事故，都会影响到全局。

随着化学工业的发展，石化企业生产的特点不但不会改变，反而会因科学技术的进步，这些特点得到进一步强化。因此，石化企业在生产过程和其他相关过程中，必须有针对性地采取积极有效的措施，加强安全生产管理，防范各类事故的发生，保证安全生产。

2.1 危险化学品与防火防爆

2.1.1 危险化学品定义

根据《危险化学品安全管理条例》第三条：本条例所称危险化学品，是指具有毒害、腐蚀、爆炸、燃烧、助燃等性质，对人体、设施、环境具有危害的剧毒化学品和其他化学品。

2.1.2 危险化学品安全要求

许多精细化工企业在生产中都涉及大量危险化学品。仓库是储存易燃易爆、有毒有害危险化学品的场所，在库址的选择上必须适当，而且布局合理，建筑物符合国家有关规定的要求。在使用中科学管理，确保其储存、保管安全。对危险化学品的储存安全要求如下。

① 危险化学品的储存限量应遵守国家有关规定的要求。

② 交通运输部门应在车站、码头等地修建专用储存危险化学品仓库。

③ 储存危险化学品的地点及建筑结构，应根据国家的有关规定设置，并考虑对周围居民区的影响。

④ 危险化学品露天存放时应符合防火防爆的安全要求。

⑤ 安全消防卫生设施，应根据危险化学品的危险性质设置相应的防火、防爆、泄压、通风、调节温度、防潮防雨等安全措施。

⑥ 必须加强入库验收，防止发料差错。特别是对爆炸物质、剧毒物质和放射性物质，应采取双人收发、双人记录、双人双锁、双人运输和双人使用“五双制”的方法加以管理。

⑦ 经常进行安全检查，发现问题及时处理，并严格执行危险化学品库房的出入库制度。

⑧ 危险化学品应根据其危险特性及灭火办法的不同，严格按规定分类储存。

2.1.3 防火防爆

火灾、爆炸事故具有很强的破坏作用，石油化工企业由于生产中使用的原料、中间产品及产品多为易燃、易爆物质，一旦发生火灾、爆炸事故，会造成严重后果。所以了解燃烧和爆炸的基本原理，掌握火灾、爆炸事故的一般规律，从而采取防止石油化工行业生产中发生火灾爆炸事故的措施，对保护石油化工行业从业人员的人身安全，保护国家及企业的财产免遭损失具有重要意义。

2.1.3.1 燃烧和爆炸

精细化工行业从业人员通过了解燃烧和爆炸产生的原理、正确掌握防火防爆安全技术可以有效防止火灾和爆炸的发生。

(1) 燃烧

燃烧是可燃物质与空气或氧化剂发生剧烈的氧化还原反应，伴随放热、发光的一种现象。在生产和生活中，凡是发生超出有效范围的、违背人意志的燃烧均被定义为火灾。

燃烧必须同时具备以下三个基本条件。

① 火源。凡能引起可燃物质燃烧的热源都称为火源。如明火、电火花、聚焦的日光、高温灼热体以及化学能和机械冲击能等。

② 可燃物。凡是与空气中氧或其他氧化剂发生剧烈氧化还原反应的物质都称为可燃物。如木材、纸张、金属镁、金属钠、汽油、酒精、氢气、乙炔和液化石油气等。

③ 助燃物。凡是能帮助和支持燃烧的物质都称为助燃物。如氧气、氯酸钾、高锰酸钾、过氧化钠等氧化剂。由于空气中氧气含量在21%左右，所以可燃物质燃烧能够在空气中持续进行。

防止以上三个条件同时存在，避免其相互作用，是精细化工生产企业防火技术的基本要求。

(2) 爆炸

爆炸是物质由一种状态迅速转变成另一种状态，并在极短的时间内以机械能的形式释放巨大能量的过程或者是气体在极短的时间内发生剧烈膨胀，压力迅速下降到常压的现象。

爆炸可分为化学性爆炸和物理性爆炸两种。

化学性爆炸是物质由于发生化学反应，产生大量气体和热量而形成的爆炸。这种爆炸能够直接造成火灾。根据其化学反应又可以分为三种类型：简单爆炸，例如爆炸物乙炔铜和乙炔银等受到轻微震动发生的爆炸；复杂分解爆炸，属于这类的爆炸物有苦味酸（三硝基苯酚）、硝化棉（硝化纤维素）和硝化甘油等；混合性爆炸，这里指可燃气体、蒸气或粉尘与空气（或氧气）按一定比例均匀混合，达到一定浓度形成爆炸性混合物时，遇到火源而发生的爆炸。

物理性爆炸通常指锅炉、压力容器或气瓶内的物质由于受热、碰撞等因素，气体膨胀，压力急剧升高，超过设备所能承受的机械强度而发生的爆炸。

(3) 爆炸极限

爆炸极限是指可燃气体、蒸气和粉尘与空气(或氧气)的混合物能够发生爆炸的浓度范围。爆炸性混合物能够发生爆炸的最低浓度,称为爆炸下限(LEL);能够发生爆炸的最高浓度,称为爆炸上限(UEL)。

可燃气体或蒸气的爆炸极限以其在混合物中的百分比来表示,如乙炔和空气混合的爆炸极限为2.2%~81%;可燃粉尘的爆炸极限以其在混合物中的体积质量比(g/m^3)表示,如铝粉的爆炸下限为$35g/m^3$。可燃物质的爆炸下限越低,爆炸极限范围越宽,爆炸的危险性越大。爆炸性混合物的温度升高、压力增大、含氧量增加以及火源能量超大等都会使爆炸极限范围扩大。可燃气体与氧气混合的爆炸范围都比与空气混合的爆炸范围宽,因而更具有爆炸的危险性。常见精细化工产品的爆炸极限见表2-1。

表2-1 常见精细化工产品的爆炸极限

物质名称	分子式	爆炸浓度(体积分数)/%	
		LEL	UEL
乙烷	C_2H_6	3	15.5
丙烷	C_3H_8	2.1	9.5
丁烷	C_4H_{10}	1.9	8.5
煤油(液体)	C_{10}~C_{16}	0.6	5
汽油(液体)	C_4~C_{12}	1.1	5.9

2.1.3.2 燃点、自燃点和闪点

火灾和爆炸的形成与可燃物的燃点、自燃点和闪点密切相关。

(1) 燃点

燃点是指易燃与可燃液体在指定的加热条件下接近火焰时可以继续燃烧超过5s的最低温度。一般燃点比闪点要高0~20℃。

(2) 自燃点

自燃点是可燃物质受热发生自燃的最低温度。达到这一温度,可燃物质与空气接触,不需要明火就能自行燃烧。可燃物的自燃点越低,发生火灾的危险性就越大。但是可燃物的自燃点不是固定的,而是随着压力、温度和散热等条件的不同有相应的改变。一般压力愈高,自燃点愈低。可燃气体在压缩机中容易爆炸的原因就是压力升高后其自燃点降低。

(3) 闪点

闪点是易燃与可燃液体挥发出的蒸气与空气形成混合物后,遇火源发生闪燃的最低温度。闪燃通常产生蓝色的火花,一闪即灭,因为易燃和可燃液体在到达闪点时蒸发速度慢,蒸发出来的蒸气仅能维持一刹那的燃烧。从安全生产的角度来看,闪燃就是火灾的先兆,在防火规范中有关可燃物质危险等级的划分是以闪点为基准的,闪点低于等于45℃的油品称为易燃油品,闪点高于45℃的油品称为可燃油品。

2.1.3.3　易燃易爆物质分类

精细化工生产企业的防火防爆工作有很强的针对性，有的放矢地认清物质易燃易爆特点非常必要。

(1) 可燃气体

可燃气体是指遇明火、受热或当与氧化剂接触时能着火、爆炸的气体。根据其爆炸下限的不同分为两级。

① 一级可燃气体。指爆炸下限低于 10%的可燃气体。例如，氢气、甲烷、乙烯、乙炔、环氧乙烷、氯乙烯、硫化氢、水煤气和天然气等绝大多数可燃气体。

② 二级可燃气体。指爆炸下限等于和高于 10%的可燃气体。例如，氨气、一氧化碳和炉煤气等少数可燃气体。

在实际生产、储存和使用中，将一级可燃气体归为甲类火灾危险品，二级可燃气体归为乙类火灾危险品。

(2) 可燃粉尘

凡是颗粒微小，遇火源能发生燃烧、爆炸的固体物质都称为可燃粉尘。例如在硫、铝等物质的粉碎、研磨、过筛等加工操作过程产生的粉尘。可燃粉尘爆炸具备的三个条件为：粉尘本身具有爆炸性；粉尘须悬浮在空气中与空气混合达到爆炸极限；有足以引起粉尘爆炸的热源。

(3) 自燃性物质

凡是不需要外界火源的作用，本身与空气氧化或受外界温度、湿度的影响发热并积热不散达到自燃点而引起燃烧的物质都称为自燃性物质。按自燃的难易程度可划分为两个级别。

① 一级自燃物质。化学性质比较活泼，在空气中易氧化分解，易于自燃，而且燃烧猛烈，危险性大。如黄磷、三乙基铅、硝化纤维素等。

② 二级自燃物质。在空气中氧化比较缓慢，自燃点较低，在积热不散的条件下能够自燃。如油纸、油布等含有油脂的物品。

在实际生产、储存和使用中，将一级自燃物质归为甲类火灾危险品，二级自燃物质归为乙类火灾危险。

(4) 遇水燃烧物质

遇水燃烧物质是指能与水发生剧烈反应放出可燃气体，同时放出大量热量，使可燃气体温度升到自燃点引起燃烧爆炸的物质。按遇水或受潮后发生反应的强烈程度及其危害的大小可划分两个级别。

① 一级遇水燃烧物质。指与水或酸反应时速率快，能放出大量的易燃气体和热量，极易引起自燃或爆炸的物质。如锂、钠、钾、铷、锶、铯、钡等金属及其氢化物等。

② 二级遇水燃烧物质。指与水或酸反应时的速率比较缓慢，放出的热量也比较少，产生的可燃气体需要与水源接触才能发生燃烧或爆炸的物质。如金属钙、氢化铝、硼氢化钾、锌粉等。

在实际生产、储存与使用中，将遇水燃烧物质都归为甲类火灾危险品。

(5) 燃烧液体

遇火、受热或与氧化剂接触能燃烧爆炸的液体称为燃烧液体。燃烧液体按其闪点大小，划分为易燃液体和可燃液体两种。

① 易燃液体。指闪点等于和低于45℃的液体。这类液体又可划分为两个级别：一级易燃液体，即闪点低于28℃的易燃液体，如汽油、乙醇、丙酮和苯等；二级易燃液体，即闪点介于28～45℃的易燃液体，如煤油、松节油、乙酸等。

② 可燃液体。指闪点高于45℃且低于120℃的液体。如柴油、乙二醇等。

在实际生产、储存和使用中，将一级易燃液体归为甲类火灾危险品，二级易燃液体和闪点低于60℃的可燃液体归为乙类火灾危险品，闪点等于和高于60℃的可燃液体归为丙类火灾危险品。

（6）燃烧固体

遇火、受热、撞击、摩擦或与氧化剂接触能燃烧的固体物质，统称为燃烧固体。燃烧固体按其熔点、燃点或闪点的高低不同，划分为易燃固体和可燃固体两种。

① 易燃固体。燃点在300℃以下的指高熔点固体、闪点在100℃以下的低熔点固体，并作为化工原料和制品使用的燃烧固体。按其燃烧难易程度划分为两个级别。

a. 一级易燃固体。燃点低，易于燃烧或爆炸，且燃烧速率快，并能放出剧毒气体。如以下物质：磷与磷的化合物，如红磷、三硫化磷等；硝基化合物，如二硝基甲苯、二硝基萘等；其他类，如含氮量在12.5%以下的硝化纤维素、氨基化钠、重氮氨基苯、闪光粉等。

b. 二级易燃固体。包括下列一些物质：各种金属粉末，如镁粉、铝粉、锰粉等；碱金属氨基化合物，如氨基化锂、氨基化钙等；硝基化合物，如硝基芳烃、二硝基丙烷等；硝化纤维素制品；如硝化纤维漆布、硝酸纤维素塑料等；萘及其衍生物，如萘、甲基萘等；其他类，如硫黄、生松香、聚甲醛等。

② 可燃固体。指燃点在300℃以上的高熔点固体、闪点在100℃以上的低熔点固体，并作为化工原料和制品使用的燃烧固体，以及燃点在300℃以下的天然纤维及其农副产品。

在实际生产、储存和使用中，将一级易燃固体归为甲类火灾危险品，二级易燃固体归为乙类火灾危险品，可燃固体则归为丙类火灾危险品。

2.1.3.4 火灾、爆炸原因

在一般情况下，精细化工生产企业发生火灾、爆炸事故的原因有以下九个方面。

① 用火管理不当。对生产用火（如焊接、锻造、铸造和热处理等工艺）、生活用火（如吸烟、使用加热器等）火源管理不善。

② 易燃物品管理不善、库房不符合防火标准、没有根据物质的性质分类储存等。例如将性质互相抵触的化学物品储存在一起、遇水燃烧的物质放在潮湿地点等。

③ 电气设备管理不当。电气设备绝缘不良，安装不符合规程要求，发生短路、超负荷、接触电阻过大等情况。

④ 工艺布置不合理。易燃易爆场所未采取相应的防火防爆措施，设备缺乏维护、检修，或检修质量低劣。

⑤ 安全操作不当。违反安全操作规程，使设备超温超压或在易燃易爆场所违章动火、吸烟或违章使用汽油等易燃液体。

⑥ 通风管理不当。通风不良，生产场所的可燃蒸气、气体或粉尘在空气中达到爆炸浓度并遇火源。

⑦ 避雷设备装置不当。缺乏检修或没有避雷装置，发生雷击引起失火。

⑧ 静电接地不当。易燃易爆生产场所的设备管线没有采取消除静电措施，产生放电火花。

⑨ 易燃物质存放不当。棉纱、油布、沾油铁屑等放置不当，在一定条件下自燃起火。

2.1.3.5 灭火的基本方法

在人类历史上，火的发现和利用是人类文明史的一个重要标志，但火给人类带来利益的同时，也给人类带来了灾害。人们同火灾作了长期的斗争并积累了丰富的灭火经验。在几千年前，我国的“五行学说”中就有“水克火”之说，这是灭火经验的最早记载。随着社会的发展和近现代科学技术的发展，人们一直在探讨和实践不同的灭火方法，世界各国对灭火方法与灭火药剂的研究都很重视，形成了消防科学，这也是科学技术发展的必然结果。灭火，就是破坏已经形成的燃烧条件，使其不再燃烧。由燃烧理论可知，燃烧必须具备可燃物、助燃物（氧化剂）和火源，这三个条件缺一不可，这就是经典的“着火三角形”的3个成分。在除去其中任一条件时，绝大多数火焰即可熄灭。由此推理可得如下基本灭火方法。

① 隔离法。就是将着火区与其周围的可燃物隔离或移开，燃烧区就会因缺乏燃料不能蔓延而停止。例如，将近火源的可燃、易燃及助燃物搬到安全区域；由于泄漏可燃气体、液体而燃烧，则应首先截断气源或液流，尽快关闭管道阀门，减少和终止可燃物进入燃烧区域；拆除与燃烧物毗连的易燃建筑物；等。这样就可使可燃物与火源隔离，在其他灭火措施的辅助下，达到终止燃烧的目的。

② 窒息法。阻止空气流入燃烧区或用不燃烧且不助燃的惰性气体稀释空气，使燃烧物得不到足够的氧气而熄灭。例如，用石棉毯湿麻袋、黄砂泡沫等不燃或难燃物覆盖在燃烧物上；用水蒸气或二氧化碳等惰性气体灌注容器设备；封闭起火的船舱、坑道、设备以及门、窗、孔洞等。

③ 冷却法。着火需要能量，任何可燃物的着火燃烧，温度必须达到燃点。也就是说需要一个最小着火能量。火场高温可以使任何可燃物着火而扩大火势。将灭火剂直接喷射到燃烧物上，以降低燃烧物的温度，当温度降到燃点以下，燃烧停止；或将灭火剂喷洒在火源附近的可燃物上，使其降温以防止受辐射热影响而起火。冷却法是灭火的重要方法，主要用水作灭火剂。

④ 化学中断法。经典的着火三角形理论，一般可以用来解释灭火的机理，但有些物质的燃烧需从动力学的角度进行分析，其反应速率并不完全取决于这三个因素，还取决于燃烧的连锁反应。当某些燃料接触到热源时，它不仅会汽化，而且该物质分子会发生热解作用，即在燃烧之前先裂解成更简单分子。这些分子中原子间的共价键常发生断裂，生成自由基，这是一种非常活泼的化学形态，它能与其他的自由基或分子发生反应，使燃烧扩散开去。所以化学中断法也叫化学抑制法，其实质就是夺取燃烧产生的活泼游离基，从而切断燃烧连锁反应，使火熄灭。

上述四种方法有时是可以同时采用的，例如用水或灭火器扑救火灾，就同时具有两个方面以上的灭火作用。在选择灭火方法时要根据火灾的原因采取适当的方法，如发生电器火灾，不能用水来灭火，应当采用窒息法；油着火应使用化学灭火剂等。精细化工生产企业要根据各自企业原料产品的物化特点，预先防范，做好预案和充足准备。

2.1.3.6 防火防爆的基本措施

根据目前精细化工生产企业的安全技术条件，绝大多数的火灾和爆炸是可以预防的。防火防爆一般采取以下五项措施。

① 开展防火教育，提高员工对防火意义的认识。建立健全群体性义务消防组织和防火安全制度，开展经常性的防火安全检查，消除火险隐患，并根据精细化工企业生产性质，配备适用和足够的消防器材。

② 认真执行建筑和精细化工企业生产装置防火设计规范。厂房和库房必须符合防火等级要求。厂房和库房之间应有安全距离，并设置消防用水和消防通道。

③ 合理布置精细化工生产工艺。根据产品原材料火灾危险性质，选用符合安全要求的设备和工艺流程。性质不同又能相互作用的物品必须分开存放。为了降低企业生产中产生的易燃气体、蒸气、粉尘的浓度，具有火灾、爆炸危险的厂房必须采用局部通风或全面通风。

④ 易燃易爆物质的生产，应在密闭设备中进行。对于特别危险的作业，需要采取充装惰性气体或其他介质保护等措施。对于与空气接触会燃烧的物质应采取特殊措施存放，例如将金属钠存于煤油中，磷存于水中，二硫化碳用水封闭存放，等。

⑤ 从技术上采取安全措施，消除火源。例如为消除静电，可向汽油内加入抗静电剂；油库设施包括油罐、管道、卸油台、加油柱应进行可靠的接地，接地电阻不大于30Ω（乙炔管道接地电阻不大于20Ω）；向容器内注入易燃液体时，注液管道要光滑、接地，管口要插到容器底部；为防止雷击，在易燃易爆生产场所和库房安装避雷设施；厂房和库房地面采用不发火地面；等。

2.1.3.7 灭火器的分类

当化工生产企业发生火灾时，通常的做法是一边打电话向化工企业调度以及消防队报火警，一边自己使用灭火器灭火。灭火器担负的任务就是扑救初起火灾，质量合格的灭火器是安全的首要保障，如果使用得当和扑救及时，可将引起巨大损失的火灾扑灭在萌芽状态或者大幅度减小火灾造成的伤害和损失。因此，灭火器是很重要的。

灭火器的分类方法很多，常用的主要有三种，即按充装的灭火剂的类型、灭火器的加压方式、灭火器的质量和移动方式划分。

(1) 按充装的灭火剂的类型划分

①水型灭火器；②泡沫灭火器；③干粉灭火器；④7150灭火器；⑤二氧化碳灭火器；⑥烟雾自动灭火器；⑦卤代烷灭火器。

(2) 按灭火器的加压方式划分

① 化学反应式灭火器。这类灭火器中的灭火剂是由灭火器内化学反应产生的气体加压驱动的。酸碱灭火器、化学泡沫灭火器和烟雾自动灭火器等属于这个类型。

② 储气瓶式灭火器。这类灭火器中的灭火剂是由与其同储于一个容器内的压缩气体或灭火剂蒸气的压力所驱动的。7150灭火器、卤代烷灭火器、二氧化碳灭火器可做成储气瓶式，也可做成储压式。

(3) 按灭火器的质量和移动方式划分

① 手提式灭火器。这类灭火器一般是手提移动的，质量较轻。灭火器的总质量不大于

20kg。其中二氧化碳灭火器的总质量允许增至 28kg。

② 推车式灭火器。这类灭火器装有车架、车轮等行驶结构，是由人力推拉移动的。灭火器的总质量在 40kg 以上。所充装的灭火剂量在 20～100kg（L）之间。

（4）灭火器的型号编制方法

我国灭火器的型号是由类、组、特征的代号和主要参数四部分组成的，其中类、组、特征的代号用其有代表性汉字的拼音首字母表示，主要参数是指灭火器中灭火剂的充装量，单位为 kg 或 L。国家标准规定，灭火器型号应以汉语拼音大写字母和阿拉伯数字标于筒体，如“MF2”等。其中第一个字母 M 代表灭火器，第二个字母代表灭火剂类型（F 是干粉灭火剂、FL 是磷铵干粉、T 是二氧化碳灭火剂、Y 是卤代烷灭火剂、P 是泡沫、QP 是轻水泡沫灭火剂），后面的阿拉伯数字代表灭火剂的质量或容积，一般单位为 kg 或 L。火灾类型和灭火器种类的选择见表 2-2。

表 2-2 火灾类型和灭火器种类的选择

序号	火灾类型	可选择的灭火器种类
1	A 类火灾：固体物质火灾。通常具有有机物性质，一般在燃烧时，能产生灼热的余烬，如木材、棉、毛、麻、纸张火灾等	①水型灭火器、②泡沫灭火器、③磷酸铵盐干粉灭火器、④卤代烷灭火器
2	B 类火灾：液体及可熔化固体火灾。如原油、汽油、煤油、柴油等火灾	①泡沫灭火器（化学泡沫灭火器只限于扑灭非极性溶剂）、②干粉灭火器、③卤代烷灭火器、④二氧化碳灭火器
3	C 类火灾：气体火灾。如煤气、天然气、甲烷、乙烷、氢气等火灾	①干粉灭火器、②卤代烷灭火器、③二氧化碳灭火器等
4	D 类火灾：金属火灾。钾、钠、镁、钛、镐、铝等火灾	①7150 灭火器、②专用干粉灭火器（石墨、氯化钠等，也可用干砂或铸铁屑末代替）
5	E 类火灾：带电火灾。物体带电燃烧的火灾，如发电机、电缆、电气设备等火灾	①干粉灭火器、②卤代烷灭火器、③二氧化碳灭火器等
6	F 类火灾：烹饪器具内的烹饪物火灾。如动植物油脂	干粉灭火器

2.1.3.8 灭火器的使用方法

不同种类的灭火器使用方法不同，精细化工装置上最常用的灭火器是干粉灭火器，下面着重说明干粉灭火器的使用方法。

碳酸氢钠干粉灭火器适用于易燃、可燃的液体和气体及带电设备的初起火灾；磷酸铵盐干粉灭火器除可用于上述几类火灾外，还可扑救固体类物质的初起火灾。但都不能扑救金属燃烧火灾。

灭火时，可手提或肩扛灭火器快速奔赴火灾现场，在距燃烧处 5m 左右放下灭火器。如在室外，应选择在上风方向喷射。使用的干粉灭火器若是外挂式储压式的，操作者应一手紧握喷枪，另一手提起储气瓶上的开启提环。如果储气瓶的开启是手轮式的，则向逆时针方向旋开，并旋到最高位置，随即提起灭火器。当干粉喷出时，迅速对准火焰的根部扫射。使用的干粉灭火器若是内置式储气瓶或者储压式，操作者应先将保险销拔下，然后握住喷射软管前端喷嘴部，另一只手将开启把压下，打开灭火器进行灭火。有喷射软管的灭火器或储压式灭火器在使用时，一手应始终压下开启把，不能放开，否则会中断喷射。

干粉灭火器扑救可燃、易燃液体火灾时，应对准火焰根部扫射，当被扑救的液体火灾呈流淌燃烧时，应对准火焰根部由近而远，并左右扫射，直至把火焰全部扑灭。如果可燃液体在容器内燃烧，使用者应对准火焰根部左右晃动扫射，使喷射出的干粉流覆盖整个容器开口表面；当火焰被赶出容器时，使用者仍应继续喷射，直至将火焰全部扑灭。当扑救容器内可燃液体火灾时，应注意不能将喷嘴直接对准液面喷射，防止喷流的冲击力使可燃液体溅出而扩大火势，造成灭火困难。如果可燃液体在金属容器中燃烧时间过长，容器的壁温已高于扑救可燃液体的自燃点，此时极易造成灭火后再复燃的现象，若与泡沫类灭火器联用，则灭火效果更佳。

2.2 危险源辨识和安全防护

精细化工行业是一个高风险的行业，生产过程具有高温高压、易燃易爆、有毒有害等特点，生产工艺复杂多变，生产原料、中间产品、最终产品及副产品大多为危险化学品，重大安全事故时有发生，其安全生产是一个重大难题。危险有害因素的辨识是事故预防、安全评价、重大危险源监督管理、建立应急救援体系和职业健康安全管理体系的基础，因此在精细化工生产中及时对危险源和有害因素进行分析是提高企业安全生产的重要一环。

危险源辨识体系由危险有害因素辨识理论、事故致因理论和 HSE［健康（health）、安全（safety）、环境（environment）的缩写］管理体系构建而成。针对精细化工生产装置，运用该体系可以从工艺装置、场所、物质或能量、设备、事故类型、职业危害类型、事故直接原因等几方面进行辨识，有助于保障精细化工企业安全生产。

2.2.1 精细化工生产装置危险有害因素辨识原则

按 GB/T 13861—2022《生产过程危险和有害因素分类与代码》进行辨识。主要危险可分为物理性危险、危害因素，化学性危险、危害因素，生物性危险、危害因素，生理性危险、危害因素，心理性危险、危害因素，人的行为性危险、危害因素，其他危险、危害因素。

危险有害因素辨识原则主要有以下四个方面。

① 科学、准确、清楚。危险有害因素的辨识是分辨、识别、分析确定系统内存在的危险而并非研究防止事故发生或控制事故发生的实际措施，是预测安全状况和事故发生途径的一种手段。进行危险有害因素辨识必须有科学的安全理论做指导，使之能真正揭示系统安全状况，危险有害因素存在的部位、方式和事故发生的途径等，对其变化的规律予以准确描述并以定性定量的概念清楚地表示出来，用严密的合乎逻辑的理论予以解释清楚。

② 分清主要危险和相关危险有害因素。不同行业的主要危险有害因素不同，同一行业的主要危险有害因素也不完全相同，所以，在进行精细化工行业危险有害因素辨识中要根据精细化工的主要工艺过程和工艺特点进行分析，重点辨识企业的主要危险有害因素。

③ 全面分析，防止遗漏。辨识危险有害因素时不要发生遗漏，以免留下隐患，辨识时，

不仅要分析实际生产装置的正常生产、操作中存在的危险有害因素，还要分析辨识开停工、装置检修、发生事故及操作失误等情况下的危险有害因素。

④ 科学分析，避免惯性思维。在很多情况下，同一危险有害因素由于物理量不同，作用的时间和空间不同，其导致的后果也不相同。在进行危险有害因素辨识时应避免惯性思维，坚持实事求是的原则。

2.2.2 精细化工生产装置危险有害因素辨识体系

针对精细化工行业生产企业特点，精细化工生产装置危险有害因素辨识体系将从工艺装置、场所、物质和能量、设备、事故类型和职业危害类型、事故直接原因等六个方面进行危险有害因素辨识。

2.2.2.1 工艺装置

精细化工生产装置的特点是易燃、易爆、高温、高压。随着精细化工工业化生产规模的逐步扩大，工艺技术的不断更新，新材料、新型催化剂及高效节能设备越来越多地被用于精细化工生产中，使得生产装置的自动化程度越来越高。

精细化工的生产工艺涉及非常广泛，主要有表面活性剂、胶黏剂的基本有机合成，涂料、化妆品、香精等的合成工艺，合成橡胶、合成树脂、合成氨等工艺过程，等。每一种工艺装置都有各自的温度、压力等特点，因此危险有害因素以及重点防范部位和措施都是不同的。在进行危险有害因素辨识时，首先应该明确辨识的装置种类，生产装置种类确定后，其工艺、设备、场所、公用工程及辅助设施也就基本确定。

2.2.2.2 场所

一般精细化工生产企业包含多个场所，例如简单的烷基苯磺酸生产装置就由主生产装置区、辅助设施、公用工程等部分组成。

主生产装置区包含不凝气体压缩机间、泵房、烷基化工段工序、磺化工段、尾气处理工段等。

辅助设施包含原料罐区、成品罐区、火炬系统、装卸车场等。

公用工程包括变配电系统、消防系统、供热系统、供气（含氮气）系统、供水系统、仪表风系统等。

在确定装置后，下一步应确定要分析的是该装置哪个系统或工序的具体场所。

2.2.2.3 物质和能量

依据事故致因理论的物质和能量原理，引发事故的根本原因是存在危险物质和能量。危险物质和能量是可能发生事故的固有危险有害因素，物质和能量在可控状态下则安全，反之则危险。

在确定生产企业的某个场所后，要全面分析这个场所的物质和能量，找出可能产生有害因素的根本原因。

2.2.2.4 设备

通常的精细化工设备按单元分主要有如下几种。

① 反应器：搪瓷反应器、碳钢反应器、不锈钢反应器等。

② 换热设备：套管式换热器、列管式换热器（浮头式换热器、固定管板式换热器）、空气冷却器等。

③ 分离设备：真空过滤器、板框压滤机、卧式离心机、不锈钢精馏塔、不锈钢吸收塔、空气压缩机等。

④ 储存类容器：原料计量罐、各种产品储罐、储槽。

⑤ 输送设备：离心泵、隔膜计量泵、皮带输送机、提升器等。

在危险有害因素分析中确定场所、存在的物质和能量后，逐个分析该场所中每一种设备的特点，由该化工设备特点来确定危险有害物质易泄漏部位、方式，确定能量可能失控的地点、方式，进一步分析物质和能量，分析失控后在该场所以及具体点可能造成的伤害。

2.2.2.5 事故类型和职业危害类型

(1) 事故类型

按照可能发生的事故类型，对某个设备或一类设备进行分析描述，共 18 大类。

① 物体打击，指失控物体的惯性力造成的人身伤害事故。

② 车辆伤害，指本企业机动车辆引起的机械伤害事故。

③ 机械伤害，指机械设备与工具引起的绞、辗、碰、割、戳、切等伤害。

④ 起重伤害，指从事起重作业时引起的机械伤害事故。

⑤ 触电，指电流流经人体，造成生理伤害的事故。

⑥ 淹溺，指大量水经口、鼻进入肺内，造成呼吸道阻塞，发生急性缺氧而窒息死亡的事故。

⑦ 灼烫，指强酸、强碱溅到身体引起的灼伤，或因火焰引起的烧伤，高温物体引起的烫伤。

⑧ 火灾，指造成人身伤亡的企业火灾事故。

⑨ 高处坠落，指出于危险重力势能差引起的伤害事故。

⑩ 坍塌，指建筑物、构筑物、堆置物等的倒塌以及土石塌方引起的事故。不适用于矿山冒顶片帮事故，或因爆炸、爆破引起的坍塌事故。

⑪ 瓦斯爆炸，指可燃性气体瓦斯、粉尘与空气混合形成了达到燃烧极限的混合物，接触火源时，引起的化学性爆炸事故。

⑫ 火药爆炸，指火药与炸药在生产、运输、储藏的过程中发生的爆炸事故。

⑬ 锅炉爆炸，指锅炉发生的物理性爆炸事故。

⑭ 容器爆炸，容器指压力容器的简称，容器爆炸是指承载一定压力的密闭设备，由于密封外壳或受限空间承受不住系统内介质的压力而引起的爆炸事故。较大的承受压力载荷的密闭装置。

⑮ 其他爆炸，凡不属于上述爆炸的事故均列为其他爆炸事故。

⑯ 中毒和窒息，指人接触有毒物质，如误吃有毒食物或呼吸有毒气体引起的人体急性中毒事故。

⑰ 物体打击，指失控物体的惯性力造成的人身伤害事故。

⑱ 其他伤害，凡不属于上述伤害的事故均称为其他伤害。

(2) 职业危害类型

精细化工行业生产过程具有高温、高压、易燃、易爆、易腐蚀等特点，生产工艺伴有有毒有害气体、烟尘、工业粉尘、噪声等职业健康危害因素，生产原料、中间产品、最终产品、副产品大多为危险化学品，因此劳动环境中存在许多职业健康危害因素。

精细化工企业造成职业伤害的有害因素共10种：火灾、爆炸、中毒、化学腐蚀、窒息、高温灼烫、低温冻伤、辐射、物体打击、高处坠落。

2.2.2.6 事故直接原因

事故直接原因（触发原因）包括有害物质和能量的存在，人、机、环境和管理的缺陷，环境因素，管理因素。

(1) 有害物质和能量的存在

尽管所有的危险有害因素有各种各样的表现形式，但从本质上讲，只要能造成危险和危害的后果，就可归结为客观存在的有害物质或超过临界值的能量。

有害物质是指能损伤人体的生理机能和正常代谢功能，或者能破坏设备和物品的物质。比如有毒物质、腐蚀性物质、有害粉尘和窒息性气体等都是有害物质。供给能量的能源和能量的载体在一定条件下（超过临界值）都是危险有害因素。比如导致火灾、爆炸发生的化学物质、运动物体等都属于能量的范畴。

(2) 人、机、环境和管理的缺陷

有害物质和能量的存在是发生事故的先决条件，有害物质和能量不存在就不会发生事故。但存在有害物质和能量，并不一定就发生事故。因为，通常见到的有害物质和能量，一般都有防护措施，事故是被屏蔽的。

有害物质和能量的防护或屏蔽措施有着强大的天敌，即人、机、环境和管理的缺陷。防护或屏蔽措施与人、机、环境和管理缺陷进行斗争，前者胜，则有害物质和能量继续被屏蔽，仍处于安全状态；后者胜，则有害物质和能量失去控制，有害物质和能量释放出来危及人员和财产安全。

(3) 环境因素

环境因素是指生产作业环境中的危险有害因素。环境因素包括：室内作业场所环境不良、室外作业场地环境不良、地下（含水下）作业环境不良、其他作业环境不良。

环境因素将室内、室外、地上、地下、水上、水下等作业（施工）环境都包含在内。比如作业场所狭窄、屋基沉降、采光不良、自然灾害、风量不足、缺氧、有害气体超限、建筑物结构不良、地下火、地下水、冲击地压等。

(4) 管理因素

管理因素是指管理和管理责任缺失所导致的危险有害因素，主要从职业安全健康的组织机构、责任制、管理规章制度、投入、职业健康管理等方面考虑。

管理因素主要包括：职业安全健康组织机构不健全，职业安全健康责任制未落实，职业安全健康管理规章制度不完善，职业安全健康投入不足，职业安全健康管理不完善，其他管理因素缺陷。

安全管理是为保证及时、有效地实现既定的安全目标，在预测、分析的基础上进行的计划、组织、协调、检查等工作，它是预防故障和人员失误发生的有效手段。因此，管理缺陷是影响失控发生的重要因素。

危险源辨识就是根据危险有害因素辨识理论采取金字塔结构辨识图层分析，最后找出存在危险有害因素的根本原因。

2.2.2.7 安全色和安全标志

《中华人民共和国安全生产法》第二十八条规定，生产经营单位应当在有较大危险因素的生产经营场所和有关设施、设备上，设置明显的安全警示标志。安全警示标志的设置用于提醒人员注意环境中的危险因素，加强自身安全保护，避免事故的发生。精细化工企业的生产工艺基本是在高温高压、易燃易爆等环境下进行的，所以安全色和安全标志的设置必不可少。

(1) 安全色

安全色是用来表达禁止、警告、指令和提示等安全信息含义的颜色，它的作用是使人们能够迅速发现和分辨安全标志，提醒人们注意安全，以防事故发生。我国《安全色》(GB 2893—2008) 国家标准中采用了红、蓝、黄、绿四种颜色为安全色。

红色含义是禁止和紧急停止，红色也表示防火；蓝色的含义是必须遵守；黄色的含义是警告和注意；绿色的含义是提示、安全状态和通行。安全色的含义和用途见表 2-3。

表 2-3 安全色的含义和用途

颜色	含义	用途举例
红色	禁止 紧急停止	禁止标志。红色停止信号，如机器、车辆上的紧急停止手柄或按钮，以及禁止人们触动的部位。红色也表示防火
蓝色	指令 必须遵守	指令标志。如必须佩戴个人防护用具，道路上指引车辆和行人行驶方向的指令
黄色	警告 注意	警告标志。警戒标志，如厂内危险机器和坑池边周围的警戒线，行车道中线提示标志
绿色	提示 安全状态和通行	提示标志。车间的安全通道。安全状态和通行，如行人和车辆的通行标志。消防设备和其他安全设备的位置

(2) 对比色

为了使安全色被衬托得更醒目，规定白色和黑色作为安全色的对比色。黄色的对比色为黑色，红、绿、蓝色的对比色为白色。必须指出，无论是红色、蓝色、黄色还是绿色，必须作为安全标志或表示以安全为目时才能称为安全色；否则，即使使用这四种颜色，也只能称为颜色，不能称为安全色。安全色对应的对比色见表 2-4。

表 2-4 安全色对应的对比色

安全色	对比色	安全色	对比色
红色	白色	黄色	黑色
蓝色	白色	绿色	白色

红色与白色相间条纹的含义是禁止越过，如交通、公路上用的防护栏杆以及隔离墩常涂此色。蓝色与白色相间条纹的含义是指示方向，如交通指向导向标。黄色与黑色相间条纹的含义是警告、危险，如工矿企业内部的防护栏杆、起重机吊钩的滑轮架、平板拖车排障器、低管道等常涂此色。绿色与白色相间条纹标识安全环境的安全标记，如安全出口指示牌。

(3) 安全标志

安全标志由安全色、几何图形和形象的图形符号构成，用以表达特定的安全信息。安全标志可分为禁止标志、警告标志、指令标志、提示标志、警示线和风向袋等类型。道路交通的安全标志应符合现行国家标准 GB 5768.1～GB 5768.8 的规定。消防的安全标志应符合国家标准《消防安全标志 第1部分：标志》(GB 13495.1—2015) 的规定。危险货物的安全标志应符合国家标准《危险货物包装标志》(GB 190—2009) 的规定。

安全标志基本要求如下。

① 禁止标志的含义是禁止人们的某些不安全行为。禁止标志的几何图形是带斜杠的圆环，图形背景为白色，圆环和斜杠为红色，图形符号为黑色。精细化工企业常见的禁止标志如图 2-1。

图 2-1 精细化工企业常见的禁止标志

② 警告标志的含义是提醒人们对周围环境引起注意，以避免可能发生危险。警告标志的几何图形是三角形，图形背景是黄色，三角形边框及图形符号均为黑色。精细化工企业常见的警告标志如图 2-2。

图 2-2 精细化工企业常见的警告标志

③ 指令标志的含义是强制人们必须做出某种动作或采用防范措施。几何图形是圆形，背景为蓝色，图形符号为白色。精细化工企业常见的指令标志如图 2-3。

图 2-3 精细化工企业常见的指令标志

④ 提示标志的含义是向人们提供某种信息（指示目标方向、标明安全设施或场所等）。几何图形是长方形，按长短边的比例不同，分一般提示标志和消防设备提示标志两类。提示标志图形背景为绿色，图形符号及文字为白色。精细化工企业常见的提示标志见图 2-4。

图 2-4 精细化工企业常见的提示标志

⑤ 危险化学品的安全标签与识别。危险化学品的安全标签是识别和区分危险化学品，用于提醒接触危险化学品人员的一种安全标志。安全标签是由化学品供应商提供的，并按一定规范设计，它包括化学品名称、分子式、编号、危险性标志、提示词、危险性说明、安全措施、灭火方法、生产地址、电话、应急电话等内容。精细化工企业常见的危险化学品安全标签示例如图 2-5。

（4）安全标志的制作要求

禁止、警告、指令、提示类安全标志应按国家标准《安全标志及其使用导则》（GB 2894—2008）中 4.1～4.5 的规定制作。安全标志牌的颜色应遵照国家标准《安全色》（GB 2893—2008）所规定的规则。安全标志牌的尺寸应按国家标准《安全标志及其使用导则》（GB 2894—2008）中附录 A 进行选用。警示线应按国家标准《安全色》（GB 2893—2008）中的规定制作。

（5）安全标志的设置与管理

安全人员需要根据工艺特点和作业场所实际情况，确定安全标志的种类和位置，并设置相应的安全标志。安全标志应设在醒目地点（如作业场所、装置区域出入口等），设置的安全标志必须能够准确表达相关信息。安全标志的安装要牢固，不应设在门、窗等物体上，以免影响认读，标志前不得放置妨碍视线的障碍物。

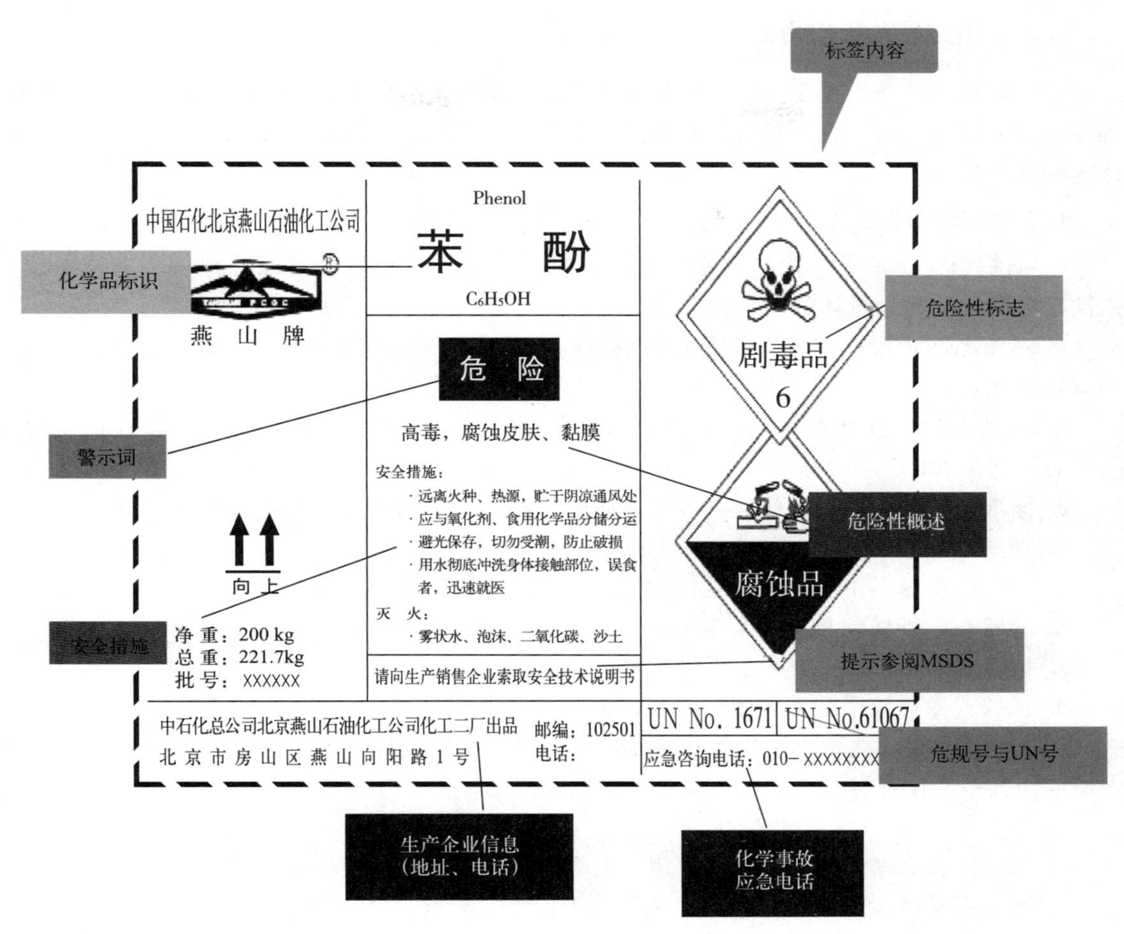

图 2-5　精细化工企业常见的危险化学品安全标签示例

安全标志的固定方式分附着式、悬挂式和柱式三种。附着式和悬挂式的固定应稳固不倾斜，柱式的图形标志与支架应牢固地连接在一起。安全标志应设置在明亮的环境中，必要时应保证在夜间清晰可辨。安全标志设置的高度，宜与人眼的视线高度相一致。多个安全标志在一起设置时，应按警告、禁止、指令、提示类型的顺序，先左后右、先上后下地排列。

安全标志应在工作场所和设备设施投入使用前设置完成。临时性的安全标志在使用完后，应撤出现场或取消。安全标志的使用还应符合国家标准《安全标志及其使用导则》（GB 2894—2008）所规定的规则。警示线的使用、设置应按国家标准《安全色》（GB 2893—2008）中的规定执行。警示线可根据实际需要喷涂或制成带、栏设置在控制场所外缘不少于 300mm 处。安全色与对比色交替的警示线中，安全色和对比色的色条宽度应为警示线宽度的 40%～50%。现场设置的安全标志应定期检查，每半年至少检查一次，如发现破损、变形、褪色、松动等不符合要求的情况应及时修整或更换。企业应规范本企业的安全标志管理，保障安全标志制作、设置及管理的资金列支。安全标志的相关知识应纳入培训，培训内容应包括安全标志传达的信息，以及在特定安全标志的指示下应采取的措施。

2.2.2.8 个人防护用品

个人防护用品是指在劳动生产过程中使劳动者免遭或减轻事故和职业危害因素的伤害而提供的个人保护用品，直接对人体起到保护作用；与之相对的是工业防护用品，非直接对人体起到保护作用。

（1）按照用途分类

① 防护服。防护服包括帽、衣、裤、围裙、鞋罩等，有防止或减轻热辐射、X射线、微波辐射和化学污染机体的作用。

a. 白帆布防护服能使人体免受高温的烘烤，并有耐燃烧的特点，主要用于冶炼、浇注和焊接等作业。

b. 劳动布防护服对人体起一般屏蔽保护作用，主要用于非高温、重体力作业的工种，如检修、起重和电气等作业。

c. 涤卡布防护服能对人体起一般屏蔽防护作用，主要用于后勤和职能类等岗位。

② 防护手套

a. 厚帆布手套多用于高温、重体力劳动，如炼钢、铸造等工种。

b. 薄帆布、纱线、分指手套主要用于检修工、起重机司机和配电工等岗位。

c. 翻毛皮革长手套主要用于焊接工种。

d. 橡胶或涂橡胶手套主要用于电气、铸造等工种。

戴各种手套时，注意不要让手腕裸露出来，以防在作业时焊接火星或其他有害物溅入袖内造成伤害；操作各类机床或在存在被夹挤危险的地方作业时严禁戴手套。

③ 防护鞋

a. 橡胶鞋有绝缘保护作用，主要用于电力、水力清砂、露天作业等岗位。

b. 球鞋有绝缘、防滑保护作用，主要用于检修、起重、电气等作业。

c. 钢包头皮鞋用于化工生产、铸造、炼钢等工种。

④ 防护头盔（安全帽）。在生产现场，为防止意外重物坠落击伤、生产中不慎撞伤头部，或防止有害物质污染，工人应佩戴安全防护头盔。防护头盔多用合成树脂制成。国家标准GB 2811—2019对安全帽的形式、颜色、耐冲击、阻燃性、耐低温、电绝缘性等技术性能有专门规定。

根据用途，防护头盔可分为单纯式和组合式两类。单纯式为一般工人佩戴的帽盔，用于防重物坠落砸伤头部。机械、化工等工厂防污染用的以棉布或合成纤维制成的带舌帽亦为单纯式。组合式主要分为电焊工安全防护帽、矿用安全防尘帽、防尘防噪声安全帽等。

安全帽使用时的注意事项如下。

a. 帽内缓冲衬垫的带子要结实，人的头顶与帽内顶部的间隔不能小于32mm。

b. 不能把安全帽当坐垫用，以防变形，降低防护作用。

c. 发现帽子有皲裂、下凹和磨损等情况，要立即更换。

⑤ 面罩和护目镜。防辐射面罩主要用于焊接作业，防止在焊接中产生的强光、紫外线和金属飞屑损伤面部；防毒面具要注意滤毒材料的性能。

防打击的护目镜能防止金属、砂屑、钢液等飞溅物对眼部的伤害，多用于机床操作、铸造捣冒口等工种。防辐射护目镜能防止有害红外线、耀眼的可见光和紫外线对眼部的伤害，主要用于冶炼、浇注、烧割和铸造热处理等工种。这种护目镜大多与帽檐连在一起，有固定的，也有可以上下翻动的。

正压式空气呼吸器是一种自给开放式消防空气呼吸器，使消防员或精细化工企业抢险人员能够在充满浓烟、毒气、蒸汽或缺氧的恶劣环境下安全地进行灭火、抢险救灾和救护工作。由于精细化工企业生产的特殊性，要求从业人员都必须具有正确佩戴正压式空气呼吸器的能力。正压式空气呼吸器的结构组成如图 2-6。

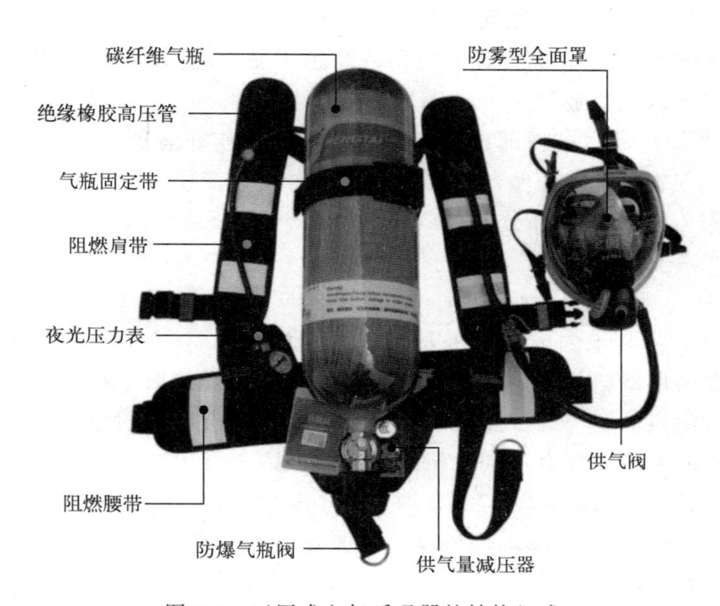

图 2-6　正压式空气呼吸器的结构组成

如图 2-6 所示正压式空气呼吸器结构组成，现将各部件的特点介绍如下。

a. 防雾型全面罩：为大视野面窗，面窗镜片采用聚碳酸酯材料，透明度高、耐磨性强、具有防雾功能，采用网状头罩式佩戴方式，佩戴舒适、方便，胶体采用硅胶，无毒、无味、无刺激，气密性能好。

b. 碳纤维气瓶：为铝内胆碳纤维全缠绕复合气瓶，额定工作压力为 30MPa，质量轻、强度高、安全性能好，瓶阀具有高压安全防护装置。

c. 阻燃肩带和阻燃腰带：由阻燃聚酯织物制成，背带采用双侧可调结构，使重量落于腰胯部位，减轻肩带对胸部的压迫，使呼吸顺畅。并在肩带上设有宽大弹性衬垫，减轻对肩的压迫。

d. 夜光压力表：大表盘，具有夜视功能，配有橡胶保护罩，并配备报警哨，通常置于胸前，报警声易于分辨，体积小、质量轻。

e. 防爆气瓶阀：具有高压安全装置，具备防爆功能，开启力矩小。

f. 供气量减压器：具备体积小、流量大、输出压力稳定等特点。

正压式空气呼吸器佩戴 10 步法如下。

开：打开气瓶阀（旋转手轮两圈以上，最好全部打开）。

看：观看压力表压力是否符合标准［不低于气瓶标准压力 80%（24MPa）］。

背：将空气呼吸器气瓶阀朝下背在身上（正背式）。

拉：拉肩带（身体轻跳带动气瓶上提，调整肩带至合适位置拉紧）。

扣：扣腰带和胸带（腰带扣扣好后，拉紧至合适位置）。

挂：将面罩带套至颈部，面罩挂在胸前，调整好方向。

帽：戴安全帽，帽带挂至下颚部，安全帽推至脑后。

戴：戴好空气呼吸器面罩，面罩带从下往上依次两侧同时拉紧。

检：检查面罩气密性（用手捂住面罩连接口吸气，感受面罩密封圈是否有负压产生）。

扶：扶正安全帽，举手示意佩戴完成。

⑥ 安全带。安全带是防止高处作业坠落的防护用品，使用时要注意以下事项。

a. 在基准面 2m 以上作业须系安全带。

b. 使用时应将安全带系在腰部，挂钩要扣在不低于作业者所处水平位置的可靠处，不能扣在作业者的下方位置，以防坠落时加大冲击力，使人受伤。

c. 要经常检查安全带缝制部分和挂钩部分，发现断裂或磨损，要及时修理或更换。如果保护套丢失，严禁使用。

⑦ 防噪声用具

a. 耳塞：为插入外耳道内或置于外耳道口的一种栓，常用材料为塑料和橡胶。按结构外形和材料分为圆锥形塑料耳塞、蘑菇形塑料耳塞、伞形提篮形塑料耳塞、圆柱形泡沫塑料耳塞、可塑性变形塑料耳塞、硅橡胶成型耳塞、外包多孔塑料纸的超细纤维玻璃棉耳塞、棉纱耳塞等。对耳塞的要求为应有不同规格以适应不同人外耳道的构型，隔声性能好，佩戴舒适，易佩戴和取出且不易滑脱，易清洗、消毒，不变形等。

b. 耳罩：常由塑料制成呈矩形杯碗状，内具泡沫或海绵垫层，覆盖于双耳，两杯碗间连以富有弹性的头架适度紧夹于头部，可调节，无明显压痛，舒适。要求其隔音性能好，耳罩壳体的低限共振率越低，防声效果越好。

c. 防噪声帽盔：能覆盖大部分头部，以防强烈噪声经骨传导而达内耳，有软式和硬式两种。软式质轻，热导率小，声衰减量为 24dB，缺点是不通风。硬式为塑料硬壳，声衰减量可达 30～50dB。

防噪声用具的选用应考虑作业环境中噪声的强度和性质，以及各种防噪声用具衰减噪声的性能。各种防噪声用具都有一定的适用范围，选用时应认真阅读使用说明书，以达到最佳防护效果。

（2）按照配置方式分类

① 头部防护。佩戴安全帽，适用于环境中存在物体附落的危险或环境存在物体击打的危险。

② 附落防护。系好安全带，适用于需要登高时（2m 以上）或有跌落的危险时。

③ 眼睛防护。佩戴防护眼镜、眼罩或面罩（需整体考虑眼睛和面部同时防护的需求），适用于存在粉尘、气体、雾、烟或飞屑刺激眼睛或面部时；焊接作业时，佩戴焊接防护镜和面罩。

④ 手部防护。佩戴防切割、防腐蚀、防渗透、隔热、绝缘、保温、防滑等手套。可能接触尖锐物体或粗糙表面时，选用防切割手套；可能接触化学品时，选用防化学腐蚀、防化学渗透的防护用品；可能接触高温或低温表面时，做好隔热防护；可能接触带电体时，选用绝缘防护用品；可能接触油滑或湿滑表面时，选用防滑的防护用品；等。

⑤ 足部防护。穿戴防砸、防腐蚀、防渗透、防滑、防火花的保护鞋。可能发生物体砸落的地方，要穿防砸的保护鞋；可能接触化学液体的作业环境中要防化学液体腐蚀，注意在

特定的环境穿防滑或绝缘或防火花的鞋。

⑥ 防护服。分为保温、防水、防化学腐蚀、阻燃、防静电、防射线等不同类型，高温或低温作业要选择保温型；潮湿或浸水环境要选择防水型；可能接触化学液体时要选择具有化学防护作用的防护服；在特殊环境，注意阻燃、防静电、防射线等。

⑦ 听力防护。根据《工业企业职工听力保护规范》选用护耳器，提供相适用的通信设备。

⑧ 呼吸防护。根据《呼吸防护用品的选择、使用与维护》选用。选用时要在考虑环境是否缺氧，是否有易燃易爆气体，是否存在空气污染，污染物的种类、特点及其浓度等因素之后，选择适用的呼吸防护用品。

2.3　精细化工企业应急事故处置

2.3.1　应急处置程序

精细化工生产企业事故应急处置一般包括事故报警、出动应急救援队伍、划定安全区和事故现场控制、紧急疏散、现场指挥与控制、现场急救、人员安全防护、现场清理和洗消八个方面。

2.3.1.1　事故报警

当企业发生事故时，现场人员必须根据相关事故预案立即采取抑制措施，尽量减少事故的蔓延，同时向有关部门报告。事故发生单位领导人应根据事故地点、事态的发展决定应急救援形式是单位自救，还是采取社会救援。

2.3.1.2　出动应急救援队伍

公司应急指挥中心总指挥根据事故的性质、严重程度、影响范围和可控性，对事故进行研判，若符合应急准备条件，按照公司应急响应程序，指令二级单位进行应急处置。根据事故的发展动态及现场应急处置情况，若预警升级，则启动应急响应，出动应急救援队伍，并确定向地方政府及集团公司报告事件发生的相关情况及请求地方政府部门协调、支援等事项。

2.3.1.3　划定安全区和事故现场控制

根据事故模拟结果和专家建议，并考虑危险化学品对人体的不同伤害程度，同时结合事故发生的不同时期，可以将现场分为初始安全区、事故现场控制等区域。

（1）初始安全区

危险化学品泄漏后，若人体接触泄漏物或吸入其蒸气可能会危及生命，则有必要确定初始安全区，以供现场应急人员在专业人员到达事故现场前作应急参考。

（2）事故现场控制

根据确定的初始安全区，可以疏散现场的人员，禁止人员进入隔离区。应急处置人员到达现场后，应进一步细化安全区域，确定应急处置人员、洗消人员和指挥人员分别所处的区域。一旦确定警戒区，必须在警戒区设置警戒标志，消除警戒区内火种。设置警戒标志可使用警戒标志牌、警戒绳，夜间可以拉防爆灯光、警戒绳。在警戒区周围布置一定数量的警戒人员，防止无关人员和车辆进入警戒区。

2.3.1.4 紧急疏散

① 建立警戒区域并迅速将事故应急处理无关人员撤离，将相邻的危险化学品疏散，以减少不必要的人员伤亡。

② 紧急疏散时应注意如下几点。

a. 如事故物质有毒时，需要佩戴个体防护用品或采用简易有效的防护措施。

b. 应向上风方向转移；明确专人引导且护送疏散人员到安全区，并在疏散或撤离的路线上设立哨位，指明方向。

c. 不要在低洼处滞留。

d. 要查清是否有人留在污染区或着火区。

③ 为使疏散工作顺利进行，每个车间应至少有两个畅通无阻的紧急出口，并设置明显标志。

2.3.1.5 现场指挥与控制

（1）现场应急指挥责任主体确认及指挥权交接

突发事故发生后，事发单位要立即启动应急预案，先期成立本单位现场指挥部，由事发现场最高职位者担任现场指挥部指挥员，在确保安全的前提下采取有效措施组织抢救遇险人员，控制危险源、封锁危险场所、划定警戒隔离区，防止事故扩大。若事故升级，在市、区相关负责人赶到现场后，事发单位应立即向市、区现场应急指挥部正式移交应急指挥权，并汇报事故情况、进展、风险以及影响控制事态的关键因素和问题。调动本单位所有应急资源，服从政府和上级现场应急指挥部的指挥。

（2）组建现场指挥部

由市生产安全事故应急指挥部办公室牵头，组建现场指挥部，成立现场应急处置工作组。

（3）现场指挥协调

现场指挥部成立后，及时将现场指挥部人员名单、通信方式等报告上一级应急指挥机构，根据现场指挥需要，按规定配备必要的指挥设备及通信手段等，具备迅速搭建现场指挥平台的能力；现场指挥部要悬挂或喷写醒目的标志，现场总指挥和其他人员要佩戴相应标识。

（4）跟踪进展

一旦发现事态有进一步扩大的趋势，可能超出自身的控制能力时，指挥部应报请市生产安全事故应急指挥部协调调度其他应急资源参与处置工作。及时向事故可能波及的地区通报有关情况，必要时可通过媒体向社会发出预警。

2.3.1.6 现场急救

在事故现场，化学品对人体可能造成的伤害为中毒、窒息、冻伤、化学灼伤等，进行急救时，不论患者还是救援人员都需要进行适当的防护。急救之前，救援人员应确定受伤者所在环境是安全的。口对口人工呼吸及冲洗污染的皮肤或眼睛时，要避免进一步受伤。

2.3.1.7 人员安全防护

(1) 应急救援人员防护

根据现场情况，应急救援指挥人员、医务人员和其他不进入污染区域的应急人员一般配备过滤式防毒面罩、防护服、防毒手套、防毒靴等；工程抢险、消防和侦检等进入污染区域的应急人员应配备密闭型防毒面罩、防酸碱型防护服和空气呼吸器等。采取相应安全防护措施后，方可进入现场救援。

(2) 遇险人员救护

救援人员应携带救生器材迅速进入现场，将遇险受困人员转移到安全区。将警戒隔离区内与事故应急处理无关人员撤离至安全区，撤离时要选择正确方向和路线。对救出人员进行现场急救和登记后，移交专业医疗卫生机构救护。

(3) 企业员工的安全防护

根据不同危险化学品事故特点，组织和指导群众就地取用毛巾、湿布、口罩等物品，采用简易有效措施自救互救。根据实际情况，制定切实可行的疏散程序。进入安全区域后，应尽快脱去受污染的衣物，防止继发性伤害。

2.3.1.8 现场清理和洗消

事故现场清理是为了防止事故产生进一步危害。在现场危险分析的基础上，应对现场可能产生的进一步危害和破坏采取及时的行动，使二次事故发生的可能性降到最低。现场清理和洗消工作可防止有毒有害气体的生成或蔓延、释放，防止易燃易爆物质或气体的生成与燃烧、爆炸，防止由火灾引起的爆炸等。

2.3.2 典型事故应急处置

2.3.2.1 火灾、爆炸事故应急处置

(1) 火灾爆炸事故应急处置原则

① 救人第一。

② 先控制，再消灭，迅速关闭火灾部位的上下游阀门，切断危险物料。

③ 扑救人员应处于上风或侧风向，并采取针对性的自我防护措施。

④ 正确选择最适当的灭火剂和灭火方法。

⑤ 当可能发生再次爆炸危险时，应按照统一的撤退信号和撤退方法及时撤退。

(2) 火灾爆炸事故应急处置措施

火灾爆炸事故一般处置措施见表2-5。

表 2-5　火灾爆炸事故一般处置措施

序号	处置环节	处置内容
1	侦察、检测	① 侦察事故现场，确认以下情况： a. 被困人员情况； b. 容器储量，燃烧时间、部位、形式、蔓延方向，火势范围与阶段，对相邻场所威胁程度； c. 生产装置、控制路线、建（构）筑物损坏程度； d. 确定攻防路线、阵地； e. 现场及周边污染情况。 ② 检测人员在不同方位从火场外围向内检测有害物质的扩散范围，特别注意对周边暗渠、管沟、管井等相对密闭空间进行检测。 ③ 了解周边单位、居民、地形等情况
2	隔离、疏散	根据现场侦检情况确定警戒区域，进行警戒、疏散、交通管制。 ① 确定警戒区域，并设立警戒标志，在安全区外设立隔离带； ② 合理设置出入口，严格控制各区域进出人员、车辆、物资，并进行安全检查，逐一登记； ③ 设立警戒区的同时，有序组织警戒区内的无关人员疏散
3	救生救护	① 采取正确的救助方式，将所有遇险人员移至无污染地区； ② 对救出人员进行登记、标识和现场急； ③ 将伤情较重者送医疗急救部门救治； ④ 对于中毒者要使用特效药物对症治疗
4	火场控制	在实施灭火前，要对火场现场进行控制，以达到灭火条件。 ① 控险 a. 对周围受火灾威胁的设施及时采取冷却保护措施； b. 利用工艺措施倒罐或排空； c. 转移受火势威胁的物资和移动设施。 ② 排险 a. 向泄漏点、主火点进攻之前，应将外围火点彻底扑灭； b. 有的火灾可能造成易燃液体外流，这时可用沙袋或其他材料筑堤拦截飘散流淌的液体，或挖沟导流将物料导向安全地点； c. 用毛毡、海草帘堵住下水井、阴井口等处，防止火焰蔓延。 ③ 堵漏。所有堵漏行动必须采取防爆措施，确保安全。 ④ 点燃。对于气体火灾，当罐内气体压力减小，火焰自动熄灭，或火焰被冷却水流扑灭，但还有气体扩散且无法实施堵漏，仍能造成危害时，要果断采取措施点燃
5	火灾扑救	要达到以下灭火条件时才能实施灭火： a. 周围火点已彻底扑灭，外围火种等危险源已全部控制； b. 着火罐或设施已得到充分冷却； c. 人力、装备、灭火剂等已准备就绪； d. 物料源已被切断，且内部压力明显下降； e. 堵漏准备就绪，并有把握在短时间内完成。 选择正确的灭火剂和灭火方法控制火灾，当已具备灭火条件时，可实施灭火

续表

序号	处置环节	处置内容
6	洗消	① 根据现场危险化学品的毒性，考虑设立洗消站，使用相应的洗消药剂； ② 洗消的对象：在送医院治疗之前的中毒人员、现场医务人员、消防和其他抢险人员、群众互救人员、抢救及染毒器具等； ③ 洗消污水的排放必须经过环保部门的检测，以防造成次生灾害
7	清理	① 用喷雾水、蒸汽、惰性气体清扫现场内事故罐、管道、低洼、沟渠等处，确保不留残气（液）。 ② 小量残液，用干沙土、水泥粉、煤灰、干粉等吸附；大量残液，用防爆泵抽吸或使用无火花盛器收集，集中处理。 ③ 在污染地面撒上中和剂或洗涤剂清洗，然后用大量直流水清扫现场，特别是低洼、沟渠等处，确保不留残液。 ④ 清点人员、车辆及器材，撤除警戒，做好移交，安全撤离
8	环境保护	① 对场内灭火后的残留物料和消防废水，立即进行回收、挖坑、引流等处理，关闭清污分流切换阀，同时对装置区域清净下水总排放口进行截堵，在水质突变的情况下，紧急投用环境保护措施用事故污水调节罐或污水池； ② 对场外残留物料和消防废水和污水总排放口，加强监测，对外排的污染物进行围和截堵

根据危险物料不同、发生场景不同，火灾爆炸事故的处置措施略有不同，其注意事项详见表2-6。

表2-6 典型设施和场景火灾爆炸事故处置注意事项

序号	作业环境	注意事项
1	装置类	扑救装置类火灾要立体围控，全面控制： ① 组织良好的供水路线，确保水枪的用水量。 ② 具有能喷到一定高度的器材装备，充分利用装置的操作平台、框架结构的孔洞、设备观察火势时的孔等架设水枪，指挥层次清楚、指挥关系明确。 ③ 关阀断料，对空间燃烧液体流经部位予以充分冷却，采取上下立体夹攻的方法消灭空间液体流淌火，对流到地面的燃烧液体，筑堤导流，泡沫覆盖。 ④ 明沟类流淌火，要筑堤分割，分段堵截；暗沟类流淌火，要泡沫灌注，封闭窒息
2	大型原油储罐	① 扑救原油和重油等具有沸溢和喷溅危险的液体火灾时，如有条件，可采用放水搅拌等防止发生沸溢和喷溅的措施； ② 在灭火时必须注意计算可能发生沸溢、喷溅的时间和观察是否有沸溢、喷溅的征兆； ③ 指挥员发现危险征兆时应迅速及时下达撤退命令，避免造成人员伤亡和装备损失； ④ 扑救人员看到或听到统一撤退信号后，应立即撤至安全区

续表

序号	作业环境	注意事项
3	液化石油气储罐	① 扑救液化石油气火灾切忌盲目扑灭，在没有采取堵漏措施的情况下，必须保持稳定燃烧；如果意外扑灭了泄漏处的火焰，也必须立即点燃。 ② 如果确认泄漏口非常大，根本无法堵漏，只需冷却着火容器及其周围容器和可燃物品，控制着火范围，直到燃气燃尽，火势自动熄灭。 ③ 采用封堵暗渠盖板、管孔等措施防止泄漏的液态烃流入相对密闭空间。对可能已存在液态烃或可燃（有毒）气体积聚的相对密闭空间，应根据现场情况立即采取注水（泡沫液）、强风吹扫等方式进行处置。 ④ 应密切注意各种危险征兆，当出现以下征兆时，必须及时做出准确判断，下达撤退命令。现场人员看到或听到事先规定的撤退信号后，应迅速撤退至安全区。 a. 可燃气体继续泄漏而火种较长时间没有恢复燃烧，现场可燃气体浓度达到爆炸极限； b. 出现受辐射热的容器发生裂口或安全阀出口处火焰变得白亮耀眼、泄漏处气流发出尖叫声、容器发生晃动等现象。 ⑤ 扑救液化石油气储罐火灾时应注意防止未挥发液化石油气造成人员冻伤，进入液化石油气泄漏区域作业必须穿戴专用服装
4	特殊危险化学品	① 对于爆炸物品火灾，切忌用沙土盖压，以免增强爆炸物品爆炸时的威力。 ② 对于遇湿易燃物品火灾，绝对禁止用水、泡沫、酸碱等湿性灭火剂扑救。 ③ 扑救毒害品和腐蚀品的火灾时，应尽量使用低压水流或雾状水，避免腐蚀品、毒害品溅出，遇酸类或碱类腐蚀品最好调制相应的中和剂稀释中和。 ④ 易燃固体、自燃物品一般都可用水和泡沫扑救；对易升华的易燃固体，受热发出易燃蒸气，能与空气形成爆炸性混合物，尤其在室内易发生爆燃，在扑救过程中应不时向燃烧区域上空及周围喷射雾状水，并消除周围一切火源

2.3.2.2 油气管道泄漏事故应急处置

(1) 泄漏事故处置原则

发生泄漏事故时要迅速采取有效措施消除或减少泄漏的危害。应急处置的首要任务为：迅速撤离泄漏污染区人员至安全区并进行隔离，严格限制出入；切断火源，切断泄漏源。

(2) 泄漏事故的应急处置要领

① 进入泄漏现场的注意事项。进入泄漏现场进行应急处理时，一定要注意安全防护。

a. 进入现场的救援人员必须佩戴必要的个人防护器具。

b. 如果泄漏物是易燃易爆的，事故中心区应严禁火种，切断电源，禁止车辆进入，立即在边界设置警戒线。

c. 如果泄漏物是有毒的，应使用专用防护服、隔绝式空气面具，并立即在事故中心区设置警戒线。

d. 应急处理时严禁单独行动，要有监护人，必要时用水枪、水炮掩护。

② 确保人员安全。在确保人员安全的前提下，尽快关阀堵漏。根据实际情况，可以采取关闭阀门、停止作业或更改工艺流程、物料走副线、局部停车、打循环、减负荷运行、用合适的材料和技术堵住泄漏处等手段。

③ 对泄漏物的处理。处理泄漏物，通常有以下几种方法。

a. 筑堤堵截。筑堤堵截泄漏液体或者引流到安全地点。储罐区发生液体泄漏时，要及时关闭雨水网，防止物料沿明沟外流。

b. 稀释与覆盖。向有害物蒸气云喷射雾状水，加速气体向高空扩散。对于可燃物，也可以在现场施放大量水蒸气或氮气，破坏燃烧条件。对于液体泄漏，为降低物料向大气中的蒸发速度，可用泡沫或其他覆盖物品覆盖外泄的物料，在其表面形成覆盖层，抑制其蒸发。

c. 收集。对于大型泄漏，可选用隔膜泵将泄漏出的物料抽入容器内或槽车内，当泄漏量小时，可用沙子、吸附材料、中和材料等吸收中和。

d. 废弃。将收集的泄漏物运至废物处理场所处置。用消防水冲洗剩下的少量物料，冲洗水排入污水系统处理。

④ 减轻泄漏危险化学品的毒害。参加危险化学品泄漏事故处置的车辆应停于上风方向，消防车、洗消车、洒水车应在保障供水的前提下，从上风方向喷射开花或喷雾水流对泄漏出的有毒有害气体进行稀释、驱散；对泄漏的液体有害物质可用沙袋或泥土筑堤拦截，或开挖沟坑导流、蓄积，还可向沟、坑内投入中和（消毒）剂，使其与有毒物直接发生氧化、氯化作用，从而使有毒物改变性质，成为低毒或无毒的物质；对某些毒性很大的物质，还可以在消防车、洗消车、洒水车水罐中加入中和剂（浓度为5%左右），则驱散、稀释、中和的效果更好。

⑤ 做好现场检测。应不间断地对泄漏区域进行定点与不定点检测，以及时掌握泄漏物质的种类、浓度和扩散范围，恰当地划定警戒区。

⑥ 把握好灭火时机。当危险化学品大量泄漏，并在泄漏处稳定燃烧时，在没有绝对把握制止泄漏的情况下，不能盲目灭火，一般应在制止泄漏成功后再灭火。否则，极易引起再次爆炸、起火，将造成更加严重的后果。

（3）油气管道泄漏一般处置措施

油气管道泄漏一般处置措施及典型设施和场景应急处置时注意事项见表2-7。

表2-7　油气管道泄漏一般处置措施

序号	任务	工作内容
1	现场确认、报警	① 通过现场勘查、工艺参数分析、管道泄漏报警系统定位等手段确定泄漏点位置。 ② 关闭泄漏点两端管路截断阀，切断泄漏管段油气源供应。 ③ 立即向有关部门报警
2	地方联动	① 立即向当地政府应急机构报告，请求并配合封闭现场，对警戒区周边实施交通管制。 ② 协调地方供电部门切断警戒区内电源。 ③ 配合地方政府开展人员疏散、消防、抢险救援等应急工作
3	现场检测	对事故漏油（气）浓度，风向，风力，土壤、水体等污染面积、范围，污染物扩散情况等进行持续检测
4	现场警戒与人员疏散	① 根据现场监测结果，确定泄漏现场警戒区范围。 ② 引导或告知警戒区内需疏散人员尽快疏散至安全区域。 ③ 对受伤、中毒人员进行转移、救护。 ④ 确保救援人员个人防护完善的情况下对警戒区内失踪人员进行搜救。 ⑤ 警戒区内车辆就地熄火

续表

序号	任务	工作内容
5	泄漏点介质处理	① 对泄漏的油品采取开挖引流沟、开挖集油池、布设围油栏、筑坝等措施进行引流、集中、围堵、回收。 ② 对无法回收的污染油品，采取用沙土、干粉、泡沫覆盖事故现场地面等方式清理污染物。 ③ 采用强制通风设备对现场泄漏（挥发）的可燃（有毒）气体进行吹扫，吹扫方向应朝向安全扩散区域，并结合现场风向、风力、湿度等情况确定。 ④ 采用在警戒区域布设水幕，向关键工艺设备、建（构）筑物、植被等喷水（泡沫）降温等方式
6	抢险作业	① 应严格控制火源，保持现场持续通风或吹扫，待可燃（有毒）气体浓度低于警戒值后，方可进场实施抢险作业。 ② 清理进场道路上的障碍物，同时考虑正常通行道路和紧急逃生通道设置。 ③ 在可燃气体的区域内应使用防爆设备，车辆进入警戒区须安装防火罩。 ④ 根据抢险作业要求，组织清理作业区间内障碍物。对泄漏管道实施开挖，应采取人工方式清理开挖管道上方的覆土或堆积体，必要时应采取喷水（泡沫液）方式进行监护。 ⑤ 对泄漏点管道进行封堵或更换，用火作业前须严格进行安全条件确认

2.3.2.3 急性中毒事故应急处置

(1) 急性中毒的应急处置原则

① 救护人员在进入毒区抢救之前，要做好个人呼吸系统和皮肤的防护。

② 尽快切断毒物来源。救护人员进入事故现场后，除对中毒者进行抢救外，同时应采取果断措施（如关闭管道阀门、堵塞泄漏的设备等）切断毒源，防止毒物继续外逸。对于已经扩散出来的有毒气体或蒸气应立即启动通风排毒设施或开启门、窗等，降低有毒物质在空气中的含量，为抢救工作创造有利条件。

③ 采取有效措施，尽快阻止毒物继续侵入人体。

④ 在有条件的情况下，采用特效药物解毒或对症治疗，以维持中毒者主要脏器的功能。

⑤ 出现成批急性中毒病员时，应立即成立临时抢救指挥组织，以负责现场指挥。

⑥ 立即通知医院做好急救准备。通知时应尽可能说清毒物种类、中毒人数、侵入途径。

(2) 急性中毒事故一般处置措施

急性中毒事故处理一览表见表 2-8。

表 2-8 急性中毒事故处理一览表

序号	任务	工作内容
1	搜救中毒人员	① 组成救生小组，携带救生器材迅速进入危险区域。 ② 采取正确的救助方式，将所有遇险人员移至安全区域。 ③ 必要时，为伤员戴上呼吸防护装备，防止继续吸入染毒
2	登记分类	① 对救出人员进行登记。 ② 根据伤情对伤员进行分类。佩戴医标牌：需要紧急处理和转运的伤员戴红色标牌，不严重、可以随后处理和转运的伤员戴黄色标牌，轻微中毒的伤员戴绿色标牌

续表

序号	任务	工作内容
3	现场急救	① 对呼吸困难者，立即给氧，对呼吸、心跳停止者，立即进行心肺复苏。 ② 存在化学性眼灼伤者，立即用大量流动清水彻底冲洗。 ③ 对皮肤污染者，立即脱去污染的衣服，用流动清水冲洗。 ④ 当人员发生冻伤时，应迅速复温，复温的方法是采用40～42℃恒温热水浸泡，使其温度提高至接近正常，在对冻伤的部位进行轻柔按摩时，应注意不要将伤处的皮肤擦破，以防感染。 ⑤ 当人员发生烧伤时，应迅速将患者衣物脱去，用流动清水冲洗降温，用清洁布覆盖创伤面，避免创面污染，不要任意将水疱弄破。患者口渴时，可适量饮水或含盐饮料。 ⑥ 经口中毒者，漱口、饮水、立即催吐（神志不清者禁止催吐），或用洗胃以及导泻的办法使毒物尽快排出体外，或给服活性炭阻止毒物吸收。但腐蚀性毒物中毒时，一般不提倡用催吐与洗胃的方法
4	医院救治	① 经现场处理后应迅速护送至医院救治。 ② 对有特效解毒剂的中毒应及时给予解毒治疗

2.4 精细化工企业生产及检修安全

2.4.1 企业生产运行安全

① 必须编制生产工艺规程、安全技术规程。根据工艺规程、安全技术规程和安全管理制度，编制常见故障及其处理方法的岗位操作法，并经主管厂长（经理）或总工程师审批签发后下发执行。

② 变更或修改工艺指标时，生产技术部门必须编制工艺指标变更通知单（包括安全注意事项），并以书面形式下达。操作者必须遵守工艺纪律，不得擅自改变工艺指标。

③ 操作者必须严格执行岗位操作要求，按要求填写运行记录。

④ 关联性强的复杂重要岗位，必须建立、执行操作票制度。

⑤ 安全附件和联锁装置不得随便拆卸和解除，声、光报警等信号不能随意切断。

⑥ 在现场检查时，不准踩踏管道、阀门、电线、电缆架及各种仪表管线等设施，不得进入危险部位。

⑦ 严格遵守安全纪律，禁止无关人员进入操作岗位和动用生产设备、设施和工具。

⑧ 明确判断和处理异常情况，紧急情况下，可以先处理后报告（包括停止一切检修作业、通知无关人员撤离现场等）。

⑨ 当工艺运行或设备处在异常状态时，不准随意进行交接班。

2.4.2 企业生产开车安全

① 必须编制开车方案，检查并确认水、电、汽（气）符合开车要求，各种原料、辅助

材料等的供应必须齐备、合格，按规定办理开车操作票，严格按开车方案进行开车。投料前还必须进行系统分析确认。

② 检查阀门状态及盲板抽加情况，保证装置流程畅通，各种机电设备及电气仪表等均处在完好状态。

③ 保温、保压及清洗的设备要符合开车要求，必要时应重新置换、清洗和分析，直至合格。

④ 确保安全、消防设施完好，通信联络畅通，并通知消防、气防及医疗卫生部门。危险性较大的生产装置开车时，相关部门人员应到现场，消防车、救护车处于防备状态。

⑤ 必要时停止一切检修作业，无关人员不准进入开车现场。

⑥ 开车过程中要加强有关岗位之间的联络，严格按开车方案中的步骤进行，严格遵守升（降）温、升（降）压和加（减）负荷的幅度（速率）要求。

⑦ 开车过程要严密注意工艺状况的变化和设备运行情况，发现异常现象应及时处理，情况紧急时应终止开车，严禁强行开车。

2.4.3 企业生产停车安全

① 正常停车必须编制停车方案，严格按停车方案中的步骤进行。

② 对系统降压、降温必须按要求的幅度（速率）并按先高压后低压的顺序进行。凡是需要保温、保压的设备（容器），停车后要按时记录温度、压力的变化。

③ 设备（容器）卸压时，应对周围环境进行检查确认，要注意易燃易爆、易中毒等危险化学品的排放和扩散，防止造成事故。

④ 冬季停车后，要采取防冻保温措施，注意低位、死角，以及水、蒸汽的管线、疏水器和保温伴管等的情况，防止管道、设施损坏。

2.4.4 企业生产紧急处理安全

① 发现或发生紧急情况时，必须先尽最大努力妥善处理，防止事态扩大，避免人员伤亡，并及时向有关部门报告。必要时，可先处理后报告。

② 工艺及机电、设备等发生异常情况时，应迅速采取措施，并通知有关岗位协调处理。必要时，按步骤紧急停车。

③ 发生停电、停水、停气（汽）等情况时，必须采取措施，防止系统超温、超压、跑料及机电设备的损坏。

④ 发生爆炸、着火、大量泄漏等事故时，应首先切断气（物料）源，同时迅速通知相关岗位采取措施，并立即向上级报告。

⑤ 应根据本单位生产特点，编制重大事故应急救援预案，并定期组织演练，提升处置突发事件的能力。

2.4.5 企业生产危险要害区域（岗位）安全

① 生产过程中含有极度危害和高度危害毒物的装置、仓库、罐区、岗位等，以及企业供配电、供水等生产区域为生产危险要害区域（岗位）范围。

② 危险要害区域（岗位）由各单位安全技术、保卫、生产等部门共同认定，经厂长

（经理）签署意见，报公司审批。

③ 要害岗位人员必须经过严格的安全培训，掌握相关的安全知识，具备较高的安全意识和较好的技术素质。

④ 要害岗位施工、检修时，必须编制严密的安全防范措施，并报保卫、安全技术部门备案。施工、检修现场要设监护人，做好安全保卫工作，并认真做好详细记录。

⑤ 各单位应在危险要害区域的界区周围设置统一的明显标志。

⑥ 建立、健全严格的危险要害区域（岗位）管理制度，凡外来人员必须经厂主管部门审批，并在专人陪同下，经登记后方可进入危险要害区域（岗位）。对无手续或手续不全者应禁止其进入。

⑦ 应编制、修订危险要害区域（岗位）重大事故应急救援预案，并定期组织有关人员演习，提高处置突发事故的能力。

2.4.6　企业生产场所通风措施

向精细化工企业生产厂房内通风，其目的是排除或稀释火灾爆炸性气体、粉尘及有毒有害气体，以防止火灾爆炸事故发生及保持良好的生产环境，保障劳动者的身体健康。

通风分为全面通风和局部通风。全面通风是向整个房间输送符合人体卫生和生产工艺要求的空气，更换原有的空气。局部通风包括局部吸气和局部送风。局部吸气是在有毒有害及火灾危险气体发生源附近，把有害物质随同空气一起吸走，以防止有害气体向周围空间散布。局部送风即送入新鲜空气，以稀释室内有毒有害气体的浓度。

应按照相关规定的要求，对于散发爆炸危险性粉尘或存在可燃纤维的场所，应采取防止粉尘、纤维扩散和飞扬的措施；对于散发比空气重的甲类气体、存在爆炸危险性粉尘或可燃纤维的厂房的地面不宜设地坑或地沟，应有防止气体积聚的措施，如设局部风口或局部机械排风；对于散发比空气轻的可燃气体的厂房，可采用开设天窗等自然通风，在事故状态下，可用强制机械通风。

为了防止有毒有害及火灾爆炸气体渗透到某些电气、仪表、精密仪器的场所，应采用正压通风。正压通风设备的取风口宜位于上风方向，并应高出地面 9m 以上，或高于爆炸危险区 1.5m 以上。

2.4.7　企业生产设备设施安全

精细化工企业对化工设备设施的安全运行提出如下要求。

（1）使用强度高

为确保化工企业设备设施长期、稳定、安全地运行，必须保证所有的零部件有足够的强度。一方面要求设计和制造单位严把设计、制造质量关，消除隐患，特别是企业使用的压力容器，必须严格按照国家有关标准进行设计、制造和检验，严禁粗制滥造和任意改造结构及选用代材；另一方面要求操作人员严格履行岗位责任制，遵守操作规程，严禁违章指挥、违章操作，严禁超温、超压、超负荷运行。企业还要加强维护管理，定期检查设备与机器的腐蚀、磨损情况，发现问题及时修复或更换；化工企业设备达到使用年限后，应及时更换，防止因腐蚀严重或超期使用而发生重大设备事故。

(2) 密封可靠

化肥、精细化工、炼油等企业处理的物料大都是易燃易爆、有毒和腐蚀性的介质，如果由于设备设施密封不严而造成泄漏，将会引起燃烧、爆炸、灼伤、中毒等事故。不管是高压设备还是低压设备，在设计、制造、安装及使用过程中，必须重视化工设备的密封问题。

(3) 配套安全保护装置

随着控制技术的发展，精细化工装置大量采用了自动控制、信号报警、安全联锁和工业电视等先进手段。当生产设备设施出现异常时，自动联锁与安全保护装置会自动发出警报或自动采取安全措施，以防事故发生，保证安全生产。

(4) 适用性强

当运行条件稍有变化，如温度、压力等条件有变化时，应能完全适应并维持正常运行。而且一旦某种原因导致事故发生时，可立即采取措施，防止事态扩大，并在短时间内予以修复、排除，这除了要求安装相应的安全保护装置外，还要有方便修复的合理结构，备有标准化、通用化、系列化的零部件以及技术熟练、经验丰富的维修队伍。

化工企业设备设施的运行状况直接影响生产的连续性、稳定性和安全性，因此，强化设备设施的维护管理，提高从业人员的安全技术素质和安全操作能力，在企业生产中越来越重要。

2.4.8 企业设备检修作业前的安全要求

① 加强检修工作的组织领导，做到安全组织、安全任务、安全责任、安全措施“四落实”。根据设备检修项目要求，制定设备的检修方案，落实检修人员、安全措施。

② 一切检修项目均应在检修前办理“检修任务书”和“设备检修安全作业证”。

③ 检修项目负责人对检修安全工作负全面责任，对检修工作实行统一指挥调度，确保检修过程的安全。

④ 必须对参加检修作业的人员进行安全教育，特种作业人员必须持证上岗，应对检修过程中可能存在和出现的不安全因素进行分析，提前采取预防措施。

⑤ 检修项目负责人必须按“检修任务书”和“设备检修安全作业证”的要求，组织有关技术人员到现场向检修人员交底。

⑥ 专业特种设备检修必须由具备相应检修资质的单位进行。

2.4.9 企业设备检修作业中的安全要求

① 根据“检修任务书”和“设备检修安全作业证”的要求，生产单位要对检修的设备、管道进行工艺处理。工艺处理过程要执行安全标准环节，由专人负责，分析数据必须合格。

② 检修的设备、管道与生产区域的设施、管道有连通时，中间必须进行有效隔离。

③ 检修单位与生产单位共同对工艺处理等情况进行检查确认后，办理交接手续，不经生产负责人同意不得拆卸设备管道。

④ 检修使用的工具、设备应进行详细检查，保证安全可靠。

⑤ 检修传动设备或传动设备上的电气设备时，必须切断电源（拔掉电源熔断器），并经两次启动复查证明无误后，在电源开关处挂禁止启动牌或上安全锁卡。使用的移动式电气工

器具，应配备漏电保护装置。

⑥ 检修单位应严格执行相关规程规范的要求，根据检修内容办理相关票证，并检查审批内容和安全措施的落实情况。

⑦ 检修单位应检查检修中所需防护器具、消防器材的准备情况。

⑧ 检修现场的坑、井、洼、沟、陡坡等应填平或铺设与地面平齐的盖板，也可设置围栏和警告标志，夜间悬挂警示红灯。检查、清理检修现场的消防通道、行车通道，保证畅通无阻。须夜间检修的作业场所，应设有足够亮度的照明装置。

⑨ 应对检修现场的爬梯、栏杆、平台、盖板等进行检查，保证安全可靠。

⑩ 检修人员必须按施工方案及作业证指定的范围、方法、步骤进行施工，不得随意更改。

⑪ 检修人员在检修施工中应严格遵守各种安全操作规程及相关规章制度，听从现场指挥人员和安全技术人员的指导。

⑫ 每次检修作业前，要检查作业现场及周围环境有无改变，邻近的生产装置有无异常。

⑬ 凡在距坠落高度基准面 2m 及以上，有可能坠落的高处进行的作业，按照规定要求执行。

⑭ 一切检修应严格执行企业检修安全技术规程，检修人员要认真遵守本工种安全技术操作规程的各项规定。

⑮ 在生产车间临时检修时，遇含有易燃易爆物料的设备，要使用防爆器械或采取其他防爆措施，严防产生火花。

⑯ 在检修区域内，对各种机动车辆要进行严格管理。

⑰ 在危险化学品的生产场所进行检修作业，要经常与生产岗位联系，当精细化工生产发生故障，出现突然排放危险物或紧急停车等情况时，应停止作业，迅速撤离现场。

⑱ 进入精细化工生产区域内的各类塔、球、釜、槽、罐、炉膛、烟道、管路、容器及地下室、阴井、地坑、下水道或其他封闭场所内进行的作业，必须按相关规定和规范要求执行。

2.4.10 企业设备检修作业后的安全要求

① 检修完毕后要做到以下要求：一切安全设施恢复正常状态；根据生产工艺要求抽加盲板，检查设备管道内有无异物及封闭情况，按规定进行水压或气密性试验，并做好记录备案；检修任务书归档保存；检修所用的工器具应搬走，脚手架、临时电源、临时照明设备等应及时拆除，保持现场整洁。

② 检修单位会同设备所属单位及有关部门，对检修的设备进行单机和联动试车，验收后办理交接手续。

③ 投料开车前，岗位操作人员认真检查并确认维修部位和安全部件，保证其安全可靠，仪表管线畅通。

④ 生产岗位交接班时，操作人员必须将检修中变动的设备管道、阀门、电器、仪表等情况相互交接清楚。

2.5 精细化工安全实训区

精细化工安全实训区主要由化工安全学训系统、化工安全学训区两部分组成。

2.5.1 化工安全学训系统简介

2.5.1.1 信息中心

① 培训注册。根据用户的角色显示管理员推荐的课程，由管理员指定或用户选择注册。
② 培训矩阵。根据用户角色，查询显示用户的某项培训的培训计划。
③ 考试。显示用户近期将要参加的考试信息。
④ 成绩查询。查询显示用户的所有成绩。
⑤ 显示、修改用户的账户信息。

2.5.1.2 学习资料库

对于用户，可显示、查询或下载资料库课件。

2.5.1.3 三维互动学习

主要包括防爆安全、防毒安全、防火安全、机械安全、生产停运事故、通电安全技术等在内的动画演示。

2.5.1.4 考试系统

考试系统包括：安全标识考试系统软件（含题库及考核软件）；安全防护考试系统软件（含题库及考核软件）；安全操作规程训练（含题库及考核软件）；安全事故处理系统演示软件（含题库及考核软件）。

考核平台采用开放、动态的系统架构，将传统的考试培训模式与先进的网络应用相结合，实现出卷、考试、培训的高效管理。安全教学培训及技能鉴定考核系统由前台用户考试部分、后台系统管理部分两大部分组成，用户考试部分包括考试练习模块，并拥有考试查分、历史查询、统计查分等功能。

2.5.2 化工安全学训区

2.5.2.1 安全展示区

本区域以安全文化展示、案例讨论和安全管理知识强化为主要教学功能。配备丰富的展板（如图 2-7），以安全生产方针、安全法规、企业安全文化、“5S”现场管理、HSE 管理体系、危险化学品安全知识、职业防护知识、特种作业知识等内容为主，以必要的安全评价技术、安全与生产等内容为辅助，塑造良好的师生互动和环境，提高学生的安全素养，强化安全文化知识，提高安全意识。

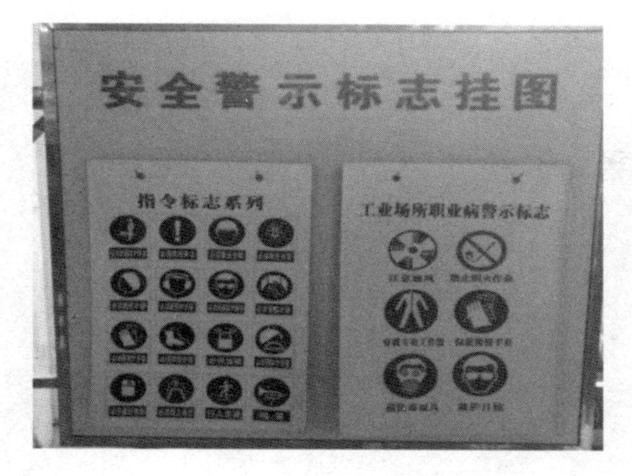

图 2-7　实训培训基地化工安全实训区挂板

2.5.2.2　消防安全实训区

本区主要是针对工作中涉及的特种作业内容设置的实训环节。通过现场模拟和情景再现等方式强化安全操作规范和注意事项。主要设备包括救火器材、消防栓、手提式灭火器、推车式灭火器、消防应急灯、消防应急逃生箱、灭火器箱、烟感器、火灾报警仪、安全帽、安全带等。部分化工安全报警设备如图 2-8 所示。

图 2-8　精细化工安全实训区中的部分化工安全报警设备

2.5.2.3　职业安全防护实训区

本区主要设置职业防护服、防毒面具（如图 2-9）、洗眼器、外伤包扎用具的实训装备和设施（如图 2-10）。通过对学生进行职业防护技能的强化练习，使其进一步深化职业防护知识，拓展职业防护能力，提升职业防护安全素养。

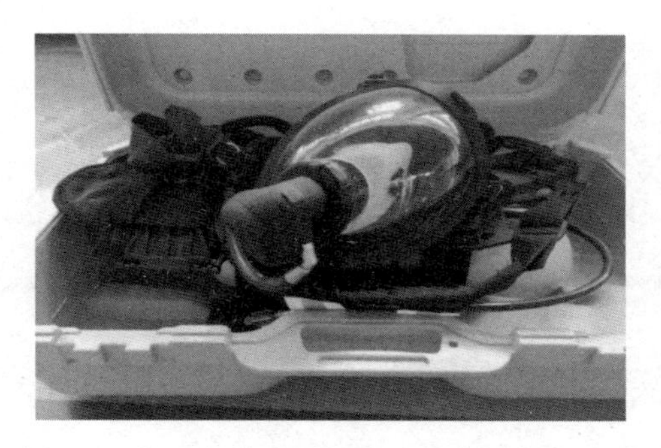

图 2-9　化工安全实训区中正压式空气呼吸器

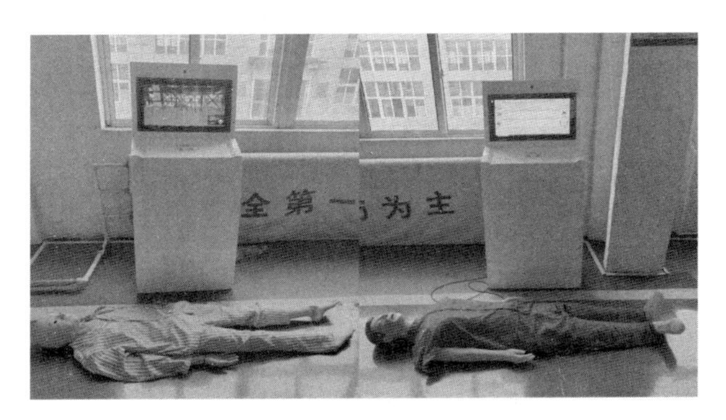

图 2-10 创伤包扎和急救实训装备

习题

1. 精细化工安全生产的特点有哪些？
2. 精细化工生产中的危险源如何分类？
3. 安全标志有哪几种颜色？分别代表什么含义？
4. 正压式空气呼吸器佩戴有哪些环节？
5. 危险化学品的储存要求有哪些？
6. 什么是危险化学品的闪点？
7. 危险化学品如何划分等级？
8. 精细化工企业安全生产停车安全要求有哪些？
9. 精细化工企业设备检修作业后的安全要求有哪些？

第3章 乙氧基化平台

乙氧基化平台包括环氧乙烷（EO）和壬基酚聚氧乙烯醚两套实物装置。该平台以中国石油抚顺石油化工公司环氧乙烷和壬基酚聚氧乙烯醚联合生产装置为原型，按1∶6比例建设而成。其中环氧乙烷实际生产装置的原始设计生产能力为5.0万吨/年，2000年5月进行设备扩能改造后，环氧乙烷生产能力达到6.5万吨/年；壬基酚聚氧乙烯醚装置的生产能力为4.6万吨/年。

乙氧基化平台工艺以乙烯为原料生产环氧乙烷，再与壬基酚反应生产壬基酚聚氧乙烯醚；平台总体规划完备，现场布局、设备选型、实训过程和生产现场保持一致；以工业化生产装置为原型，完整再现实际工艺流程，装置采用弱电信号模拟物料走向，系统采用现场生产真实数据，真实再现实际工作环境和乙氧基化职业岗位操作内容。

3.1 环氧乙烷实物装置

3.1.1 环氧乙烷工艺流程

环氧乙烷（EO）是一种简单的环醚，属于杂环类化合物，分子式为C_2H_4O，在低温下为无色透明液体，在常温下为无色、带有醚刺激性气味的气体，是重要的精细化工产品。

环氧乙烷早期被用来制造杀菌剂，目前被广泛地应用于洗涤液、制药、印染等行业，在精细化工相关产业可作为清洁剂的起始剂。环氧乙烷是继甲醛之后的第二代化学消毒剂，是使用广泛的消毒剂之一，是四大低温灭菌技术（低温等离子体、低温甲醛蒸气、环氧乙烷、戊二醛）中重要的一员。

环氧乙烷实物仿真装置工艺分为EO反应工段、CO_2脱除和EO吸收工段、EO解吸和乙二醇脱除工段、轻组分脱除和EO精制工段四部分。

3.1.1.1 EO反应工段

从脱除工段来的循环气首先与新鲜乙烯、甲烷混合，然后进入氧气混合喷嘴M-101，与氧气混合。

混合喷嘴在确保安全可控条件下使氧气与循环气充分混合，补充抑制剂（EDC）后，反应器进料气体在E-101中被EO反应产品气体从77～78℃加热到148～152℃。

被预热的反应器进料气体进入列管式反应器（R-101），在反应器中，乙烯和氧气在银催化剂床层上发生反应生成EO，反应副产物有二氧化碳、水和微量的醛类。离开反应器的混合气体温度为234～282℃。

反应产品气体经过三次冷却。在产品第一冷却器（E-102）中，通过产生中压蒸汽，反应产品气体被冷却到202～207℃；在反应器进料/产品换热器（E-101）中被冷却到135～138℃；在产品第二冷却器（E-203）中被进一步冷却到51～53℃。

EO反应工段简化流程图如图3-1所示。

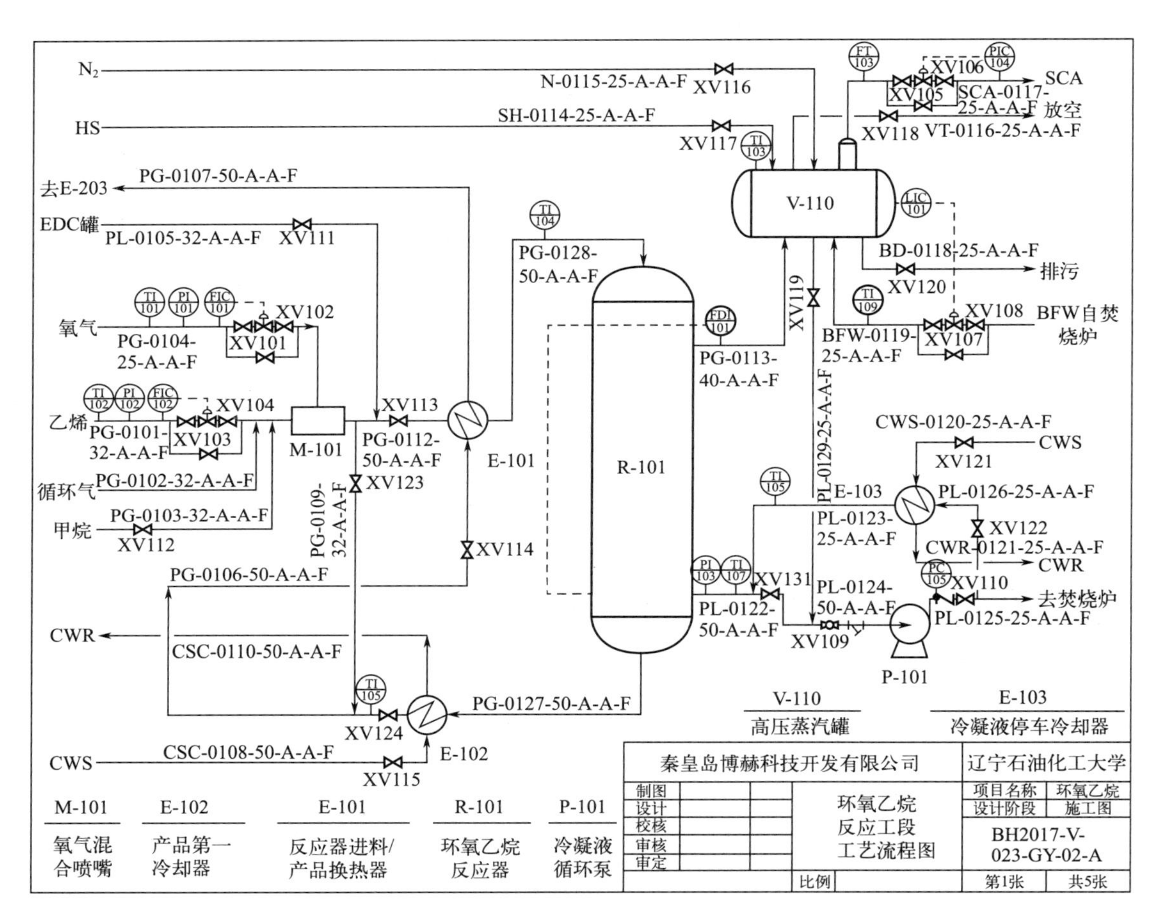

图3-1 乙氧基化——EO反应工段简化后的PID流程图

(1) 氧气混合喷嘴（M-101）

这种特殊结构的氧气混合喷嘴，可使氧气只需在很短的管道就能快速地被稀释，在其出口配有温度测量仪，防止预燃发生，确保混合过程安全进行。

其通过安装在管道中的两个不同直径的同心环状喷射器将氧气注入烃气流中。通过两种气流的压力和流速的适当平衡实现了快速混合，并防止烃类气体进入氧气管线。为使流速、压力分布均匀，在其上、下游各安装一段直管，直管段管长最小应是管径的10倍，这样使开、停车期间需要的吹扫气流量最小。

混合喷嘴要安装在装置外围，远离主要设备/管道系统，以避免着火对邻近管线、设备等造成冲击。喷嘴要水平安装，周围有混凝土防护墙保护。

(2) 催化剂抑制剂系统

为获得最佳的EO收率，必须使用抑制剂来抑制乙烯完全氧化生成二氧化碳的反应。

在反应器进料/产品换热器（E-101）之前将抑制剂加入反应器进料管道中。添加量是根据中试装置的操作结果而确定的，即 1×10^6 mol的反应器进料气中加4mol二氯乙烷，工业操作上最佳补充量低至 1×10^6 mol进料气中加0.05mol二氯乙烷，因为大量的衍生氯化物经尾气压缩机进行循环。工艺设计的纯二氯乙烷补加速率为0.035～0.15kg/h之间（使用S859催化剂）。随着新型催化剂的不断推出，催化剂的活性及选择性都在不断提高，因而抑制剂的需求量也在不断变化中。

(3) 反应器进料/产品热交换器系统

该阶段热交换系统包括E-101、E-102、E-203。在反应器进料/产品换热器E-101中，反应器进料气体从77～78℃预热到148～152℃，而反应器产品气体则从202～207℃冷却到135～138℃；在产品第一冷却器E-102中，反应器产品气体从234～282℃（使用S859催化剂）冷却到202～207℃，同时产生1.39MPa（表压）的蒸汽；在产品第二冷却器E-203中，反应器产品气体从135～138℃冷却到51～53℃。

对易发生冷凝的气体管线要注意腐蚀的发生，尽量减少滞流管线的数量，从而最大限度地降低凝液的沉积，避免形成火源。

(4) EO反应器系统

正常操作时，壳程的水被加热蒸发，蒸汽在壳程上升，一部分蒸汽在顶部预热进料气体而本身冷凝下来，其余蒸汽带着大量液体离开反应器壳程，被夹带的液体与蒸汽在V-110罐中分离并与补充水混合后回到反应器壳程。离开汽包的蒸汽在压力控制下送到管网系统，通过控制蒸汽的压力来调整反应器的反应温度。

进料气体在148～152℃情况下进入反应器顶部，并在列管的预热段被加热到与壳程水温度差在2℃范围以内，然后进入催化剂床层，在催化剂床层上发生放热反应，使催化剂与邻近撤热水的最大温度差（PTD）达到10～15℃。催化剂使用初期最大温差在催化剂床层的2～4m处（从管子顶端算起3.2～5.2m处），随着催化剂使用年限增加，PTD的位置向床层的下部转移，PTD值也缓慢增加。氧气转化率提高，也会导致PTD值增加。

气体温度通过装在催化剂管中心部位的热电偶测量，撤热水温度用插在未装催化剂的、带孔的反应管内的热电偶测量，这些测量温度有一部分被连续记录下来。反应气体和撤热水的局部温差，取决于反应程度以及反应气体和撤热水之间的传热速率。反应程度或转化率，是通过调节反应器汽包的压力来控制的。设计转化率要求的撤热水温度由进料组成、空速、抑制剂添加量及催化剂活性等几个因素决定，一般情况下在215～265℃。

尽管气体温度在大多数管段上比撤热水温度高，管壁温度却接近于撤热水的温度，这是因为管壁与撤热水之间的传热系数很高。撤热水侧的传热系数通常超出8000kW/(m^2·℃)，而气体侧的传热系数只有500～700kW/(m^2·℃)。据估算，管壁与撤热水之间的轴向平均温差为3～4℃（预热部分管壁温度比撤热水温度低，预热部分的轴向平均温差不超过1℃）。

EO反应器R-101的结构像一个大的固定床换热器，内径3450mm，有3260根装有催化剂的管子，每根管外径44.9mm，壁厚3mm，长12190mm。壳程里的撤热水移走大部分的反应热，并把进料气体预热到反应温度。

反应器中有20根管装有测量催化剂温度的热电偶套管，有4根管装有测量冷却水温度的热电偶套管，每一个测量催化剂温度的热电偶套管装有5个热电偶，每一根测量冷却水温度的热电偶套管也装有5个热电偶，这4根管上有孔，但与气体接触的一端是封闭的。

催化剂管装有惰性球及催化剂，如表3-1所示。

表3-1 催化剂装填说明

位置	填充层的长度/mm	填料
上部	1220	顶部惰性球
下部	10670	SHELL EO催化剂

催化剂管上部的惰性球用来预热反应器进料气体，把它加热到略低于撤热水的温度。

通过科学的管排列方式提供最佳的流路通道，使流量均匀分布。壳程挡板给管提供中间支撑，但要对轴向的两相流动阻力最小。

反应器壳层内有10行等间隔的条状挡板，每行由6块呈30°角倾斜的等宽挡板组成，相邻行之间的挡板呈相反向倾斜排列，这种排列方式是为了防止壳程内部形成气囊进而造成局部过热或管内部反应失控。

靠近壳壁的挡板与壳之间的公称间隙至少为38mm，便于释放蒸汽。挡板从反应器壳开始向上倾斜，利于挡板下面产生的蒸汽上升。

每个流道的末端留有观察孔（手孔）。

（5）反应条件及控制

① 反应条件

对于典型的环氧乙烷装置，进入反应器原料的单程转化率是：乙烯7%～12%，氧气30%～52%。参与反应的乙烯，三分之一以上生成了目的产物环氧乙烷，其余的生成了二氧化碳、水、微量的乙醛（ACH）及甲醛。为了设计，假设反应产物气流中醛的总量为0.001mol ACH/mol EO，但在实际生产中一般低于该值。根据用户的设计进料组成，规定产率和转化率编制物料平衡。编制物料平衡时，假设在规定的反应条件下甲烷、乙烷、氮气和氩气都不参与反应，氩气通过放空从循环系统中脱除，乙烷不参与反应，但它能提高催化剂活性降低选择性。

随着时空产率［kg/(m^3·h)］的提高，乙烯生成EO的选择性下降。

② 反应控制

设计的反应控制系统快速灵敏，能维持所需的操作条件。撤热剂的温度由撤热剂的蒸气压决定，压力控制是通过压力控制器调节高压汽包管线上的阀门来实现的。因此撤热剂的温度是通过调节反应器壳程的压力来控制的。撤热剂的温度控制转化率，再根据气体进料速率和产率，可以确定放热的速率。设计转化率所需的撤热剂温度低于可造成失控反应（氧气全部转化成了二氧化碳和水）的撤热剂温度5～15℃。

在反应器列管的预热段，管外蒸汽冷凝，释放的显热用来加热进料气使气体温度迅速升高。在列管的反应区，初始反应温度主要决定于催化剂的活性，床层的温度分布则是由氧浓度的降低和壳程内液体静压造成的撤热剂温度的提高决定的。

每根催化剂热电偶套管装有5个热电偶，如果任一点温度超过正常操作值（如超出正常温度20℃），表明反应中正在产生或已经发生飞温。

当发生飞温现象时，必须立即切断氧气进料。发生飞温现象时EO的收率为零，继续操作只能是浪费。短时间的反应飞温可造成局部催化剂失活，长时间的反应飞温会对催化剂造成永久损害。尽管有几根装填不良的管子可在飞温条件下连续操作，但决不能故意进行连续不断的反应飞温。

表3-2中的反应条件为最佳设计值。

表3-2　EO反应设计条件

相关参数	初期	末期
乙烯转化率/%	8.47	9.29（依照S859催化剂设计）
氧气转化率/%	30.28	42.87（依照S859催化剂设计）
进料氧浓度（摩尔分数）/%	8.15	7.46（依照S859催化剂设计）
EO的收率/%	81.12	74.06（依照S859催化剂设计）
空速/h^{-1}	4003	3998
单管流量/(kg/h)	52.83	53.66
入口压力/MPa	1.72	1.72
出口压力/MPa	1.53	1.52
入口氧爆炸极限（摩尔分数）/%	9.325	9.170
出口氧爆炸极限（摩尔分数）/%	6.855	5.303（依照S859催化剂设计）

(6) 催化剂活性随时间的变化

催化剂活性随时间的延长逐渐降低，活性的降低是由进料中的杂质和银在催化剂表面上烧结造成的。由于进料杂质含量和操作的严格程度不同，催化剂活性下降速度会明显不同。

降低进料气中微量硫、乙炔及重氯化物的含量，有利于延长催化剂的使用寿命。

随着催化剂活性下降、收率降低，撤热剂温度和压力要相应提高，在催化剂整个使用周期内，撤热剂温度可升高50℃（使用S859催化剂）。

(7) 产汽系统和冷却系统

① 高压蒸汽（2.0MPa）

反应放出的热量是利用壳程的蒸汽移走的。正常情况下冷却系统靠热虹吸原理工作，从高压蒸汽罐V-110（汽包）来的水经环状总管和分配支管进入反应器壳程底部，蒸汽/冷凝液离开反应器壳程同样经过一个环状带有分支的出口系统，回到汽包然后和190℃的补充水混合。

为确保热虹吸操作的稳定性，汽包中的最低液位要高出反应器底部管板15m。从汽包到环管的水管线直径为250mm，返回汽包的两根蒸汽管线直径为200mm。在催化剂的使用寿命内，返回汽包的管线中蒸汽占4%～6%。

蒸汽系统的压力是工艺过程的一个重要参数，因为它决定了温度、产率和EO反应的选择性。高压蒸汽罐的产汽率在前期为16044kg/h，后期为19378kg/h（使用S859催化剂）。高压蒸汽罐V-110的容积是按照20min不加补充水仍有蒸汽产生设计的，汽包液位低会引起氧气联锁系统停车。

汽包液位由三冲量调节系统控制。为确保反应器撤热剂质量，要连续向中压蒸汽包V-109排放，V-110产汽总管压力太高会引起氧气联锁系统动作。

高压蒸气罐的补充水（初期16371kg/h，末期19773kg/h）在工艺放空炉F-101中从110℃加热到190℃。为确保供水量，在P-100A/B泵出口安装了差压低开关，当供水压力太低时，自动启动备用泵。

为减少反应器及有关设备的腐蚀/堵塞现象，保持水质是至关重要的。由于不允许加入磷酸盐（可能使催化剂中毒），残留水的硬度会沉积为硬垢，难以去除并降低传热性能。

反应器壳程装有检查孔，便于定期对底部管板和垂直管进行检查。

高压蒸汽产汽系统是按催化剂末期条件设计的。

② 中压蒸汽（1.4MPa）

在产品第一冷却器E-102中，通过产生1.39MPa（表压）（198℃）的蒸汽，将反应产品气体从234～282℃冷却到202～207℃。

③ 分析系统

为确保反应在安全状态下最佳地进行，需要连续地对反应器进料和产品气体进行分析。分析系统含有一个第一快速回路，对气体快速采样，经减压后送到分析室，一部分样品经第二管路送到分析仪，来自第一快速回路的废气经尾气压缩机回收。如果第一快速回路的流量太低，氧气联锁系统将会动作。

a. 反应器进料气体取样（在氧气混合喷嘴下游）。第一快速回路要在几秒之内将样品送到分析室（从氧浓度偏离正常值到最终关闭氧气阀门，总的响应时间最长为20s）。考虑到实际布置及仪器的体积，如果回路管线的尺寸为20mm，相应气体流量为18kg/h。

b. 反应器产品气体取样。同第一快速回路的管线直径20mm一样，要求取样气体流量为18kg/h，以保证充分响应。在反应器周围装有下列在线分析仪：

——反应器入口气体氧分析仪，与氧气联锁系统相连，以确保氧气浓度在爆炸极限以内。

——反应器出口气体氧分析仪，与氧气联锁系统相连，以确保氧气浓度在爆炸极限以内。

——反应器入口/出口备用氧分析仪。

——气相色谱仪，可分析六种组分（甲烷、乙烯、乙烷、二氧化碳、氮气、氧气＋氩气），供选择分析反应器入口和出口气体。结果用于计算爆炸极限、反应的选择性、CO_2脱除部分操作控制及维持循环气系统的最佳浓度。

——反应器出口一氧化碳分析仪，通过检测反应器出口一氧化碳的浓度，迅速反映是否发生尾烧。

——反应器出口环氧乙烷分析仪，用于计算反应器的选择性。

——反应器入口乙烯分析仪，作为趋势记录仪。进行色谱仪维护时，时间不超过几个小时，不用停止反应，因为乙烯浓度能够维持所要求的水平。

3.1.1.2　CO_2 脱除和 EO 吸收工段

环氧乙烷 CO_2 脱除及 EO 吸收工段流程图如图 3-2。

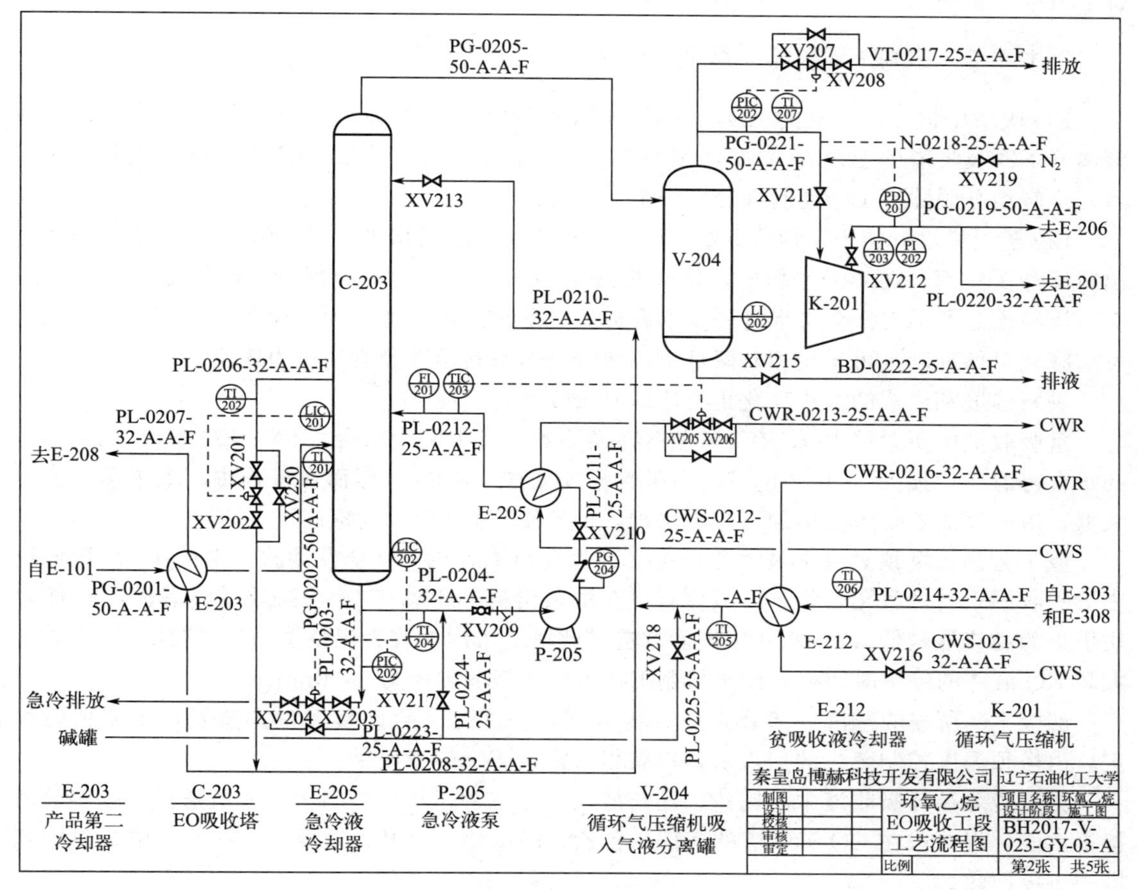

图 3-2　乙氧基化——环氧乙烷 CO_2 脱除及 EO 吸收工段简化后的 PID 流程图

反应产品气体经过二次冷却后，温度降到 135～138℃。这股物流经产品第二冷却器 E-203 与从 EO 吸收塔 C-203 中来的富吸收液进行换热，进一步冷却至 51～53℃，富吸收液从 41～42℃被加热到 67～69℃。

冷却后的反应产品气体进到 EO 吸收塔 C-203（在 2000 年扩能改造中此塔内件改为规整填料）的急冷段，气体中的一些杂质，如轻的有机酸、微量分解的抑制剂被碱性急冷循环液吸收（甲醛也在这里脱除）。

急冷液离开塔釜的温度为 47℃，为脱除反应产生的水分，取一股物料至 EO 吸收塔 C-203。用泵 P-205 把急冷液送到急冷液冷却器 E-205 冷却到 42℃，然后再回到 EO 吸收塔的急冷段，急冷液的循环量为 $160m^3/h$。

离开急冷段的气体与 35℃的贫吸收液逆向接触吸收 EO，苛性碱连续加到贫吸收液中维持 pH 值在 7.3～9.5 之间，以确保脱除气体中残余的少量酸性化合物，并把消泡剂加到贫吸收液中（消泡剂应为无硅级）。为保证在 EO 吸收塔中，EO 的吸收率达到 99.6%（包括急冷排放和乙二醇的生成），吸收剂的流量定为 $258.8m^3/h$，塔的内径定为 3000mm。

EO吸收塔的压力以及循环气管道（从反应器进料到循环气压缩机入口）的压力是通过排放少量（0.18%）EO吸收塔塔顶气体，从而降低惰性组分含量来控制的。设计排放速率为299～301kg/h。此外，循环压缩机密封点处、法兰接头、采样点、排放阀和仪器取样等都会造成少量损失，从而减少所需的正常排放量。

3.1.1.3 EO解吸和乙二醇脱除工段

EO吸塔中被吸收下来的EO，在EO解吸塔C-204内从富吸收液中解吸出来。富吸收液离开EO吸收塔的温度为41℃，预热到103℃后进入EO汽提塔顶部，塔顶出料（EO/水）至轻组分脱除和EO精制部分。塔釜出料温度124℃。

EO解吸塔设计能力可使吸收的EO中99.95%被解吸出来，其余0.05%的EO随塔釜出料离开。然而，在升温过程中，富吸收液中的EO会发生水合反应，同样随着温度的升高，塔板上滞留的EO会与水进一步水合成乙二醇和二乙二醇。为确保产品收率，要把水合反应降到最低程度，可采用相对降低EO解吸塔的进料温度和操作压力来实现。

进料温度和组成的微小变化也会影响到EO水合反应。

富吸收液中所含的EO，有4%左右在换热器和塔中发生水合。相对EO解吸来讲，EO的水合可看作“损失”，塔顶的EO净吸收率就变成96.0%。然而在操作中，如果蒸发速度太低，塔中环氧乙烷浓度增加，压力增加，EO水合程度会大大提高。

该工艺是按塔顶蒸汽中最大含有40%（摩尔分数）的EO来设计的。少量在EO吸收塔中被吸收下来的烃类化合物、二氧化碳也在塔顶出料。此塔有26块高效浮阀塔板，上面13块塔板的溢流堰较低（在2000年扩能改造中此塔上塔内件改为规整填料），这样可减少含有大量EO液体的停留时间，有助于抑制EO水合，塔的内径为2050mm。

解吸EO所需的蒸汽一部分来自直接蒸汽，一部分来自间接蒸汽。蒸发速度要保持稳定，由塔顶温度控制蒸汽的加入量，以获得所需的EO解吸效果。

为了脱除循环吸收液中的钠盐、乙二醇、二乙二醇，从上塔引出一小股送到EO解吸塔釜提浓段，提浓段在EO解吸塔的底部。含乙二醇的物流离开提浓段后，在乙二醇排放闪蒸塔中予以回收。

EO解吸塔釜提浓段有4块浮阀塔板，液体从EO解吸塔上塔的第5块塔板流到提浓段顶部塔板的上面。蒸汽从第5块塔板下面进入EO解吸塔。热虹吸再沸器由来自乙二醇部分的3.5kg蒸汽加热。

提浓段隔板室的液位控制器控制其底部乙二醇的排放量。通过增加乙二醇排放量，向EO吸收液中加入脱盐水的方法，可降低循环吸收液中的乙二醇含量。提高乙二醇的排放量，同样会降低排放液中的乙二醇浓度。

(1) 富吸收液加热和贫吸收液冷却

从EO吸收塔来的富吸液，在产品第二冷却器E-203中被EO吸收塔进料（反应产品气体）从41～42℃加热到67～69℃，在进解吸塔C-204之前，先后在进料/塔顶物料换热器E-208及进料/塔釜物料换热器E-207中进一步被加热。

为了限制EO水合为乙二醇，要把富吸收液在换热器和EO解吸塔进料管线中的滞留降到最低程度。

来自解吸塔塔釜的贫吸收液在吸收制冷单元中进行冷却，温度从124℃降到118℃，贫吸收液在E-207中（被富吸液）继续冷却到87～89℃，然后分成三股，一股给轻组分塔再沸器E-303提供热量，另一股作为EO精制塔再沸器E-308的热源，第三股旁路通过这两个再沸器，在贫吸收液冷却器E-212上游与前二股物流混合，在E-212贫吸收液最终被冷却到35℃。经冷却后的贫吸收液作为EO吸收塔、残余EO吸收塔和放空吸收塔的吸收液。

(2) 贫吸收液在吸收制冷单元的冷却

水在不同温度等级下蒸发是这种类型制冷的操作原理。推动力是在两个温度等级之间的高效冷凝和冷凝/吸收。

设备由两个部分组成，分别安装在不同的高度上，较低的分为吸收器和蒸发器两部分，较高的包括蒸汽发生器和冷凝器两部分。

蒸发器装有制冷剂（即水），通过蒸发制冷剂维持所需要的低温，需冷却的介质提供蒸发所需要的热量，介质流经浸在制冷剂中的盘管得到冷却。把制冷剂循环喷到盘管上面以增强蒸发效果。

利用与水的亲和力来吸收溴化锂，造成了蒸发器的低压力和与吸收器的压力梯度。吸收水后被稀释的锂溶液经泵输送，在换热器中从浓溶液中吸收热量后进入蒸汽发生器。在蒸汽发生器中通过蒸发出水溶液得到浓缩，EO解吸塔釜液提供蒸发所需的热量。水蒸气在冷凝器中被循环水冷凝，冷凝液循环回蒸发器。浓缩的溴化锂溶液离开蒸汽发生器回到吸收器前被来自吸收器的稀溶液冷却。此单元具有很高的热效率。

(3) 循环气压缩

EO吸收塔塔顶气经气液分离罐V-204进入循环气压缩机。气液分离罐液位高会导致氧气停车系统动作，延迟一段时间后停循环气压缩机。

从V-204中排出一小股物流，以便除去惰性组分，这股物流通常被引入工艺放空炉中焚烧。当罐的压力过高时，V-204的压力控制器会启动紧急放空阀使循环气管路泄压。

循环气压缩机出口引出一股较大的物流，去二氧化碳吸收塔脱除二氧化碳。净化后的气体离开二氧化碳脱除系统，与没有处理的循环气体重新混合后进入环氧乙烷反应系统。如果操作出现异常情况，引起压缩机入口压力高或出入口的压差低都将启动氧气停车系统。

循环气压缩机的电机或反应器进料控制出现故障，将导致循环气中断，如果流经混合喷嘴的物流中断，低流量联锁将停止氧气进料。压缩机联锁停车条件中的任何一种都将导致氧气切断系统动作，除非是压缩机超速或电动机出故障，否则压缩机停车系统都将首先切断氧气进料，延时10s后再停压缩机。压缩机流量中断时，氧气切断阀已在5s前完全关闭。

(4) 二氧化碳吸收

循环气中的二氧化碳用碳酸钾溶液吸收。

在碱性溶液中二氧化碳的吸收过程为化学吸收。温度低，对吸收平衡有利，但反应速率慢；当温度高时，不利于吸收平衡，但反应速率增加带来的有利因素大于不利因素，所以利用热的碳酸盐作吸收剂，无须换热器来冷却吸收剂，在经济上有一定的优势。

该塔内径为2100mm，有三个填料段（每段6000mm），用鲍尔环作填料。塔的尺寸设计基础是为了防止系统发泡，加入消泡剂可以最大限度降低发泡。塔顶装有除沫器以减少夹带的吸收剂。

为了减少二氧化碳吸收塔中吸收液的冷却量，以及在二氧化碳解吸塔中加热吸收剂所需的蒸汽，在二氧化碳吸收塔进料预热器E-201中，二氧化碳吸收塔进料气体被加热，并用水饱和。用二氧化碳解吸塔顶部出料作加热介质，采用清洁的冷凝液使物流饱和。二氧化碳吸收塔气体进料由58℃被加热到93～96℃，二氧化碳解吸塔顶部出料从103～104℃冷却到99℃。

为了保证二氧化碳吸收塔进料为饱和状态，在E-201中水经过喷嘴喷入换热器的壳层中，多余的液体收集在E-201的集液管中，这些液体再回到喷嘴，气体饱和所需要补充的水为1455～1544kg/h。在E-201中二氧化碳吸收塔进料气体处于连续不断的饱和状态下，传到气体中的热量大多用来汽化喷入的水，从而每一传热单元的温升很小。换热器单位传热面积可从二氧化碳解吸塔物流中移走更多的热量。

二氧化碳吸收塔塔顶气体出塔时的温度为111℃，已被水饱和，在气体冷凝器E-202中，这股气体被压缩机出口不通过脱碳系统的循环气冷却到70～74℃，部分水从气体中分离出来，在E-202中不通过脱碳系统的循环气从58℃被加热到87～90℃。二氧化碳吸收塔塔顶物流在E-206用冷却水继续冷却，在分离罐V-201中分离掉携带的水后与主体循环气混合。分离罐V-201温度为51℃，混合后的气体回到反应部分。

分离罐V-201收集的冷凝液，被送到碳酸盐闪蒸罐V-202填料顶部，洗涤碳酸盐闪蒸罐闪蒸出的气体。

为防止碳酸盐液体被带进反应器催化剂列管中，分离罐V-201的操作相当重要。催化剂受到碳酸盐污染后，选择性会下降。

(5) 二氧化碳的解析

从二氧化碳吸收塔塔釜来的富碳酸盐溶液在闪蒸罐V-202中回收乙烯，防止在二氧化碳解吸塔顶损失掉。被闪蒸出的液体靠自重力流入二氧化碳解吸塔。

碳酸盐闪蒸罐的操作压力（表压）为0.22MPa，进入的乙烯大约有90%被回收。为了更好地分离气相，设计的闪蒸罐内径与二氧化碳解吸塔内径相同（1950mm）。入口有节流孔板，以提高气液分离效果。DN250的气相出口管装有2000mm高的鲍尔环，可把蒸汽中夹带的含有碳酸盐的液滴分离掉。分离罐V-201中的冷凝液喷到填料顶部，回到碳酸盐循环系统。夹带的冷凝液被金属丝分离下来。碳酸盐闪罐安装在二氧化碳解吸塔的顶部。

在二氧化碳解吸塔中，来自碳酸盐闪蒸罐V-202中的液体用再沸器和直接蒸汽使之解吸。在C-202中，闪蒸气与富液分离，溶液流入两个3500mm填充IMTP45无规则填料的床层，在此，富液逆流遇蒸汽，CO_2从富液中解析出来。每个床层顶部装有400mm无规则填料TUPAC2.5。脱除的CO_2和蒸汽伴随闪蒸气从C-202顶部出来。

碳酸盐溶液中钾含量在富吸收液中为30%，在贫吸收液（汽提后的塔釜液）中为60%，其余的钾以碳酸氢盐形式存在。

与碳酸钾溶液接触的设备采用304L材质制造，以防止碳酸钾溶液中氯化物带来的应力腐蚀裂纹和碳酸氢盐的腐蚀破坏。

(6) 二氧化碳脱除系统控制

反应器进料气体中二氧化碳的含量，要控制在设计的浓度之内，用在线色谱仪连续分析反应器进料气中二氧化碳的浓度。可通过增大去二氧化碳脱除系统的循环气流量，或增大二氧化碳吸收塔的碳酸盐循环量以及增大二氧化碳解吸塔再沸器的蒸汽量，来降低二氧化碳的浓度。一般情况下，去二氧化碳吸收塔的循环气流量要接近设计值，去二氧化碳解吸塔再沸器的蒸汽流量要维持最小值，并能确保二氧化碳在反应器进料气体中的浓度满足要求。补充水量和直接蒸汽加入量控制碳酸盐的浓度。

在循环的吸收剂中乙二醇的浓度约为6%（质量分数）。

3.1.1.4　轻组分脱除和EO精制工段

环氧乙烷轻组分脱除工段流程图如图3-3所示。

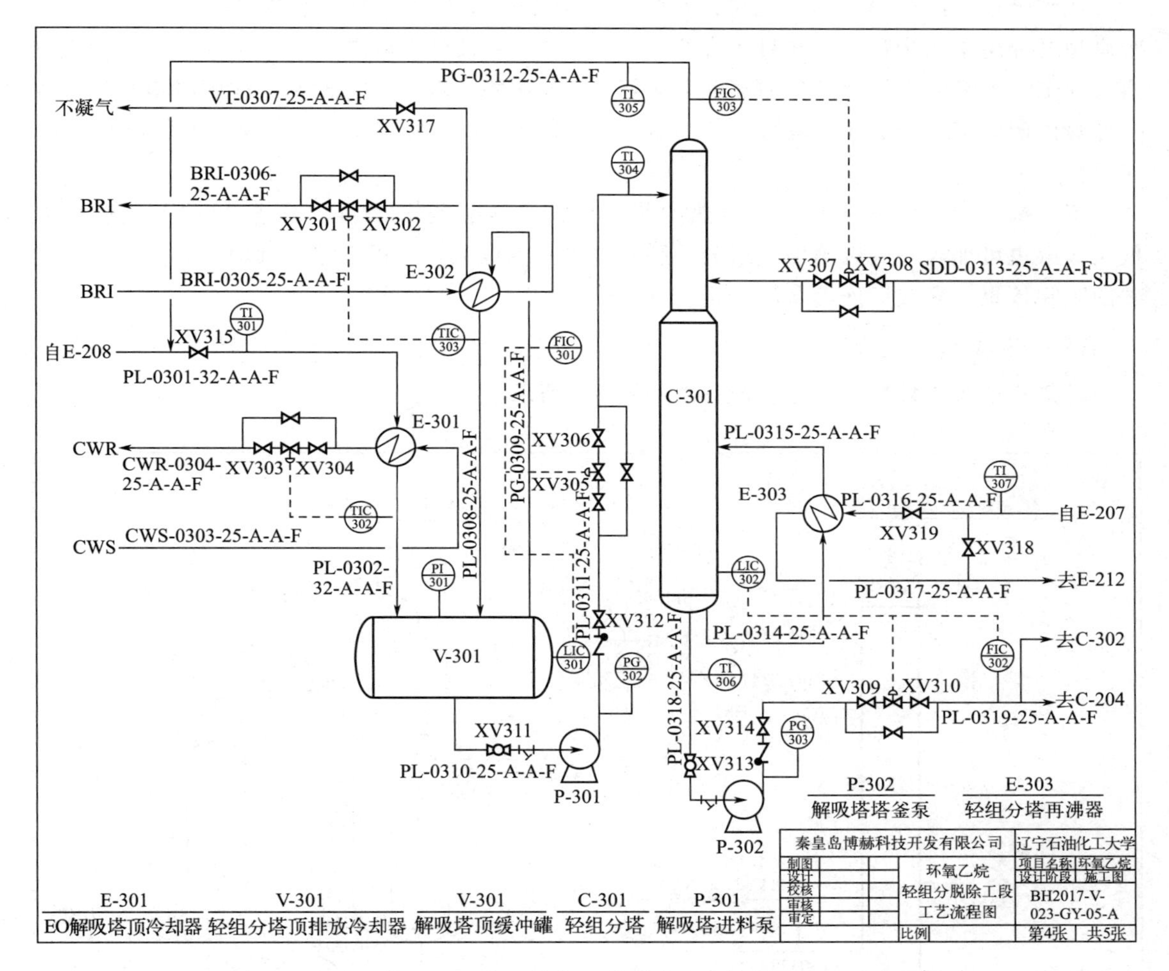

图3-3　乙氧基化——环氧乙烷轻组分脱除工段简化后的PID流程图

在轻组分脱除和EO精制工序中，从EO解吸塔顶出来的EO水溶液经冷凝后，在轻组分塔中脱除微量的二氧化碳和其他轻组分。

EO水溶液在精制塔中脱水精制，高纯度EO产品储存销售，低纯度EO作为乙二醇反应器的原料。EO产品必须在氮封下储存。放空气体中的EO被放空吸收塔回收，剩余的惰性气体排放到大气中。

EO水溶液应保持在11℃以上，避免冻凝。对于轻组分塔、残余EO吸收塔和放空吸收塔来说，所有塔直径相对较小，用鲍尔环填料填充。

（1）轻组分脱除

轻组分脱除系统中，塔底EO物流中CO_2的含量要求小于10mL/m^3。

EO解吸塔顶蒸汽约含60%（质量分数）的EO和40%（质量分数）的水，先在E-208

中用来预热 EO 解吸塔的进料，然后和轻组分塔顶物一起进到解吸塔塔顶冷却器 E-301 中，温度从 79℃被冷却到 40℃。

不凝物主要是二氧化碳、乙烯和 EO，在解吸塔顶放空冷却器 E-302 中被冷却到 15℃，大部分 EO 作为凝液回到解吸塔顶缓冲罐 V-301。

从解吸塔顶冷却器来的冷凝液，经带孔的浸渍管进入解吸塔顶缓冲罐，温度 40℃。解吸塔顶缓冲罐中的物料，由泵打入轻组分塔 C-301。在轻组分塔中，二氧化碳、乙烯和其他溶解在 EO 水溶液中的轻组分和部分 EO 蒸气一起脱除。塔顶气体回到 EO 解吸塔顶冷却器中冷凝以回收 EO。轻组分塔塔釜含有 58%（质量分数）的 EO，用泵打到 EO 精制塔 C-302 中。

正常操作时，塔釜温度 35℃。热的贫吸收液作为轻组分塔再沸器 E-303 的加热介质。低压蒸汽也可加入塔底以确保轻组分的脱除效果。温度太低，即低于设计值，将影响二氧化碳的脱除效果，导致后面设备的严重腐蚀。

（2）环氧乙烷精制

环氧乙烷吸收精制工段工艺流程图如图 3-4 所示。

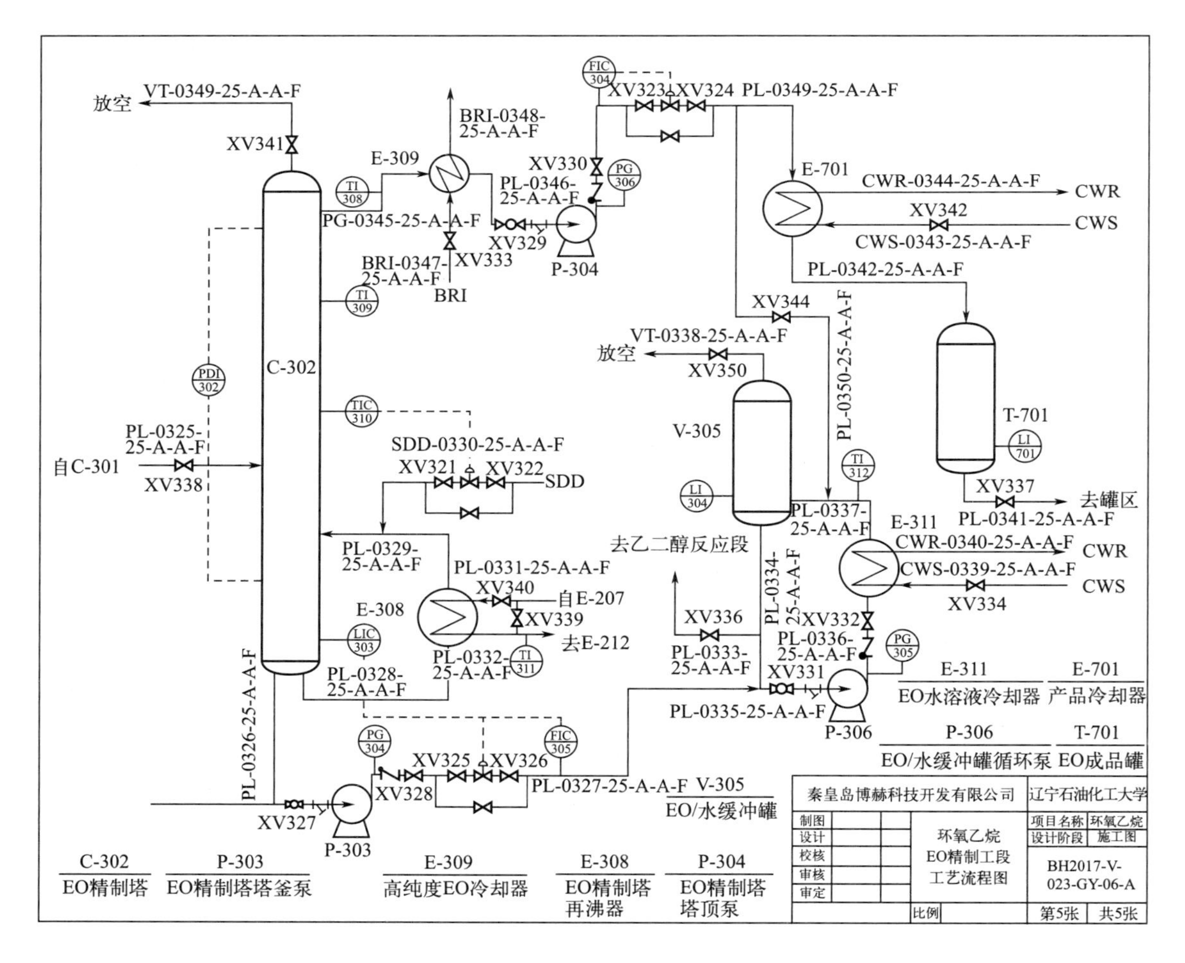

图 3-4 乙氧基化——环氧乙烷吸收精制工段简化后的 PID 流程图

EO精制塔设计能力为3万吨/年的高纯度EO，其乙醛含量小于$10mL/m^3$。

在EO精制塔C-302中，EO从塔顶蒸出，塔顶气被冷却到29℃，作为低纯度EO产品被送到乙二醇反应器，这股物流含有微量杂质，如二氧化碳和甲醛。

高纯度EO产品在第58块塔板侧线采出，并送到高纯度EO储罐中。

EO精制塔塔釜主要是含有乙二醇、乙醛和至少30%（质量分数）环氧乙烷的水溶液，送到乙二醇单元的乙二醇反应器。在0.2MPa压力（表压）下塔釜温度为60℃。使用热的贫吸收液作为再沸器E-308的加热介质。低压蒸汽加入塔釜起同样的作用。

（3）EO储存

高纯度EO产品离开EO精制塔被高纯度EO产品冷却器冷却到20℃。低纯度EO可临时储存在EO/水缓冲罐V-305中，经过EO水溶液冷却器E-311循环冷却，将其温度维持在40℃。容器必须氮封，保持0.36MPa压力（表压）。高纯度EO产品，用泵送到装载站。

3.1.2 环氧乙烷装置工艺指标

根据实际生产装置要求，环氧乙烷装置的原料指标如表3-3所示，化学品及催化剂指标如表3-4所示，产品指标如表3-5所示，副产品指标如表3-6所示。

表3-3 环氧乙烷装置原料指标

名称	乙烯（C_2H_4）	氧气（O_2）	甲烷（CH_4）
来源	储运装置，管道输送	空分装置，管道输送	乙烯装置，管道输送
条件	压力（表压）≥2.5MPa 温度：30℃	压力（表压）≥2.7MPa 温度：常温	压力（表压）≥3.5MPa 温度：常温
规格	纯度≥99.85% 甲烷+乙烷≤0.15% H_2≤$5mL/m^3$ C_3和C_3以上的烃≤$10mL/m^3$ 乙炔≤$5mL/m^3$ 甲醇≤$1mL/m^3$ 总硫≤$1mL/m^3$ 总羰基（以MEK计）≤$1mL/m^3$ CO≤$1mL/m^3$ CO_2≤$3mL/m^3$ O_2≤$5mL/m^3$ 总氮（以N计）≤$5mL/m^3$ 水分≤$5mL/m^3$ 无机氯（以Cl计）≤$1mL/m^3$	纯度≥99.6% N_2+Ar+其他≤0.2% 三氯乙烷≤$0.001mL/m^3$	纯度≥94.1% 乙烯≤0.5% H_2≤4.5% CO≤0.55% 总硫≤$1mL/m^3$ 乙炔≤0.02% 氯化物（以Cl计）≤$1mL/m^3$

表 3-4 环氧乙烷装置化学品及催化剂指标

项目	名称	用途	规格	备注
化学品	二氯乙烷	氧化反应作抑制剂	纯度（质量分数）≥99.5% 酸值（以 HCl 计）≤10mL/m^3 三氯乙烷/三氯乙烯≤50mL/m^3 水≤0.1g/L 色度 Pt-Co≤10 馏程：(83.5±1.5)℃	
	碳酸钾	脱除反应生成的 CO_2	Cl 含量（质量分数）≤0.02% K_2CO_3≥99.0%	
	消泡剂	V-203 加入	含水（质量分数）≤0.19% （质量分数为 2.5%水溶液）pH≥6.4	
	烧碱	调整 EO 吸收液、急冷液 pH 值/精制水床再生	浓度（质量分数）：20% Cl 含量（质量分数）≤0.02%	
	氨水	调整 BFW 的 pH 值	纯度：25%～28%	
	联氨	脱除 BFW 中氧	联氨含量≥50% $N_2H_4 \cdot H_2O$ 含量≥80%	
	CAT-922 助剂	增强 CO_2 脱碳效果	结晶点：−38℃ pH：12.1 黏度：105mPa·s 密度：1.549kg/L	根据系统中浓度随时加入
固定床	活性炭	脱除乙烯甲烷进料中硫	压实密度：550kg/m^3	寿命 8 年
	阳离子	精制水		寿命 5 年
	阴离子	精制水		寿命 5 年
催化剂	S859	反应催化剂		寿命 4～5 年
	脱醛树脂	提高乙二醇产品质量		寿命约 2 年

表 3-5 环氧乙烷装置产品指标

产品性质	环氧乙烷		乙二醇	
	预期值	保证值	预期值	保证值
外观	无色透明	无色透明	无色透明	无色透明

续表

产品性质	环氧乙烷		乙二醇	
	预期值	保证值	预期值	保证值
纯度（质量分数）/%	≥99.99	≥99.99	≥99.8	≥99.8
色度 Pt-Co（APHA） 煮沸 4h 后 用 HCl 加热 用 NaOH 加热	≤5	≤5	≤5 ≤10 ≤20 ≤10	≤5 ≤10 ≤20 ≤10
水分（质量分数）/%	≤0.005	≤0.005	≤0.05	≤0.05
相对密度（20℃/20℃）			1.1151～1.1156	1.1151～1.1156
酸值（以乙酸计）（质量分数）/%	≤0.002	≤0.002	≤0.001	≤0.001
灰分/(mL/m^3)			≤10	≤10
铁含量（以 Fe 计）/(mL/m^3)			≤0.1	≤0.1
醛（以乙醛计）（质量分数）/%	≤0.001	≤0.001	≤0.001	≤0.001
二氧化碳（质量分数）/%	≤0.001	≤0.001		
DEG（质量分数）/%			≤0.05	≤0.05
紫外线透射率/% 220nm 275nm 350nm			 ≥70 ≥95 ≥99	 ≥70 ≥95 ≥99
沸程（1atm）/℃ IBP EBP-IBP 体积分数为 5% 体积分数为 95%			 ≥196 ≤2 ≥197 ≤198	 ≥196 ≤2 ≥197 ≤198

注：1atm＝101325Pa。

表 3-6　环氧乙烷装置副产品指标

产品性质	二乙二醇		三乙二醇	
	预期值	保证值	预期值	保证值
外观	透明	透明	透明	透明
纯度（质量分数）/%	≥99.7	≥99.7	≥97	≥97
色度 Pt-Co（APHA）	≤10	≤10		
水分（质量分数）/%	≤0.01	≤0.05	≤0.05	≤0.05
相对密度（20℃/20℃）	1.1175～1.1195	1.1175～1.1195	1.124～1.126	1.124～1.126
酸值（以乙酸计）/(mL/m^3)	≤50	≤50		

续表

产品性质	二乙二醇		三乙二醇	
	预期值	保证值	预期值	保证值
灰分/(mL/m^3)	≤10	≤10	≤100	≤100
铁含量（以 Fe 计）(质量分数)/%	≤0.1	≤0.1		
无机氯（以 Cl 计)/(mL/m^3)	≤0.5	≤0.5		
MEG（质量分数)/%	≤0.05	≤0.05		
TEG（质量分数)/%	≤0.05	≤0.05		
沸程（760mmHg)/℃ 体积分数为 5%～95%	243～246	243～246	280～295	280～295

注：760mmHg=101325Pa。

3.1.3 环氧乙烷装置操作

3.1.3.1 简单控制系统

随着精细化工生产过程自动化水平的日益提高，自动化控制系统类型也越来越多，复杂程度的差异也越来越明显。自动控制系统由被控对象和自动化装置两大部分组成，由于构成自动控制系统的这两大部分的数量、连接方式及其目的的不同，自动控制系统可以分为许多类型。简单控制系统是指由一个测量元件、变送器、一个控制器、一个控制阀和一个对象所构成的单闭环控制系统，也称为单回路控制系统。简单控制系统是使用最普遍、结构最简单的一种自动控制系统。

图 3-5 所示的液位控制系统就是简单控制系统的示例。其中储槽是被控对象，液位是被控变量，变送器 LT 将反映液位高低的信号送往液位控制器 LC。控制器的输出信号送往执行器，改变控制阀开度使储槽输出流量发生变化以维持液位稳定。

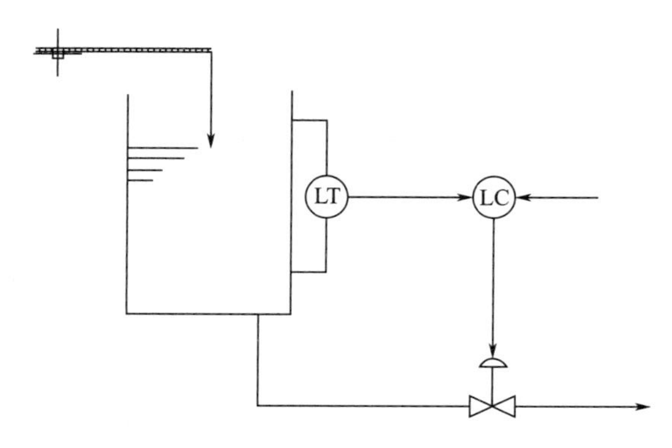

图 3-5 液位控制系统

图 3-6 是简单控制系统方块图，由图可知，简单控制系统由四个基本环节组成，即被控对象、测量变送装置、控制器和执行器。对于不同对象的简单控制系统（比如液位控制系

统），尽管其具体装置和变量不相同，但都可以用相同的方块图来表示，这就便于对他们的共性进行研究。由图3-6可见，该系统有着一条从系统的输出端引向输入端的反馈路线，也就是说该系统中的控制器是根据变量的测量值与给定值的偏差来进行控制的，这是简单反馈控制系统的又一特点。

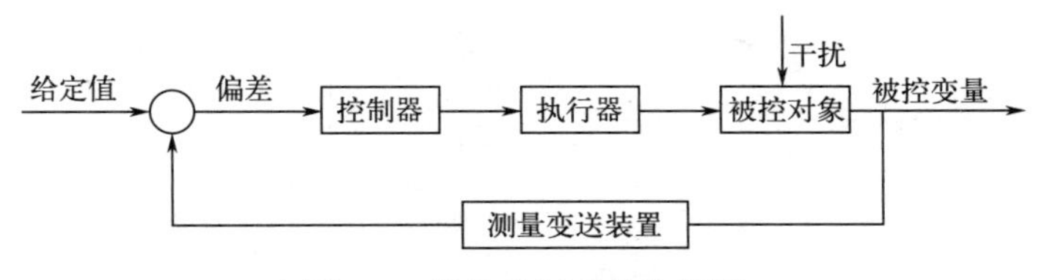

图3-6　简单控制系统方块图

简单控制系统的结构比较简单，所需要的自动化装置数量少，投资低，操作维护也比较方便，而且在一般情况下，都能满足控制质量的要求，因此，这种控制系统在工业生产过程中得到广泛应用。据某精细化工企业统计，简单控制系统约占控制系统总数的80%。

由于简单控制系统是最基本的、应用最广泛的系统，因此，学习和研究简单控制系统的结构、原理及使用是十分必要的。同时，简单控制系统是复杂控制系统的基础，学会了简单控制系统的分析，将会给复杂控制系统的分析和研究提供很大的方便。

3.1.3.2　复杂控制系统

随着工业的发展，生产工艺的革新，生产过程的大型化和复杂化，必然导致对操作条件的要求更加严格，变量之间的关系更加复杂。同时，现代化生产往往对产品的质量提出更高的要求，例如甲醇精馏塔的温度偏离不允许超过1℃，石油裂解气的深冷分离中，乙烯纯度要求达到99.99%。此外，精细化工生产过程中的某些特殊要求，如物料配比、前后生产工序协调、为了生产安全而采取的软保护等，这些问题的解决都是简单控制系统所不能胜任的，因此，相应地就出现了一些与简单控制系统不同的其他控制形式，这些控制系统统称为复杂控制系统。

复杂控制系统种类繁多，根据系统的结构和所担负的任务，常见的复杂控制系统有串级、均匀、比值、分程、前馈、取代、三冲量等控制系统。

(1) 串级控制系统

串级控制系统是在简单控制系统的基础上发展起来的。当对象的滞后较大，干扰比较剧烈、频繁时，采用简单控制系统往往控制质量较差，满足不了工艺上的要求，这时，可采用串级控制系统。

为了说明串级控制系统的结构及其工作原理，下面先举一个例子。

加热炉是炼油、精细化工生产中重要装置之一。无论是原油加热还是化工产品反应，炉出口温度的控制十分重要。将温度控制好，一方面可延长炉子寿命，防止炉管烧坏；另一方面可保证后面精馏分离的质量。为了控制原油出口温度，可以设置图3-7所示的温度控制系统，根据原油出口原料温度的变化来控制燃料阀门的开度，即通过改变燃料量来维持原油出口温度保持在工艺所规定的数值上，这是一个简单控制系统。看起来，上述控制方案是可行的、合理的。但是在实际生产过程中，特别是当加热炉的燃料压力或燃料本身的热值有较大波动时，上述简单控制系统的控制质量往往很差，原料油的出口温度波动较大，难以满足生产上的要求。

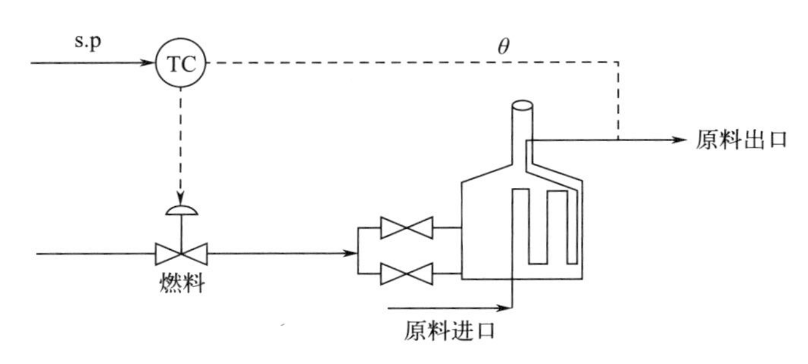

图 3-7 加热炉出口温度控制系统

为什么会产生上述情况呢？这是因为当燃料压力或燃料本身的热值变化后，先影响炉壁的温度，然后通过传热过程才能逐渐影响原料油的出口温度，这个通道容量滞后很大，时间常数约 15min，反应缓慢，而温度控制器 TC 是根据原料油的出口温度与给定值的偏差工作的。所以当干扰作用在对象上后，并不能较快地产生控制作用以克服干扰被控变量的影响。由于控制不及时，所以控制质量很差。当工艺上要求原料油的出口温度非常严格时，上述简单控制系统是难以满足要求的。为了解决容量滞后问题，还需对加热炉的工艺作进一步分析。

加热炉内是一根很长的受热管道，它的热负荷很大。燃料在炉膛燃烧后，是通过炉膛与原料油的温差将热量传给原料油的。因此，燃料量的变化或燃料热值的变化，首先会使炉膛温度发生变化，那么是否能以炉膛温度作为被控变量组成单回路控制系统呢？当然这样做会使控制通道容量滞后减少，时间常数约为 3min，控制作用比较及时，但是炉膛温度毕竟不能真正代表原料油的出口温度。如果炉膛温度控制好了，其原料油的出口温度并不一定能满足生产的要求，这是因为即使炉膛温度恒定，原料油本身的流量或入口温度变化仍会影响其出口温度。

为了解决管式加热炉的原料油出口温度的控制问题，人们在生产实践中，往往根据炉膛温度的变化，先改变燃料量，然后再根据原料油出口温度与其给定值之差，进一步改变燃料量，以保持原料油出口温度的恒定。模仿这样的人工操作程序就构成了以原料油出口温度为主要被控变量的炉出口温度与炉膛温度的串级控制系统，图 3-8 是这种系统的示意图。它的工作过程是这样的：在稳定工况下，原料油出口温度和炉膛温度都处于相对稳定状态，控制燃料油的阀门保持在一定的开度。假定在某一时刻，燃料油的压力或热值（与组分有关）发

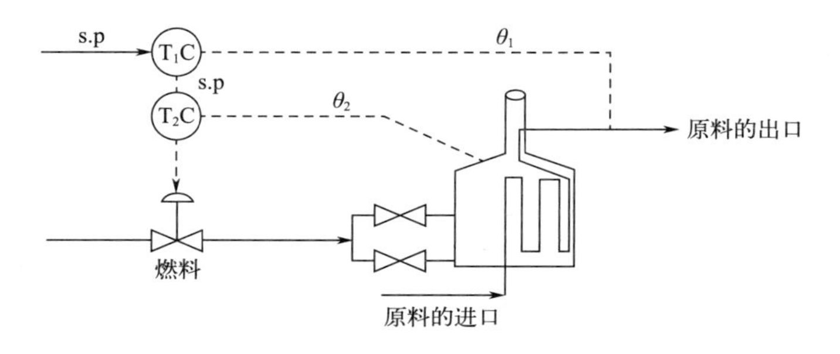

图 3-8 加热炉出口温度串级控制系统

生变化，这个干扰首先使炉膛温度 θ_2 发生变化，它的变化促使控制器 T_2C 进行工作，改变燃料的加入量，从而使炉膛温度的偏差随之减少。与此同时，由于炉膛温度的变化，或由于原料油本身的进口流量或温度发生变化，原料油出口温度 θ_1 发生变化。θ_1 的变化通过控制器 T_1C 不断地去改变控制器 T_2C 的给定值。这样两个控制器协同工作，直到原料油出口温度重新稳定在给定值时，控制过程才会结束。

图 3-9 是以上系统的方块图。根据信号传递的关系，图中将管式加热炉对象分为两部分。一部分为受热管道，图上标为温度对象 1，它的输出变量为原料油出口温度 θ_1。另一部分为炉膛及燃烧装置，图上标为温度对象 2，它的输出变量为炉膛温度 θ_2。干扰 F_2 表示燃料油压力、组分等的变化，它通过温度对象 2 首先影响炉膛温度 θ_2，然后再通过温度对象 1 影响原料油出口温度 θ_1。干扰 F_1 表示原料油本身的流量、进口温度等的变化，它通过温度对象 1 直接影响原料油出口温度 θ_1。

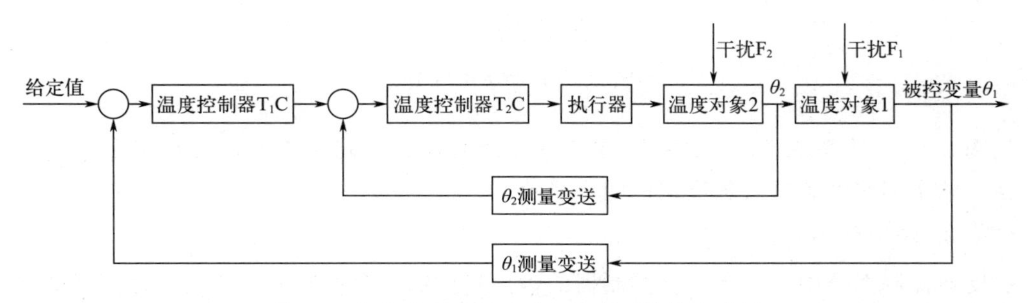

图 3-9　加热炉出口温度串级控制系统的方块图

在这个控制系统中，有两个控制器 T_1C 和 T_2C，分别接收来自对象不同部位的测量信号 θ_1 和 θ_2。其中一个控制器 T_1C 的输出作为另一个控制器 T_2C 的给定值，而后者的输出去控制执行器以改变操纵变量。从系统的结构来看，这两个控制器是串接工作的，因此，这样的系统称为串级控制系统。

为了更好地阐述和研究问题，这里介绍几个串级控制系统中常用的名词。

主变量：是工艺控制指标，在串级控制系统中起主导作用的被控变量，如上例中的原料油出口温度。

副变量：串级控制系统中为了稳定主变量或因某种需要而引入的辅助变量，如上例中的炉膛温度。

主对象：为主变量表征其特性的生产设备，如上例中从炉膛温度检测点到炉出口温度检测点间的工艺生产设备，主要是指炉内原料油的受热管道，图 3-9 中标为温度对象 1。

副对象：为副变量表征其特性的工艺生产设备，如上例中执行器至炉膛温度检测点间的工艺生产设备，主要指燃料油燃烧装置及炉膛部分，图 3-9 中标为温度对象 2。

主控制器：按主变量的测量值与给定值而工作，其输出作为副变量给定值的那个控制器，称为主控制器（又名主导控制器），如上例中的温度控制器 T_1C。

副控制器：其给定值来自主控制器的输出，并按副变量的测量值与给定值的偏差而工作的那个控制器称为副控制器（又名随动控制器），如上例中的温度控制器 T_2C。

主回路：是由主变量的测量变送装置，主、副控制器，执行器和主、副对象构成的外回路，亦称外环或主环。

副回路：是由副变量的测量变送装置、副控制器、执行器和副对象所构成的内回路，亦称内环或副环。

根据前面所介绍的串级控制系统的专用名词，各种具体对象的串级控制系统都可以画成典型形式的方块图，如图 3-10 所示。图中的主测量变送和副测量变送分别表示主变量和副变量的测量、变送装置。

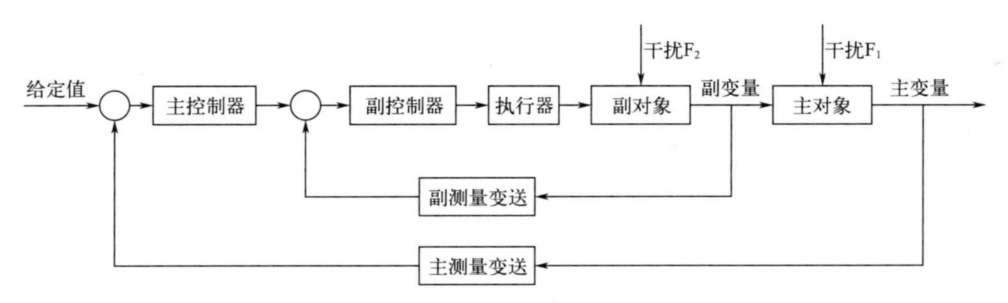

图 3-10　串级控制系统典型方块图

从图 3-10 可清楚地看出，该系统中有两个闭合回路，副回路是包含在主回路中的一个小回路，两个回路都是具有负反馈的闭环系统。

（2）分程控制系统

在反馈控制系统中，通常一台控制器的输出只控制一台控制阀。然而分程控制系统则不然，在该控制系统中一台控制器的输出可以同时控制两台以上的控制阀，控制器的输出信号被分割成若干个信号范围段，由每一段信号去控制一台控制阀。由于是分段控制，故取名为分程控制系统。

分程控制系统中控制器输出信号的分段一般是由附设在控制阀上的阀门定位器来实现的。阀门定位器相当于一台可变放大系数且零点可以调整的放大器。如果在分程控制系统中，采用了两台分程阀，在图 3-11 中分别为控制阀 A 和控制阀 B。将控制器的输入信号 20～100kPa 分为两段，要求 A 阀在 20～60kPa 信号范围内做全行程动作（即由全关到全开或由全开到全关），B 阀在 60～100kPa 信号范围内作全行程动作。那么，就可以对附设在控制阀 A、B 上的阀门定位器进行调整，使控制阀 A 在 20～60kPa 的输入信号下走完全行程，使控制阀 B 在 60～100kPa 的输入信号下走完全行程。这样一来，当控制器输出信号在小于 60kPa 范围内变化时，就只有控制阀 A 随着信号压力的变化改变自己的开度，而控制阀 B 则处于某个极限位置（全开或全关），其开度不变。当控制器输出信号在 60～100kPa 范围内变化时，控制阀 A 因已移动到极限位置开度不再变化，控制阀 B 的开度却随着信号大小的变化而变化。

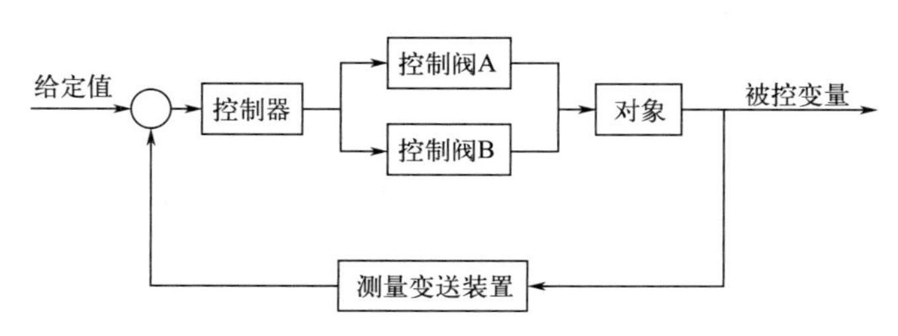

图 3-11　分程控制系统典型方块图

根据控制阀的开、关形式，分程控制系统可以划分为两类：一类是两个控制阀同向动作。即随着控制器输出信号（即阀压）的增大或减小，两控制阀都开大或关小，其动作过程如图 3-12 所示，其中图（a）为气开阀的情况，图（b）为气关阀的情况。另一类是两个控制阀异向动作，即随着控制器输出信号的增大或减小，一个控制阀开大，另一个控制阀则关小。

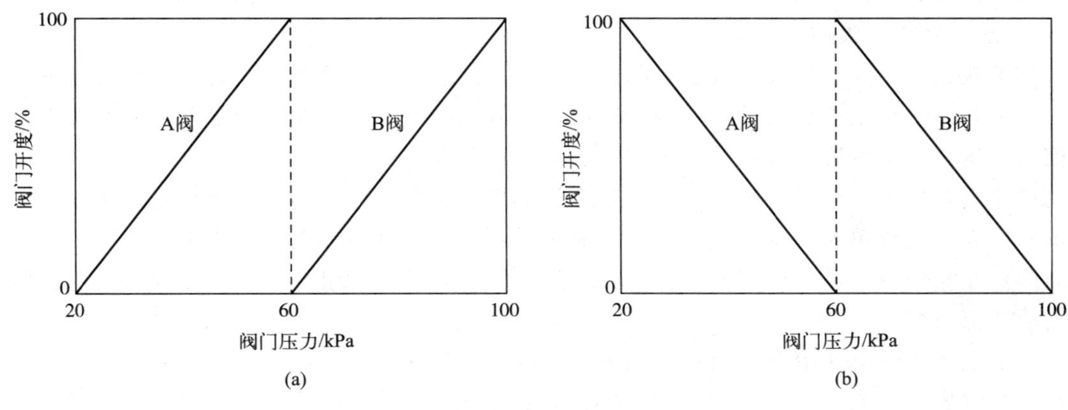

图 3-12 两阀同向动作示意图

3.1.3.3 精细化工检测仪表

在精细化工生产中，检测仪表指能确定所感受的被测变量大小的仪表。它通过专门的检测元件去感受被测变量，转换成相应信号，经传送和放大，显示出其数值。通常由检测（实现被测变量的一次转换）、转换放大（或变送、实现信号的二次或多次转换）和显示三部分组成。如果在生产中，有高温、高压、深冷、剧毒、易燃、易爆、易结焦、易结垢、高黏度、强腐蚀性等情况，故须选择相适应的检测仪表。

（1）检测仪表的结构形式

工业仪表种类繁多，结构形式各异，根据不同的原则，可以进行相应的分类。

① 按仪表使用的能源分类

按使用的能源来分，工业自动化仪表可以分为气动仪表、电动仪表和液动仪表。目前工业上常用的为电动仪表。电动仪表是以电为能源，信号之间联系比较方便，适宜于远距离传送和集中控制；便于与计算机联用；现在电动仪表可以做到防火、防爆，更有利于电动仪表的安全使用。但电动仪表一般结构较复杂，易受温度、湿度、电磁场、放射性等环境影响。

② 按信息的获得、传递、反映和处理的过程分类

根据工业自动化仪表在信息传递过程中的作用不同，可以分为五大类。

a. 检测仪表：检测仪表的主要作用是获取信息，并进行适当的转换。在生产过程中，检测仪表主要用来测量某些工艺参数，如温度、压力、流量、物位以及物料的成分、物性等，并将被测参数的大小成比例地转换成电的信号（电压、电流、频率等）或气压信号。

b. 显示仪表：显示仪表的作用是将由检测仪表获得的信息显示出来，包括各种模拟量、数字量的指示仪、记录仪和积算器，以及工业电视、图像显示器等。

c. 集中控制装置：包括各种巡回检测仪、巡回控制仪、程序控制仪、数据处理机、电子计算机以及仪表控制盘和操作台等。

d. 控制仪表：控制仪表可以根据需要对输入信号进行各种运算，例如放大、积分、微分等。控制仪表包括各种电动、气动的控制器以及用来代替模拟控制仪表的微处理机等。

e. 执行器：执行器可以接受控制仪表的输出信号或直接来自操作人员的指令，对生产过程进行操作或控制。执行器包括各种气动、电动、液动执行机构和控制阀。

③ 按仪表的组成形式分类

基地式仪表：这类仪表的特点是测量、显示、控制等各部分集中组装在一个表壳里，形成一个整体。这种仪表比较适于在现场做就地检测和控制，但不能实现多种参数的集中显示与控制。这在一定程度上限制了基地式仪表的应用范围。

单元组合仪表：将对参数的测量及其变送、显示、控制等各部分，分别制成能独立工作的单元仪表（简称单元，例如变送单元、显示单元、控制单元等）。这些单元之间以统一的标准信号互相联系，可以根据不同要求，方便地将各单元任意组合成各种控制系统，适用性和灵活性都很好。

化工生产中的单元组合仪表有电动单元组合仪表和气动单元组合仪表两种。国产的电动单元组合仪表以“电”“单”“组”三字的汉语拼音第一个字母为代号，简称 DD，同样气动单元组合仪表简称 QDZ 仪表。

（2）精细化工行业的仪表检测参数

① 温度，代表符号为 T。常用检测仪表有动圈式测温仪、自动平衡式温度记录仪以及热辐射高温计等。

② 压力，代表符号为 P。常用检测仪表有弹性式、液柱式及电远传式压力计等。

③ 物位，代表符号为 L。常用检测仪表有浮力式和静压式液位计以及电容式、超声波和放射性物位计等。

④ 流量，代表符号为 F。常用检测仪表有差压式、转子、靶式、电磁及涡轮、椭圆齿轮流量计等。

3.1.3.4 主要控制及显示仪表参数

环氧乙烷装置控制仪表参数见表 3-7，显示仪表参数见表 3-8。

表 3-7 环氧乙烷装置控制仪表参数

序号	位号	正常值	单位	说明
1	PIC-104	5.12	MPa	高压蒸汽罐压力
2	PIC-202	1.32	MPa	压缩机吸入罐顶压力
3	FIC-204	0.8	m^3/h	EO 解吸塔底出料流量
4	FIC-203	6.1	t/h	EO 解吸塔蒸汽进料量
5	FIC-305	12.4	m^3/h	EO 精制塔底出料流量
6	FIC-304	3.8	m^3/h	EO 精制塔顶出料流量

续表

序号	位号	正常值	单位	说明
7	FIC-101	5300（标准状况）	m^3/h	氧气进料流量
8	FIC-102	5600（标准状况）	m^3/h	乙烯进料流量
9	FIC-202	1.4	m^3/h	急冷液排放量
10	FIC-301	16.4	m^3/h	轻组分塔进料量
11	FIC-302	15.8	m^3/h	轻组分塔底出料流量
12	FIC-303	290	m^3/h	轻组分塔顶出料流量
13	TIC-215	105	℃	EO 解吸塔顶出料温度
14	TIC-310	54	℃	EO 精制塔塔温
15	TIC-203	42	℃	EO 吸收塔回流温度
16	TIC-303	15	℃	V-301 回流温度
17	TIC-302	40	℃	V-301 进料温度
18	LIC-204	50	%	水分离罐液位
19	LIC-205	50	%	CO_2 吸收塔液位
20	LIC-206	50	%	EO 解吸塔液位
21	LIC-303	50	%	EO 精制塔液位
22	LIC-202	50	%	EO 吸收塔釜液位
23	LIC-201	50	%	EO 吸收塔急冷段液位
24	LIC-101	50	%	高压蒸汽罐液位
25	LIC-301	50	%	轻组分塔回流罐液位
26	LIC-302	50	%	轻组分塔液位

表 3-8 环氧乙烷装置显示仪表参数

序号	位号	正常值	单位	说明
1	LI-304	50	%	V-305 液位
2	LI-207	50	%	CO_2 解吸塔液位
3	LI-203	50	%	压缩机吸入罐液位
4	FI-201	160	m^3/h	EO 吸收塔回流量

续表

序号	位号	正常值	单位	说明
5	FI-103	27.6	t/h	高压蒸汽罐顶出气流量
6	TI-209	84.6	℃	循环器返回温度
7	TI-210	111	℃	CO_2 吸收塔顶出气温度
8	TI-211	111	℃	CO_2 吸收塔底出料温度
9	TI-212	103.7	℃	E-207 冷侧进料温度
10	TI-213	73.3	℃	EO 解吸塔顶进液温度
11	TI-214	118.7	℃	EO 解吸塔顶温度
12	TI-216	124.7	℃	EO 解吸塔釜温度
13	TI-308	44	℃	EO 精制塔顶出料温度
14	TI-309	47	℃	EO 精制塔顶上段温度
15	TI-311	78.3	℃	E-308 热侧出料温度
16	TI-312	39	℃	E-311 热侧出料温度
17	TI-201	51	℃	EO 吸收塔进料温度
18	TI-202	41	℃	急冷段出料温度
19	TI-204	46	℃	EO 吸收塔釜出料温度
20	TI-205	35	℃	E-212 热侧出口温度
21	TI-206	75	℃	E-212 热侧进口温度
22	TI-207	35	℃	压缩机进气温度
23	TI-208	58	℃	压缩机出气温度
24	TI-101	40	℃	氧气进料温度
25	TI-102	30	℃	乙烯进料温度
26	TI-104	146	℃	反应器进料温度
27	TI-105	202	℃	E-102 热侧出料温度
28	TI-106	120	℃	E-106 热侧出口温度
29	TI-107	219	℃	反应器夹套进液温度
30	TI-108	245	℃	高压蒸汽罐温度
31	TI-109	110	℃	锅炉给水温度

续表

序号	位号	正常值	单位	说明
32	TI-301	79	℃	E-301 热侧进料温度
33	TI-304	29	℃	轻组分塔进液温度
34	TI-305	35	℃	轻组分塔顶气相出料温度
35	TI-306	35	℃	轻组分塔底出料温度
36	TI-307	89.4	℃	E-303 热侧进料温度
37	PI-206	0.106	MPa	EO 解吸塔顶部出料压力
38	PDIA-204	10	kPa	CO_2 吸收塔压降
39	PDIA-205	2	kPa	CO_2 解吸塔压降
40	PDIA-302	40	kPa	EO 精制塔压降
41	PDIA-201	380	kPa	压缩机进出口压降
42	PI-203	1.7	MPa	压缩机出气压力
43	PDI-101	100	kPa	环氧乙烷反应器压降
44	PI-101	2.65	MPa	氧气进料压力
45	PI-102	2.45	MPa	乙烯进料压力
46	PI-103	5.17	MPa	反应器夹套进液压力
47	PI-301	0.082	MPa	轻组分塔回流罐顶压力
48	PG-105	5.5	MPa	P-101 出口压力
49	PG-204	1.36	MPa	P-205 出口压力
50	PG-302	0.2	MPa	P-301 出口压力
51	PG-303	1.5	MPa	P-302 出口压力
52	PG-306	0.6	MPa	P-304 出口压力
53	PG-304	0.5	MPa	P-303 出口压力
54	PG-305	0.46	MPa	P-306 出口压力

3.1.3.5　环氧乙烷装置操作指南

(1) 反应器入口氧浓度控制

控制目标：R-101 反应器入口氧浓度（摩尔分数）AR-102A 为 7.9%～8.4%。

控制范围：R-101 反应器入口氧浓度（摩尔分数）AR-102A 为 8.0%～8.3%。

控制方式：通过调整甲烷进料 FRC-107，保证系统甲烷浓度 AR-104C 稳定；在氧气进料量 FRC-101 一定下，调节乙烯进料量 FRC-105，控制乙烯浓度 AR-103、AR-104D；通过调整 FRC-110 保证 R-101 循环气进料量；通过调整二氯乙烷加入量 FRC-112A/B、高压蒸汽罐 V-110 压力 PRC-121，控制床层温度；在床层温度一定下，通过调整 FRC-123 流量，保证 V-110 液位 LRC-103 和产汽量 FR-119；通过调整进脱碳系统循环气量 FRC-202，保证系统中二氧化碳浓度 AR-104F、AR-104L 一定。在上述参数稳定情况下，AR-102A 稳定。

反应器入口氧浓度控制正常情况调整方案见表 3-9，异常情况调整方案见表 3-10。

表 3-9 反应器入口氧浓度控制正常情况调整方案

影响因素	调整方法	调节方式
甲烷进料量	根据系统中甲烷浓度，调节甲烷进料量	开大或关小 FRC-107
氧气进料量	通过调节 HIC-101A/B，控制氧气进料	开大或关小 HIC-101A/B
乙烯进料量	通过调节 FRC-105，控制乙烯进料	开大或关小 FRC-105
循环气进料量	通过调节 FRC-110，控制循环气进料	开大或关小 FRC-110
二氯乙烷进料量	通过调节 FRC-112A/B，控制二氯乙烷进料	开大或关小 FRC-112A/B
反应器床层温度	调整 FRC-123 控制高压蒸汽罐 V-110 液位 LRC-103，通过调整 PRC-121 控制汽包产汽量 FR-119，保证 R-101 床层温度	开大或关小 FRC-123、PRC-121

表 3-10 反应器入口氧浓度控制异常情况调整方案

现象	原因	处理
R-101 入口氧浓度高	① 进料中乙烯浓度低。 ② 反应温度下降。 ③ EDC 量过多。 ④ 进脱碳循环气流量大。 ⑤ 催化剂活性下降。 ⑥ 进 R-101 循环气量小。 ⑦ 仪表、分析故障	[I]—提高乙烯浓度。 [I]—提高蒸汽压力。 [I]—降低 EDC 加放量。 [I]—调节去 200＃循环气量、碳酸盐量。 [M]—研究提高催化剂活性处理方法。 [I]—调节进 R-101 循环气量。 [M]—通知仪表、分析处理

如果 R-101 入口氧浓度持续升高失控，则转入装置紧急停车操作。

(2) 反应器入口压力控制

控制目标：反应器入口压力 PRA-117 为 1.62MPa。

控制范围：反应器入口压力 PRA-117 为 1.62MPa。

控制方式：氧气、乙烯进料量稳定，调整甲烷进料或氮气补充量保证 PRC-201 稳定，可保证 PRA-117 稳定。在上述基础上，调整 K-201 导叶保证 PDRA-206 或去脱碳系统循环气量 FRC-202，也可保证 PRA-117 稳定。

反应器入口压力控制正常情况调整方案见表 3-11，异常情况调整方案见表 3-12。

表 3-11 反应器入口压力控制正常情况调整方案

影响因素	调整方法	调节方式
进料量	根据生产负荷，适当调整氧气、乙烯进料量，根据系统压力，调节甲烷进料量	[I]—开大或关小 FRC-107，HIC-101A/B，FRC-105
氮气补充	根据系统氮气浓度和系统压力，调整氮气补充量	[I]—开大或关小 HIC-104
进脱碳系统量	根据脱碳效果，调整进脱碳系统量 FRC-202	[I]—开大或关小 FRC-202
K-201 导叶	根据 K-201 压差 PDRA-206，调整 K-201 导叶	[P]—开大或关小 K-201 导叶

表 3-12 反应器入口压力控制异常情况调整方案

异常现象	原因分析	处理方法
反应器入口压力高 PRA-117	① 副反应增加，CO_2 浓度上升。 ② 去 200#CO_2 脱除系统循环气流量低。 ③ CO_2 脱除系统效果差。 ④ 致稳剂甲烷补充量大。 ⑤ 工艺排放量小，PRC-201 憋压。 ⑥ 氧气或乙烯进料量变大。 ⑦ K-201 导叶开度过大。 ⑧ 仪表故障	[I]—分析副反应加剧原因改变操作参数。 [I]—调整去 200#循环气流量。 [I]—调整 CO_2 脱除系统操作。 [I]—改变 FRC-107 设定值。 [I]—调整工艺排放量。 [I/P]—检查调整进料量（乙烯带液，[P]—调整乙烯进料温度）。 [P]—关小导叶。 [M]—联系检修
反应器入口压力低 PRA-117	① 去 200#CO_2 脱除系统循环气流量大。 ② 致稳剂甲烷补充量小。 ③ 工艺排放量大，PRC-201 压力低。 ④ 生产负荷低。 ⑤ K-201 导叶开度过小。 ⑥ 仪表故障	[I]—调整去 200#循环气流量。 [I]—改变 FRC-107 设定值。 [I]—调整工艺排放量。 [I]—调整进料量。 [P]—开大导叶。 [M]—联系检修

如果反应器入口压力失控，则装置转为停车操作。

(3) 反应器出口温度控制

控制目标：反应器出口温度 TRA-108 为 220～244℃。

控制范围：反应器出口温度 TRA-108 为 220～244℃。

控制方式：在 LRC-103、FRC-110 稳定的基础上，通过调整 FRC-112A/B、PRC-121 及反应器旁路，控制反应器床层温度，进而控制反应器出口温度。

反应器出口温度正常情况调整方案见表 3-13，异常情况调整方案见表 3-14。

表 3-13　反应器出口温度正常情况调整方案

影响因素	调整方法	调节方式
高压蒸汽罐液位 LRC-103	通过调整 FRC-123 流量	[I]—开大或关小 FRC-123
反应器入口循环气量	通过调整 FRC-110 流量	[I]—开大或关小 FRC-110
系统氯含量	通过调整 FRC-112A/B 流量	[I]—开大或关小 FRC-112A/B
高压蒸汽罐压力	通过调整 PRC-121 压力	[P]—开大或关小 PRC-121
反应器旁路流量	通过调整反应器旁路阀开度	[P]—开大或关小反应器旁路阀

表 3-14　反应器出口温度异常情况调整方案

异常现象	原因分析	处理方法
反应器出口温度高 TRA-108A	① 反应器 R-101 入口氧浓度高。 ② R-101 入口 C_2H_4 浓度高。 ③ 循环气中 EDC 加放量不足。 ④ 循环气流量下降。 ⑤ BFW（锅炉给水）量不够。 ⑥ 汽包 V-110 压力高。 ⑦ 反应加剧。 ⑧ 仪表故障	[I]—适当降低 O_2 浓度。 [I]—适当降低入口 C_2H_4 浓度。 [I]—调整 EDC 量。 [I]—调整去 200＃循环气流量。 [I]—调节 BFW 量或降负荷。 [I]—降低汽包压力。 [I]—控制反应。 [M]—检修仪表

如果反应器出口温度高失控，则装置转为停车操作。

（4）C-201 出口 CO_2 含量偏高控制

控制目标：R-101 反应器入口二氧化碳浓度（摩尔分数）AR-104F≤2.1%。

控制范围：R-101 反应器入口二氧化碳浓度（摩尔分数）AR-104F≤2.1%。

控制方式：调整 C-202 直接蒸汽和间接蒸汽量保证塔釜温度，进而保证碳酸盐浓度和 C-202 解析温度；再调整进 C-201 循环气和碳酸盐量，确保 C-201 出口 CO_2 含量；系统发泡，加入消泡剂。

C-201 出口 CO_2 含量偏高正常情况调整方案见表 3-15，异常情况调整方案见表 3-16。

表 3-15　C-201 出口 CO_2 含量偏高正常情况调整方案

影响因素	调整方法	调节方式
C-202 塔釜温度	调整 C-202 直接蒸汽和间接蒸汽量	[I]—开大或关小 FRC-207、FRC-208、FRC-226

续表

影响因素	调整方法	调节方式
碳酸盐浓度	调整 C-202 釜温和 P-202A/B 冲洗水	[I/P]—开大或关小 FRC-207、FRC-208、FRC-226 或 P-202A/B 冲洗水手阀
C-201 循环气进料量	调节 FRC-202 进 C-201 循环气进料量	[I]—开大或关小 FRC-202
进 C-201 碳酸盐量	调节 FRC-203 进 C-201 碳酸盐量	[I]—开大或关小 FRC-203
碳酸盐中醇含量	调整 C-202 釜温	[I]—开大或关小 FRC-207、FRC-208、FRC-226

表 3-16 C-201 出口 CO_2 含量偏高异常情况调整方案

异常现象	原因分析	处理方法
C-201 出口 CO_2 含量偏高	① FRC-203 流量低。 ② 贫碳酸盐中 $KHCO_3$ 偏高（C-202 釜温低）。 ③ 系统发泡吸收效果下降。 ④ C-201 中循环气流量大。 ⑤ 碳酸盐中醇含量高	[I]—调节增大 FRC-203 量。 [I]—增大直接和间接蒸气量，提高碳酸盐的浓度。 [I]—加入适量消泡剂。 [I]—调整 PDRC-210 使 C-201 的循环气流量适宜，不出现波动。 [I/P]—调整 C-202 解析温度，置换碳酸盐；调整 C-204 解析温度，置换 EO 吸收液

如果 C-201 出口 CO_2 含量持续升高失控，则转入装置紧急停车操作。

（5）C-201 塔釜液位控制

控制目标：C-201 塔釜液位 LRCA-203 为 40%～55%。

控制范围：C-201 塔釜液位 LRCA-203 为 40%～55%。

控制方式：调整进 C-201 碳酸盐量和塔釜流出量，确保 C-201 塔釜液位 LRCA-203。

C-201 塔釜液位控制正常情况调整方案见表 3-17，异常情况调整方案见表 3-18。

表 3-17 C-201 塔釜液位控制正常情况调整方案

影响因素	调整方法	调节方式
C-201 塔釜流出量	调节 LV-203 阀门开度	[I]—开大或关小 LRC-203
进 C-201 碳酸盐量	调节 FRC-203 进 C-201 碳酸盐量	[I]—开大或关小 FRC-203

表 3-18 C-201 塔釜液位控制异常情况调整方案

异常现象	原因分析	处理方法
C-201 塔釜液位高	① 进 C-201 碳酸盐流量大。 ② C-201 塔釜流出量少。 ③ 液位控制系统失灵	[I]—调节 FRC-203 设定值。 [I]—开大 LRCA-203 阀。 [I]—手动调节并通知仪表修复

续表

异常现象	原因分析	处理方法
C-201 塔釜液位低	① 进 C-201 碳酸盐流量小。 ② C-201 塔釜流出量大。 ③ 液位控制系统失灵	[I]—调节 FRC-203 设定值。 [I]—开小 LRCA-203 阀。 [I]—手动调节并通知仪表修复

如果 C-201 塔釜液位持续低失控，则转入装置紧急停车操作。

(6) C-203 塔压差控制

控制目标：C-203 塔压差（表压）PDI-216<4kPa。

控制范围：C-203 塔压差（表压）PDI-216<4kPa。

控制方式：调整贫吸收液流量、循环气放空量、C-203 液位，加入消泡剂。

C-203 塔压差控制正常情况调整方案见表 3-19，异常情况调整见表 3-20。

表 3-19 C-203 塔压差控制正常情况调整方案

影响因素	调整方法	调节方式
贫吸收液流量	调整贫吸收液流量	[I]—开大或关小 FV-212
进 C-203 循环气量	调整循环气放空量	[I/P]—开大或关小 PV-201
C-203 液位	调节 FRC-212 进 C-203 量和 C-203 液位	[P]—开大或关小 FV-212 和 LV-214
C-203 发泡	系统加入消泡剂	[I]—缓慢打开消泡剂加入阀，加入适当消泡剂

表 3-20 C-203 塔压差控制异常情况调整方案

异常现象	原因分析	处理方法
PDI-216 指示偏高	① 循环水流量过大。 ② 循环水发泡严重。 ③ 进 C-203 塔的循环气流量过大。 ④ 塔板堵塞。 ⑤ 仪表故障	[P]—适当减少循环水量。 [P]—加入适当的消泡剂。 [I]—适当放空部分循环气。 [I/P/M]—仔细观察，确定原因后，请示停车检修处理。 [M]—仪表人员修复

如果 C-203 塔压差 PDI-216 指示偏高失控，则转入装置紧急停车操作。

(7) C-204 塔顶压力控制

控制目标：C-204 塔顶压力（表压）PI-216<106kPa。

控制范围：C-204 塔顶压力（表压）PI-216<106kPa。

控制方式：调整 C-204 液位，C-204 直接、间接蒸汽加入量，V-301 压力，K-301 入口压力，E-301 换热效果，系统加入消泡剂量。

C-204 塔顶压力正常情况调整方案见表 3-21，异常情况调整方案见表 3-22。

表 3-21　C-204 塔顶压力正常情况调整方案

影响因素	调整方法	调节方式
直接、间接蒸汽加入量	调整直接、间接蒸汽加入量	[I]—开大或关小 FV-214、FV-220A/B
V-301 压力	调整 V-301 压力	[I]—开大或关小 V-301 氮气补充阀，开大或关小 LV-301，开大或关小 TV-302
C-204 液位	调节 FRC-221 进 C-204 量，C-204 直接、间接蒸汽量或向 C-204 下塔排放量	[I]—开大或关小 FV-221、FV-214、FV-220A/B、LV-216
C-204 发泡	系统加入消泡剂	[I]—缓慢打开消泡剂加入阀，加入适当消泡剂
K-301 入口压力	调节 K-301 入口压力	[I]—开大或关小 PV-314A

表 3-22　C-204 塔顶压力异常情况调整方案

异常现象	原因分析	处理方法
C-204 塔顶压力高	① V-301 的压力高，K-301 入口压力高。 ② C-204 蒸汽加入量太多。 ③ E-301 的换热效果不好	[I/P]—调整 V-301 和 V-303 的操作参数。 [I]—减少蒸汽加入量。 [P]—检查 E-301 加大冷却水量

如果 C-204 压力 PI-216 偏高失控，则转入装置紧急停车操作。

(8) C-301 塔釜 CO_2 控制

控制目标：SC-303 中二氧化碳含量≤5mL/m^3。

控制范围：SC-303 中二氧化碳含量≤5mL/m^3。

控制方式：调整氧化反应、E-303 加热介质、贫液 pH 值。

C-301 塔釜 CO_2 控制正常情况调整方案见表 3-23，异常情况调整方案见表 3-24。

表 3-23　C-301 塔釜 CO_2 控制正常情况调整方案

影响因素	调整方法	调节方式
氧化副反应	调整催化剂选择性	[I]—调节氧化反应
C-303 塔顶解析量	调整 E-303 加热介质量	[I/P]—开大或关小 FV-303A 或 FV-303B
贫液 pH 值	调节 AR-203 的 pH 值	[I]—调节 P-208B 或 P-208D 冲程，调整 NaOH 加入量
C-303 发泡	系统加入消泡剂	[I]—缓慢打开消泡剂加入阀，加入适当消泡剂

表 3-24 C-301 塔釜 CO_2 控制异常情况调整方案

异常现象	原因分析	处理方法
分析点 S-303 中 CO_2 含量高	① 再沸器 E-303 加热介质量少或 C-301 直接蒸汽量小。 ② C-302 塔贫吸收液 pH 值偏高。 ③ 分析失误。 ④ 反应不正常。 ⑤ 系统加入消泡剂	[I/M]—增加直接蒸汽或加热介质量。 [P]—减少 NaOH 的加入量。 [M]—重新分析。 [M]—调整反应系统操作。 [I]—缓慢打开消泡剂加入阀，加入适当消泡剂

如果分析点 S-303 中 CO_2 含量高失控，则转入装置紧急停车操作。

3.1.3.6 环氧乙烷装置操作规程

(1) 全工段冷态开车

打开阀门 XV121，向 E-103 供冷却水
打开阀门 XV115，向 E-102 供冷却水
打开 V-110 液位调节阀 LIC-101 前阀 XV108
打开 V-110 液位调节阀 LIC-101 后阀 XV107
稍开 V-110 液位调节阀 LIC-101，开度为 50
待 V-110 液位达 80%，打开阀门 XV119
打开冷凝液循环泵 P-101 入口阀 XV109
启动冷凝液循环泵 P-101
打开冷凝液循环泵 P-101 出口阀 XV110
打开阀门 XV122，撤热剂开始循环
打开阀门 XV131
打开 V-110 压力调节阀 PIC-104 前阀 XV105
打开 V-110 压力调节阀 PIC-104 后阀 XV106
打开 V-110 压力调节阀 PIC-104
打开 XV117，开始 HS（高压蒸汽）蒸汽进料
待 V-110 压力升至 5.1MPa 左右且稳定，PIC-104 投自动，目标值设为 5.12MPa
打开乙烯流量控制器 FIC-102 前阀 XV103
打开乙烯流量控制器 FIC-102 后阀 XV104
打开乙烯流量控制器 FIC-102，开始通入乙烯
打开反应器 R-101 进气阀 XV113
打开氧气流量控制器 FIC-101 前阀 XV101
打开氧气流量控制器 FIC-101 后阀 XV102
稍开氧气流量控制器 FIC-101，开始氧气进料
打开产品第一冷却器 E-102 出口阀 XV124
打开 XV114
打开阀门 XV111，开始加入抑制剂 EDC

打开阀门 XV112，开始引入致稳剂甲烷
待汽包液位升至 49%，LIC-101 投自动，目标值设为 50%
待氧气流量基本稳定，FIC-101 投自动，目标值设为（标准状况）5300m^3/h
待乙烯流量基本稳定，FIC-102 投自动，目标值设为（标准状况）5600m^3/h
打开冷却器 E-206 冷却水阀门 XV233，供冷却水
打开 E-201 热水阀门 XV244
打开 DNW（脱盐水）阀门 XV234，C-201 加脱盐水
打开阀门 XV235，C-201 加碳酸盐至液位 LIC-205 达 50%左右
打开 C-201 液位调节阀 LIC-205 前阀 XV225
打开 C-201 液位调节阀 LIC-205 后阀 XV226
将 CO_2 吸收塔 C-201 液位 LIC-205 投自动，设为 50%
打开温度调节阀 TIC-203 前阀 XV205
打开温度调节阀 TIC-203 后阀 XV206
打开温度调节阀 TIC-203，向 E-205 供冷却水
打开 DNW（脱盐水）阀门 XV238，C-204 加脱盐水
打开 C-204 去 C-203 阀门 XV242
打开 E-207 贫吸收液自 Z-250 进口阀 XV236
打开 C-301 再沸器 E-303 旁路阀 XV318
打开 C-302 再沸器 E-308 旁路阀 XV339
打开冷却器 E-212 冷却水阀门 XV216，供冷却水
打开 EO 吸收塔 C-203 液位调节阀 LIC-201 前阀 XV201
打开 EO 吸收塔 C-203 液位调节阀 LIC-201 后阀 XV202
将 EO 吸收塔 C-203 液位调节阀 LIC-201 投自动，设为 50%
打开冷却器 E-207 出口阀 XV237
打开 C-204 塔顶去 E-301 阀门 XV315
打开 C-203 塔顶 E-303、E-308 贫吸收液进口阀 XV213，开始向 C-203 进贫吸收液
打开急冷液泵 P-205 入口阀 XV209
启动急冷液泵 P-205
打开急冷液泵 P-205 出口阀 XV210
打开碱罐阀门 XV217，碱液进料
打开碱罐阀门 XV218，碱液进料
打开 C-203 急冷液流量阀 FIC-202 前阀 XV203
打开 C-203 急冷液流量阀 FIC-202 后阀 XV204
打开 C-203 急冷液流量阀 FIC-202
打开循环气回路氮气加压阀 XV219，循环气回路用 N_2 加压至 1.0MPa
打开反应器旁路阀 XV123
全开循环气压缩机进口 XV211
全开循环气压缩机出口 XV212
启动循环气压缩机 K-201，循环气开始循环
打开 C-201 经 E-201 进气阀门 XV241

打开水分离罐 V-201 液位调节阀 LIC-204 前阀 XV239
打开水分离罐 V-201 液位调节阀 LIC-204 后阀 XV240
将水分离罐 V-201 液位器 LIC-204 投手动，设为 10%
打开水分离罐 V-201 顶阀门 XV232
打开 C-202 水蒸气进料阀 XV251
打开 V-204 压力调节阀 PIC-202 前阀 XV207
打开 V-204 压力调节阀 PIC-202 后阀 XV208
将 V-204 压力 PIC-202 投自动，设为 1.32MPa，将工艺排放气放空至大气
待 PIC-202 压力上涨至 1.2MPa 以上，关闭循环气回路氮气阀 XV219
打开 V-204 排凝阀 XV215
打开 C-204 直接加热蒸汽（SDD）流量控制器 FIC-203 前阀 XV228
打开 C-204 直接加热蒸汽（SDD）流量控制器 FIC-203 后阀 XV227
打开 C-204 直接加热蒸汽（SDD）流量控制器 FIC-203，开始供蒸汽，开度约为 50%
打开 C-204 塔底去乙二醇汽提塔流量阀 FIC-204 前阀 XV229
打开 C-204 塔底去乙二醇汽提塔流量阀 FIC-204 后阀 XV230
打开 C-204 塔底去乙二醇汽提塔流量阀 FIC-204
打开 E-301 温度调节阀 TIC-302 前阀 XV304
打开 E-301 温度调节阀 TIC-302 后阀 XV303
打开 E-301 温度调节阀 TIC-302，向 E-301 供冷却水
打开 E-302 温度调节阀 TIC-303 前阀 XV302
打开 E-302 温度调节阀 TIC-303 后阀 XV301
打开 E-302 温度调节阀 TIC-303，向 E-302 供低温水
打开 E-302 不凝气阀门 XV317
打开自 P-302 去 C-204 的返回管线手阀 XV243
当解吸塔顶缓冲罐 V-301 液位 LIC-301 达到 30%时，打开轻组分塔进料泵 P-301 入口阀 XV311
启动轻组分塔进料泵 P-301
打开轻组分塔进料泵 P-301 出口阀 XV312
打开解吸塔顶缓冲罐 V-301 流量控制器 FIC-301 前阀 XV305
打开解吸塔顶缓冲罐 V-301 流量控制器 FIC-301 后阀 XV306
稍微打开解吸塔顶缓冲罐 V-301 流量控制器 FIC-301，开度约为 50%
当 C-301 液位 LIC-302 达到 10%后，打开轻组分塔底泵 P-302 入口阀 XV313
启动轻组分塔底泵 P-302
打开轻组分塔底泵 P-302 出口阀 XV314
打开 C-301 流量控制器 FIC-302 前阀 XV309
打开 C-301 流量控制器 FIC-302 后阀 XV310
稍微打开 C-301 流量控制器 FIC-302，开度约为 50%
打开 E-303 贫液进口阀 XV319
关闭 E-303 旁路阀 XV318
打开 C-301 直接加热蒸汽（SDD）流量控制器 FIC-303 前阀 XV308

打开 C-301 直接加热蒸汽（SDD）流量控制器 FIC-303 后阀 XV307

打开 C-301 直接加热蒸汽（SDD）流量控制器 FIC-303，开始供蒸汽，使塔顶气温度约为 40℃

打开 E-309 阀门 XV333，向 E-309 供低温水

打开 E-311 阀门 XV334，E-311 循环水投用

打开 E-701 阀门 XV342，E-701 循环水投用

当返回操作停止时，打开阀门 XV338，开始向 C-302 进料

当 C-302 液位 LIC-303 达到 10%时，打开 EO 精制塔底泵 P-303 入口阀 XV327

启动 EO 精制塔底泵 P-303

打开 EO 精制塔底泵 P-303 出口阀 XV328

打开 C-302 流量控制器 FIC-305 前阀 XV325

打开 C-302 流量控制器 FIC-305 后阀 XV326

打开 C-302 流量控制器 FIC-305

打开 EO 精制塔塔顶泵 P-304 入口阀 XV329

启动 EO 精制塔塔顶泵 P-304

打开 EO 精制塔塔顶泵 P-304 出口阀 XV330

打开阀门 XV344，将低纯度 EO 打入 EO/水缓冲罐 V-305

当 C-302 液位升至 10%，打开 EO 水循环泵 P-306 入口阀 XV331

启动泵 P-306

打开 EO/水循环泵 P-306 出口阀 XV332

打开 E-308 壳程的贫液进口阀 XV340

关闭 E-308 旁路阀 XV339

打开 C-302 直接加热蒸汽（SDD）温度控制器 TIC-310 前阀 XV322

打开 C-302 直接加热蒸汽（SDD）温度控制器 TIC-310 后阀 XV321

打开 C-302 直接加热蒸汽（SDD）温度控制器 TIC-310，开始供蒸汽

打开 C-302 放空阀 XV341

打开流量控制器 FIC-304 前阀 XV323

打开流量控制器 FIC-304 后阀 XV324

打开流量控制器 FIC-304

关闭阀门 XV344

打开 EO/水缓冲罐 V-305 去 EG（乙二醇）反应段阀门 XV336

打开高纯度 EO 成品罐 T-701 去罐区阀门 XV337，采出高纯度 EO

打开 XV350

待 EO 解吸塔 C-204 液位升至 49%，LIC-206 投自动，目标值设为 50%

FIC-204 投串级

待 EO 解吸塔顶气相出料温度达 105℃，TIC-215 投自动，目标值设 105℃

FIC-203 投串级

当 EO 吸收塔 C-203 液位 LIC-202 达到 50%左右时，将 LIC-202 投自动，设为 50%

FIC-202 投串级

待 TIC-203 温度达到 42℃左右时，投自动，目标值设为 42℃

待轻组分塔 C-301 塔顶回流罐 V-301 的液位升至 49%，LIC-301 投自动，目标值设为 50%

FIC-301 投串级

待轻组分塔 C-301 液位升至 49%，LIC-302 投自动，目标值设 50%

FIC-302 投串级

待 TIC-302 温度达到 40℃左右，TIC-302 投自动，目标值设 40℃

待 TIC-303 温度达到 15℃左右，TIC-303 投自动，目标值设 15℃

待轻组分塔顶出口气体流量升至（标准状况）270m^3/h 左右，FIC-303 投自动，目标值设 284m^3/h

待 EO 精制塔 C-302 塔液位升至 49%，LIC-303 投自动，目标值设为 50%

FIC-305 投串级

待 TIC-310 温度达到 53℃左右，TIC-310 投自动，目标值设 53.5℃

待 FIC-304 流量升至（标准状况）3.8m^3/h 左右，FIC-304 投自动，目标值设 3.8m^3/h

控制氧气进料量 FIC-101 在（标准状况）5280～5320m^3/h 之间

控制乙烯进料量 FIC-102 在（标准状况）5580～5620m^3/h 之间

控制汽包压力 PIC-104 在 5～5.3MPa 之间

控制汽包液位 LIC-101 在 48%～52%之间

控制 EO 吸收塔急冷段液位在 48%～52%之间

控制 EO 吸收塔釜液位在 48%～52%之间

控制 TIC-203 温度在 40～44℃之间

控制气液分离罐顶压力达到 1.4～1.44MPa

控制水分离罐 V-201 液位在 48%～52%之间

控制 CO_2 吸收塔液位在 48%～52%之间

控制 EO 解吸塔液位在 48%～52%之间

控制 EO 解吸塔顶气相出料温度 TIC-101 在 104～106℃之间

控制轻组分塔塔液位在 48%～52%之间

控制 FIC-303 流量值在（标准状况）280～290m^3/h 之间

控制 TIC-302 值在 38～42℃值之间

控制 TIC-303 值在 13～17℃值之间

控制 EO 精制塔液位在 48%～52%之间

控制 FIC-304 流量值在（标准状况）3.7～3.9m^3/h 之间

控制 TIC-310 值在 50～55℃值之间

（2）全工段停车

FIC-101 投手动，开度设 50，减少氧气进料

FIC-102 投手动，开度设 50，减少乙烯进料

切断抑制剂 EDC 进料，关闭 XV111

切断乙烯进料，关闭乙烯进料流量阀 FIC-102

关闭乙烯流量控制器 FIC-102 前阀 XV103

关闭乙烯流量控制器 FIC-102 后阀 XV104

关闭阀门 XV112，切断甲烷进料

打开反应器旁路阀 XV123

LIC-101 投手动，开度 50

关闭 V-110 液位调节阀 LIC-101

关闭 V-110 液位调节阀 LIC-101 前阀 XV108

关闭 V-110 液位调节阀 LIC-101 后阀 XV107

打开汽包排污阀 XV120

切断氧气进料，关闭氧气流量阀 FIC-101

关闭氧气流量控制器 FIC-101 前阀 XV101

关闭氧气流量控制器 FIC-101 后阀 XV102

反应器进料温度降低至 100℃以下后，关闭反应器入口处阀门 XV113

关闭冷却器 E-102 出口阀 XV124

当进 EO 反应器的循环气切断后，停循环气压缩机 K-201

关闭循环气压缩机入口阀 XV211

关闭循环气压缩机出口阀 XV212

关闭 V-110 高压蒸汽 HS 阀门 XV117

关闭 V-110 汽包压力调节阀 PIC-104

关闭 V-110 压力调节阀 PIC-104 前阀 XV105

关闭 V-110 压力调节阀 PIC-104 后阀 XV106

打开 XV118 放空，控制 V-110 降温速度

当 V-110 温度 TI-108 达到 130℃以下时，打开氮气阀门 XV116，向 V-110 充氮气以保护 V-110、R-101 壳程

关闭 V-110 放空阀 XV118

LIC-201 投手动，开度设 50

LIC-202 投手动，开度设 50

FIC-202 投手动，开度设 50

PIC-202 投手动，开度设 50

TIC-203 投手动，开度设 50

LIC-204 投手动，开度设 50

LIC-206 投手动，开度设 50

FIC-204 投手动，开度设 50

LIC-205 投手动，开度设 50

关闭 XV217，停止加入碱液

关闭 XV218，停止加入碱液

关闭碳酸盐阀门 XV235

关闭脱盐水 DNW 阀门 XV234

当 C-201 液位 LIC-205 降为 0 时，关闭液位调节阀 LIC-205

关闭 C-201 液位调节阀 LIC-205 前阀 XV225

关闭 C-201 液位调节阀 LIC-205 后阀 XV226

当水分离罐 V-201 液位器 LIC-204 降为 0 时，关闭液位调节阀 LIC-204

关闭水分离罐 V-201 液位调节阀 LIC-204 前阀 XV239

关闭水分离罐 V-201 液位调节阀 LIC-204 后阀 XV240
关闭水分离罐 V-201 顶部阀门 XV232
降低 C-203 的贫吸收剂量，关闭 XV213
关闭冷却器 E-207 出口阀 XV237
全开 C-204 塔底去乙二醇汽提塔流量阀 FIC-204，直到塔排空
关闭阀门 XV236
当 EO 吸收塔 C-203 液位降至 0，关闭液位调节阀 LIC-201
关闭 EO 吸收塔 C-203 液位调节阀 LIC-201 前阀 XV201
关闭 EO 吸收塔 C-203 液位调节阀 LIC-201 后阀 XV202
关闭急冷液泵 P-205 出口阀 XV210
停急冷液泵 P-205
关闭泵入口阀 XV209
当 EO 吸收塔 C-203 液位 LIC-202 降为 0 时，关闭急冷液流量阀 FIC-202
关闭 C-203 急冷液流量阀 FIC-202 前阀 XV203
关闭 C-203 急冷液流量阀 FIC-202 后阀 XV204
（环氧乙烷解吸完成后）关闭 C-204 直接加热蒸汽（SDD）流量控制器 FIC-203，切断热源
关闭 C-204 直接加热蒸汽（SDD）流量控制器 FIC-203 前阀 XV228
关闭 C-204 直接加热蒸汽（SDD）流量控制器 FIC-203 后阀 XV227
关闭 C-204 去 C-203 阀门 XV242
TIC-303 投手动，开度设 50
TIC-302 投手动，开度设 50
LIC-301 投手动，开度设 50
FIC-301 投手动，开度设 50
FIC-303 投手动，开度设 50
LIC-302 投手动，开度设 50
FIC-302 投手动，开度设 50
LIC-303 投手动，开度设 50
FIC-305 投手动，开度设 50
FIC-304 投手动，开度设 50
关闭 C-204 塔顶至 E-301 阀门 XV315
当解吸塔顶缓冲罐 V-301 液位 LIC-301 降为 0 时，关闭流量阀 FIC-301
关闭流量控制器 FIC-301 前阀 XV305
关闭流量控制器 FIC-301 后阀 XV306
关闭轻组分塔进料泵 P-301 出口阀 XV312
停轻组分塔进料泵 P-301
关闭轻组分塔进料泵 P-301 入口阀 XV311
关闭 C-301 直接加热蒸汽（SDD）流量控制器 FIC-303，切断热源
关闭 C-301 直接加热蒸汽（SDD）流量控制器 FIC-303 前阀 XV308
关闭 C-301 直接加热蒸汽（SDD）流量控制器 FIC-303 后阀 XV307

当 C-301 液位 LIC-302 降为 0 时，关闭 C-301 流量控制器 FIC-302
关闭 C-301 流量控制器 FIC-302 前阀 XV309
关闭 C-301 流量控制器 FIC-302 后阀 XV310
关闭轻组分塔底泵 P-302 出口阀 XV314
停轻组分塔底泵 P-302
关闭轻组分塔底泵 P-302 入口阀 XV313
关闭向 C-302 进料阀门 XV338
蒸汽解吸结束后，关闭 C-302 直接加热蒸汽（SDD）温度控制器 TIC-310，停蒸汽
关闭 C-302 直接加热蒸汽（SDD）温度控制器 TIC-310 前阀 XV322
关闭 C-302 直接加热蒸汽（SDD）温度控制器 TIC-310 后阀 XV321
关闭 C-302 塔顶流量控制器 FIC-304
关闭流量控制器 FIC-304 前阀 XV323
关闭流量控制器 FIC-304 后阀 XV324
关闭 EO 精制塔塔顶泵 P-304 出口阀 XV330
停 EO 精制塔塔顶泵 P-304
关闭 EO 精制塔塔顶泵 P-304 入口阀 XV329
关闭至 EO/水缓冲罐 V-305 阀门 XV344
当 EO 精制塔 C-302 液位 LIC-303 降为 0 时，关闭流量控制器 FIC-305
关闭流量控制器 FIC-305 前阀 XV325
关闭流量控制器 FIC-305 后阀 XV326
关闭 EO 精制塔底泵 P-303 出口阀 XV328
停 EO 精制塔底泵 P-303
关闭 EO 精制塔底泵 P-303 入口阀 XV327
将 V-305 内 EO 送至水合反应，关闭 EO/水缓冲罐循环泵 P-306 出口阀 XV332
停 EO/水缓冲罐循环泵 P-306
关闭 EO/水缓冲罐循环泵 P-306 入口阀 XV331
当 V-305 液位降至 0，关闭 EO/水缓冲罐 V-305 去 EG 反应段阀门 XV336
关闭高纯度 EO 成品罐 T-701 去罐区阀门 XV337
关闭冷凝液循环泵 P-101 出口阀 XV110
停冷凝液循环泵 P-101
关闭冷凝液循环泵 P-101 入口阀 XV109
关闭阀门 XV122
关闭阀门 XV119
关闭阀门 XV131
当 V-110 液位 LIC-101 降为 0 时，关闭 XV120
关闭 N_2 阀门 XV116
关闭阀门 XV121，停止向 E-103 供冷却水
关闭阀门 XV114，停止向 E-101 供蒸汽
关闭阀门 XV115，停止向 E-102 供冷却水
关闭反应器旁路阀 XV123

关闭 C-201 经 E-201 进气阀门 XV241
关闭阀门 XV243
关闭阀门 XV252
关闭阀门 XV251
关闭温度调节阀 TIC-203，停止向 E-205 供冷却水
关闭温度调节阀 TIC-203 前阀 XV205
关闭温度调节阀 TIC-203 后阀 XV206
关闭冷却器 E-212 冷却水阀门 XV216，停止供冷却水
V-204 液位降至 10%以下，关闭 V-204 压力调节阀 PIC-202
关闭 V-204 压力调节阀 PIC-202 前阀 XV207
关闭 V-204 压力调节阀 PIC-202 后阀 XV208
关闭 V-204 排凝阀 XV215
关闭冷却器 E-206 冷却水阀门 XV233，停止供冷却水
关闭 E-201 热水阀门 XV244
当 C-204 液位 LIC-206 降为 0 时，关闭流量阀 FIC-204
关闭 C-204 塔底去乙二醇汽提塔流量阀 FIC-204 前阀 XV229
关闭 C-204 塔底去乙二醇汽提塔流量阀 FIC-204 后阀 XV230
关闭 E-301 温度调节阀 TIC-302，停止向 E-301 供冷却水
关闭 E-301 温度调节阀 TIC-302 前阀 XV304
关闭 E-301 温度调节阀 TIC-302 后阀 XV303
关闭 E-302 温度调节阀 TIC-303，停止向 E-302 供低温水
关闭 E-302 温度调节阀 TIC-303 前阀 XV302
关闭 E-302 温度调节阀 TIC-303 后阀 XV301
关闭 E-302 不凝气阀门 XV317
关闭 E-303 贫液进口阀 XV319
关闭 E-308 壳程的贫液进口阀 XV340
关闭 E-309 阀门 XV333，向 E-309 供低温水
关闭 E-311 阀门 XV334，E-311 循环水投用
关闭 E-701 阀门 XV342，E-701 循环水投用
关闭 V-305 放空阀 XV350

(3) 分工段——反应工段开车

打开阀门 XV121，向 E-103 供冷却水
打开阀门 XV115，向 E-102 供冷却水
打开 V-110 液位调节阀 LIC-101 前阀 XV108
打开 V-110 液位调节阀 LIC-101 后阀 XV107
稍开 V-110 液位调节阀 LIC-101，开度为 50
打开阀待 V-110 液位达 50%，打开阀门 XV119
打开冷凝液循环泵 P-101 入口阀 XV109
启动冷凝液循环泵 P-101
打开冷凝液循环泵 P-101 出口阀 XV110

打开阀门 XV122，撤热剂开始循环
打开阀门 XV131
打开 V-110 放空阀门 XV118，进行 1min 放空
打开 V-110 压力调节阀 PIC-104 前阀 XV105
打开 V-110 压力调节阀 PIC-104 后阀 XV106
打开 V-110 压力调节阀 PIC-104
待 V-110 压力升至 5.2MPa 左右，PIC-104 投自动，目标值设为 5.12MPa
关闭 V-110 放空阀门 XV118
打开 XV117，开始 HS 蒸汽进料
打开乙烯流量控制器 FIC-102 前阀 XV103
打开乙烯流量控制器 FIC-102 后阀 XV104
开乙烯流量控制器 FIC-102，开始通入乙烯
打开反应器 R-101 进气阀 XV113
打开氧气流量控制器 FIC-101 前阀 XV101
打开氧气流量控制器 FIC-101 后阀 XV102
稍开氧气流量控制器 FIC-101，开始氧气进料
打开产品第一冷却器 E-102 出口阀 XV124
打开 XV114
打开阀门 XV111，开始加入抑制剂 EDC
打开阀门 XV112，开始引入致稳剂甲烷
待汽包液位升至 49%，LIC-101 投自动，目标值设为 50%
待氧气流量基本稳定，FIC-101 投自动，目标值设为（标准状况）5300m^3/h
待乙烯流量基本稳定，FIC-102 投自动，目标值设为（标准状况）5600m^3/h
控制氧气进料量 FIC-101 在（标准状况）5280～5320m^3/h 之间
控制乙烯进料量 FIC-102 在（标准状况）5580～5620m^3/h 之间
控制汽包压力 PIC-104 在 5.1～5.3MPa 之间
控制汽包液位 LIC-101 在 49%～51%之间

（4）分工段——反应工段停车

FIC-101 投手动，开度设 50，减少氧气进料
FIC-102 投手动，开度设 50，减少乙烯进料
切断抑制剂 EDC 进料，关闭 XV111
切断乙烯进料，关闭乙烯进料流量阀 FIC-102
关闭乙烯流量控制器 FIC-102 前阀 XV103
关闭乙烯流量控制器 FIC-102 后阀 XV104
关闭阀门 XV112，切断甲烷进料
打开反应器旁路阀 XV123
LIC-101 投手动，开度 50
关闭 V-110 液位调节阀 LIC-101
关闭 V-110 液位调节阀 LIC-101 前阀 XV108
关闭 V-110 液位调节阀 LIC-101 后阀 XV107

打开汽包排污阀 XV120

切断氧气进料，关闭氧气流量阀 FIC-101

关闭氧气流量控制器 FIC-101 前阀 XV101

关闭氧气流量控制器 FIC-101 后阀 XV102

反应温度降低至 100℃以下后，关闭反应器入口处阀门 XV113

关闭冷却器 E-102 出口阀 XV124

关闭 V-110 蒸汽 HS 阀门 XV117

关闭 V-110 汽包压力调节阀 PIC-104

关闭 V-110 压力调节阀 PIC-104 前阀 XV105

关闭 V-110 压力调节阀 PIC-104 后阀 XV106

打开 XV118 放空，控制 V-110 降温速度

当 V-110 温度 TI-108 达到 110℃时，打开氮气阀门 XV116，向 V-110 充氮气以保护 V-110、R-101 壳程

关闭 V-110 放空阀 XV118

关闭冷凝液循环泵 P-101 出口阀 XV110

停冷凝液循环泵 P-101

关闭冷凝液循环泵 P-101 入口阀 XV109

关闭阀门 XV122

关闭阀门 XV119

关闭阀门 XV131

当 V-110 液位 LIC-101 降为 0 时，关闭 XV120

关闭 N_2 阀门 XV116

关闭阀门 XV121，停止向 E-103 供冷却水

关闭阀门 XV114，停止向 E-101 供蒸汽

关闭阀门 XV115，停止向 E-102 供冷却水

关闭反应器旁路阀 XV123

(5) 分工段——EO 吸收工段开车

打开温度调节阀 TIC-203 前阀 XV205

打开温度调节阀 TIC-203 后阀 XV206

打开温度调节阀 TIC-203，向 E-205 供冷却水

打开冷却器 E-212 冷却水阀门 XV216，供冷却水

打开 EO 吸收塔 C-203 液位调节阀 LIC-201 前阀 XV201

打开 EO 吸收塔 C-203 液位调节阀 LIC-201 后阀 XV202

将 EO 吸收塔 C-203 液位 LIC-201 投自动，设为 50%

打开 C-203 塔顶 E-303、E-308 贫吸收液进口阀 XV213，开始向 C-203 进贫吸收液

打开急冷液泵 P-205 入口阀 XV209

启动急冷液泵 P-205

打开急冷液泵 P-205 出口阀 XV210

打开碱罐阀门 XV217，碱液进料

打开碱罐阀门 XV218，碱液进料

打开 C-203 急冷液流量阀 FIC-202 前阀 XV203
打开 C-203 急冷液流量阀 FIC-202 后阀 XV204
打开 C-203 急冷液流量阀 FIC-202
打开循环气回路氮气加压阀 XV219，循环气回路用 N_2 加压至 1.0MPa
打开循环气压缩机进口 XV211
全开循环气压缩机出口 XV212
启动循环气压缩机 K-201，循环气开始循环
打开 V-204 压力调节阀 PIC-202 前阀 XV207
打开 V-204 压力调节阀 PIC-202 后阀 XV208
将 V-204 压力调节阀 PIC-202 投自动，设为 1.32MPa，将工艺排放气放空至大气
关闭循环气回路氮气阀 XV219
打开 V-204 排凝阀 XV215
当 EO 吸收塔 C-203 液位 LIC-202 达到 50%左右时，将 LIC-202 投自动，设为 50%
FIC-202 投串级
待 TIC-203 温度达到 42℃左右时，投自动，目标值设为 42℃
控制 EO 吸收塔急冷段液位在 48%～52%之间
控制 EO 吸收塔釜液位在 48%～52%之间
控制 TIC-203 温度在 40～44℃之间
控制气液分离罐顶压力达到 1.4～1.44MPa

(6) 分工段——EO 吸收工段停车

LIC-201 投手动，开度设 50
LIC-202 投手动，开度设 50
FIC-202 投手动，开度设 50
PIC-202 投手动，开度设 50
TIC-203 投手动，开度设 50
停循环气压缩机 K-201
关闭循环气压缩机入口阀 XV211
关闭循环气压缩机出口阀 XV212
关闭 XV217，停止加入碱液
关闭 XV218，停止加入碱液
降低 C-203 的贫吸收剂量，关闭 XV213
关闭 EO 吸收塔 C-203 液位调节阀 LIC-201
关闭 EO 吸收塔 C-203 液位调节阀 LIC-201 前阀 XV201
关闭 EO 吸收塔 C-203 液位调节阀 LIC-201 后阀 XV202
关闭急冷液泵 P-205 出口阀 XV210
停急冷液泵 P-205
关闭急冷液泵 P-205 入口阀 XV209
当 EO 吸收塔 C-203 液位 LIC-202 降为 0 时，关闭急冷液流量阀 FIC-202
关闭 C-203 急冷液流量阀 FIC-202 前阀 XV203
关闭 C-203 急冷液流量阀 FIC-202 后阀 XV204

关闭温度调节阀 TIC-203，停止向 E-205 供冷却水
关闭温度调节阀 TIC-203 前阀 XV205
关闭温度调节阀 TIC-203 后阀 XV206
关闭冷却器 E-212 冷却水阀门 XV216，停止供冷却水
当 PIC-202 压力降至 0.1MPa 以下，关闭 V-204 压力调节阀 PIC-202
关闭 V-204 压力调节阀 PIC-202 前阀 XV207
关闭 V-204 压力调节阀 PIC-202 后阀 XV208
当 V-204 液位降至 10%以下，关闭 V-204 排凝阀 XV215

(7) 分工段——CO_2 吸收工段开车

打开冷却器 E-206 冷却水阀门 XV233，供冷却水
打开 E-201 热水阀门 XV244
打开 DNW 阀门 XV234，C-201 加脱盐水
打开阀门 XV235，C-201 加碳酸盐至液位 LIC-205 达 50.5%左右
打开 C-201 液位调节阀 LIC-205 前阀 XV225
打开 C-201 液位调节阀 LIC-205 后阀 XV226
当 CO_2 吸收塔 C-201 液位上升至 45%以上，LIC-205 投自动，设为 50%
打开 DNW 阀门 XV238，C-204 加脱盐水
打开 C-204 去 C-203 阀门 XV242
打开 E-207 贫吸收液自 Z-250 进口阀 XV236
打开冷却器 E-207 出口阀 XV237
打开 C-201 经 E-201 进气阀门 XV241
打开水分离罐 V-201 液位调节阀 LIC-204 前阀 XV239
打开水分离罐 V-201 液位调节阀 LIC-204 后阀 XV240
将水分离罐 V-201 液位器 LIC-204 投自动，设为 50%
打开水分离罐 V-201 顶阀门 XV232
打开 C-204 直接加热蒸汽（SDD）流量控制器 FIC-203 前阀 XV228
打开 C-204 直接加热蒸汽（SDD）流量控制器 FIC-203 后阀 XV227
打开 C-204 直接加热蒸汽（SDD）流量控制器 FIC-203，开始供蒸汽，开度约为 50
打开 C-204 塔底去乙二醇汽提塔流量阀 FIC-204 前阀 XV229
打开 C-204 塔底去乙二醇汽提塔流量阀 FIC-204 后阀 XV230
打开 C-204 塔底去乙二醇汽提塔流量阀 FIC-204
打开自 P-302 去 C-204 的返回管线手阀 XV243
打开阀门 XV251
打开阀门 XV252
当 C-204 液位上涨至 50%，关闭 XV238
待 EO 解吸塔 C-204 液位升至 49%，LIC-106 投自动，目标值设为 50%
FIC-204 投串级
待 EO 解吸塔顶气相出料温度达 105℃，TIC-215 投自动，目标值设 105℃
FIC-203 投串级
控制水分离罐 V-201 液位在 48%～52%之间

控制 CO_2 吸收塔液位在 48%～52%之间
控制 EO 解吸塔液位在 48%～52%之间
控制 EO 解吸塔顶气相出料温度在 103～107℃之间

(8) 分工段——CO_2 吸收工段停车

LIC-204 投手动，开度设 50
LIC-206 投手动，开度设 50
FIC-204 投手动，开度设 50
LIC-205 投手动，开度设 50
关闭水分离罐 V-201 顶部阀门 XV232
关闭碳酸盐阀门 XV235
关闭脱盐水 DNW 阀门 XV234
当 C-201 液位 LIC-205 降为 0 时，关闭液位调节阀 LIC-205
关闭 C-201 液位调节阀 LIC-205 前阀 XV225
关闭 C-201 液位调节阀 LIC-205 后阀 XV226
当水分离罐 V-201 液位器 LIC-204 降为 0 时，关闭液位调节阀 LIC-204
关闭水分离罐 V-201 液位调节阀 LIC-204 前阀 XV239
关闭水分离罐 V-201 液位调节阀 LIC-204 后阀 XV240
关闭阀门 XV243
关闭冷却器 E-207 出口阀 XV237
全开 C-204 塔底去乙二醇汽提塔流量阀 FIC-204，排出 C-204 汽提段的乙二醇排放液，直到塔排空
当 C-204 液位降至 0，关闭阀门 XV236
(环氧乙烷解吸完成后) 关闭 C-204 直接加热蒸汽 (SDD) 流量 FIC-203，切断热源
关闭 C-204 直接加热蒸汽 (SDD) 流量控制器 FIC-203 前阀 XV228
关闭 C-204 直接加热蒸汽 (SDD) 流量控制器 FIC-203 后阀 XV227
关闭 C-204 去 C-203 阀门 XV242
关闭 C-201 经 E-201 进气阀门 XV241
关闭阀门 XV252
关闭阀门 XV251
关闭冷却器 E-206 冷却水阀门 XV233，停止供冷却水
关闭 E-201 热水阀门 XV244
当 C-204 液位 LIC-206 降为 0 时，关闭流量阀 FIC-204
关闭 C-204 塔底去乙二醇汽提塔流量阀 FIC-204 前阀 XV229
关闭 C-204 塔底去乙二醇汽提塔流量阀 FIC-204 后阀 XV230

(9) 分工段——烃组分脱除工段开车

打开 C-301 再沸器 E-303 旁路阀 XV318
打开 C-204 塔顶去 E-301 阀门 XV315
打开 E-301 温度调节阀 TIC-302 前阀 XV304
打开 E-301 温度调节阀 TIC-302 后阀 XV303

打开 E-301 温度调节阀 TIC-302，向 E-301 供冷却水

打开 E-302 温度调节阀 TIC-303 前阀 XV302

打开 E-302 温度调节阀 TIC-303 后阀 XV301

打开 E-302 温度调节阀 TIC-303，向 E-302 供低温水

打开 E-302 不凝气阀门 XV317

当解吸塔顶缓冲罐 V-301 液位 LIC-301 达到 30%时，打开轻组分塔进料泵 P-301 入口阀 XV311

启动轻组分塔进料泵 P-301

打开轻组分塔进料泵 P-301 出口阀 XV312

打开解吸塔顶缓冲罐 V-301 流量控制器 FIC-301 前阀 XV305

打开解吸塔顶缓冲罐 V-301 流量控制器 FIC-301 后阀 XV306

打开解吸塔顶缓冲罐 V-301 流量控制器 FIC-301，开度约为 50

当 C-301 液位 LIC-302 达到 30%后，打开轻组分塔底泵 P-302 入口阀 XV313

启动轻组分塔底泵 P-302

打开轻组分塔底泵 P-302 出口阀 XV314

打开 C-301 流量控制器 FIC-302 前阀 XV309

打开 C-301 流量控制器 FIC-302 后阀 XV310

稍微打开 C-301 流量控制器 FIC-302，开度约为 50

打开 E-303 贫液进口阀 XV319

关闭 E-303 旁路阀 XV318

打开 C-301 直接加热蒸汽（SDD）流量控制器 FIC-303 前阀 XV308

打开 C-301 直接加热蒸汽（SDD）流量控制器 FIC-303 后阀 XV307

打开 C-301 加热蒸汽流量 FIC-303，开度 50

待轻组分塔 C-301 塔顶回流罐 V-301 的液位升至 49%，LIC-301 投自动，目标值设为 50%

FIC-301 投串级

待轻组分塔 C-301 液位升至 40%以上，LIC-302 投自动，目标值设 50%

FIC-302 投串级

待 TIC-302 温度达到 40℃左右，TIC-302 投自动，目标值设 40℃

待 TIC-303 温度达到 15℃左右，TIC-303 投自动，目标值设 15℃

待轻组分塔顶出口气体流量升至 284m^3/h（标准状况）左右，FIC-303 投自动，目标值设 284m^3/h（标准状况）

控制罐 V-201 液回流罐液位在 48%～52%之间

控制轻组分塔液位在 48%～52%之间

控制 FIC-303 流量值在 270～290m^3/h（标准状况）之间

控制 TIC-302 值在 38～42℃值之间

控制 TIC-303 值在 13～17℃值之间

(10) 分工段——烃组分脱除工段停车

TIC-303 投手动，开度设 50

TIC-302 投手动，开度设 50

LIC-301 投手动，开度设 50

FIC-301 投手动，开度设 50
FIC-303 投手动，开度设 50
LIC-302 投手动，开度设 50
FIC-302 投手动，开度设 50
关闭 C-204 塔顶至 E-301 阀门 XV315
当解吸塔顶缓冲罐 V-301 液位 LIC-301 降为 0 时，关闭流量阀 FIC-301
关闭流量控制器 FIC-301 前阀 XV305
关闭流量控制器 FIC-301 后阀 XV306
关闭轻组分塔进料泵 P-301 出口阀 XV312
停轻组分塔进料泵 P-301
关闭轻组分塔进料泵 P-301 入口阀 XV311
关闭 C-301 直接加热蒸汽（SDD）流量控制器 FIC-303，切断热源
关闭 C-301 直接加热蒸汽（SDD）流量控制器 FIC-303 前阀 XV308
关闭 C-301 直接加热蒸汽（SDD）流量控制器 FIC-303 后阀 XV307
当 C-301 液位 LIC-302 降为 0 时，关闭 C-301 流量控制器 FIC-302
关闭 C-301 流量控制器 FIC-302 前阀 XV309
关闭 C-301 流量控制器 FIC-302 后阀 XV310
关闭轻组分塔底泵 P-302 出口阀 XV314
停轻组分塔底泵 P-302
关闭轻组分塔底泵 P-302 入口阀 XV313
关闭 E-301 温度调节阀 TIC-302，停止向 E-301 供冷却水
关闭 E-301 温度调节阀 TIC-302 前阀 XV304
关闭 E-301 温度调节阀 TIC-302 后阀 XV303
关闭 E-302 温度调节阀 TIC-303，停止向 E-302 供低温水
关闭 E-302 温度调节阀 TIC-303 前阀 XV302
关闭 E-302 温度调节阀 TIC-303 后阀 XV301
关闭 E-302 不凝气阀门 XV317
关闭 E-303 贫液进口阀 XV319

(11) 分工段——EO 精制工段开车

打开 C-302 再沸器 E-308 旁路阀 XV339
打开 E-309 阀门 XV333，向 E-309 供低温水
打开 E-311 阀门 XV334，E-311 循环水投用
打开 E-701 阀门 XV342，E-701 循环水投用
打开阀门 XV338，开始向 C-302 进料
当 C-302 液位 LIC-303 达到 30%时，打开 EO 精制塔底泵 P-303 入口阀 XV327
启动 EO 精制塔底泵 P-303
打开 EO 精制塔底泵 P-303 出口阀 XV328
打开 C-302 流量控制器 FIC-305 前阀 XV325
打开 C-302 流量控制器 FIC-305 后阀 XV326
打开 C-302 流量控制器 FIC-305

打开 EO 水循环泵 P-306 入口阀 XV331

启动 EO 水循环泵 P-306

打开 EO 水循环泵 P-306 出口阀 XV332

打开 E-308 壳程的贫液进口阀 XV340

关闭 E-308 旁路阀 XV339

打开 C-302 直接加热蒸汽（SDD）温度控制器 TIC-310 前阀 XV322

打开 C-302 直接加热蒸汽（SDD）温度控制器 TIC-310 后阀 XV321

打开 C-302 直接加热蒸汽（SDD）温度控制器 TIC-310，开始供蒸汽

打开 C-302 放空阀 XV341

打开 EO 精制塔塔顶泵 P-304 入口阀 XV329

启动 EO 精制塔塔顶泵 P-304

打开 EO 精制塔塔顶泵 P-304 出口阀 XV330

打开流量控制器 FIC-304 前阀 XV323

打开流量控制器 FIC-304 后阀 XV324

打开流量控制器 FIC-304

打开高纯度 EO 成品罐 T-701 去罐区阀门 XV337，采出高纯度 EO

打开 EO/水缓冲罐 V-305 去 EG 反应段阀门 XV336

打开阀门 XV344，将低纯度 EO 打入 EO/水缓冲罐 V-305

待 EO 精制塔 C-302 塔液位升至 49%，LIC-303 投自动，目标值设为 50%

FIC-305 投串级

待 TIC-310 温度达到 53℃左右，TIC-310 投自动，目标值设 53.5℃

待 FIC-304 流量升至 3.8m^3/h（标准状况）左右，FIC-304 投自动，目标值设（标准状况）3.8m^3/h

控制 EO 精制塔液位在 45%～55%之间

控制 FIC-304 流量值在 3.7～3.9m^3/h（标准状况）之间

控制 TIC-310 值在 50～55℃值之间

(12) 分工段——EO 精制工段停车

LIC-303 投手动，开度设 50

FIC-305 投手动，开度设 50

TIC-310 投手动，开度设 50

FIC-304 投手动，开度设 50

关闭向 C-302 进料阀门 XV338

蒸汽解吸结束后，关闭 C-302 直接加热蒸汽（SDD）温度控制器 TIC-310，停蒸汽

关闭 C-302 直接加热蒸汽（SDD）温度控制器 TIC-310 前阀 XV322

关闭 C-302 直接加热蒸汽（SDD）温度控制器 TIC-310 后阀 XV321

关闭 C-302 塔顶流量控制器 FIC-304

关闭流量控制器 FIC-304 前阀 XV323

关闭流量控制器 FIC-304 后阀 XV324

关闭 EO 精制塔塔顶泵 P-304 出口阀 XV330

停 EO 精制塔塔顶泵 P-304

关闭 EO 精制塔塔顶泵 P-304 入口阀 XV329

关闭至 EO 水缓冲罐 V-305 阀门 XV344

当 EO 精制塔 C-302 液位 LIC-303 降为 0 时，关闭流量控制器 FIC-305

关闭流量控制器 FIC-305 前阀 XV325

关闭流量控制器 FIC-305 后阀 XV326

关闭 EO 精制塔底泵 P-303 出口阀 XV328

停 EO 精制塔底泵 P-303

关闭 EO 精制塔底泵 P-303 入口阀 XV327

将 V-305 内 EO 送至水合反应，关闭 EO 水循环泵 P-306 出口阀 XV332

停 EO 水循环泵 P-306

关闭 EO 水循环泵 P-306 入口阀 XV331

当 V-305 液位降至 0，关闭 EO/水缓冲罐 V-305 去 EG 反应段阀门 XV336

关闭高纯度 EO 成品罐 T-701 去罐区阀门 XV337

关闭 E-308 壳程的贫液进口阀 XV340

关闭 E-309 阀门 XV333，向 E-309 供低温水

关闭 E-311 阀门 XV334，E-311 循环水投用

关闭 E-701 阀门 XV342，E-701 循环水投用

关闭 V-305 放空阀 XV350

3.1.4 环氧乙烷装置事故处理预案

3.1.4.1 事故处理原则

在正常的生产中会出现一些突发的故障，当事故发生后，应按如下步骤着手考虑和处理：

① 首先判断事故发生的原因，做出装置全面停车还是部分停车的判断，同时应尽量考虑到再次开车的各项条件。

② 在保证人身安全的同时，严禁反应器 R-110 设备超温、超压运行，也应避免火灾、环氧乙烷泄漏以及设备损坏等事故。

③ 事故处理过程中，严禁危险化学品乱摆乱放，防止物料及其他化学物品进入排水井，造成环境污染。

④ 为了防止生产的不合格产品进入合格产品储罐，应将不合格产品排至指定储罐。

⑤ 出现火灾时，立即报告消防队，报告工艺班长，通知调度室及车间相关人员，并立即切断火源，启动灭火预案，组织抢救，避免火势扩大。

⑥ 事故发生后，各岗位人员要坚守岗位，服从工艺班长统一指挥，不准擅自离开岗位。

3.1.4.2 事故处理职责

发生事故后的报告程序：操作员报告工艺班长，工艺班长报告厂调及车间值班人员和车间领导。

① 在车间领导未到前，工艺班长依据生产操作规程和安全技术规程，全权负责指挥事故处理和恢复生产工作。

② 班长负责事故现场设备、安全、环保、生产调整等的应急措施的组织、协调和落实工作。

3.1.4.3 装置事故处理预案

(1) 事故一处理步骤

在 HSE 事故确认界面确认事故，事故确认正确得分
关闭氧气进料调节阀 FV-101
关闭氧气进料阀调节阀 FV-101 前后手阀 XV101、XV102
关闭乙烯进料调节阀 FV-102
关闭乙烯进料调节阀 FV-102 前后手阀 XV103、XV104
关闭甲烷进料阀 XV112
关闭 EDC 罐进料阀 XV111
关闭反应器进料阀 XV113
关闭反应器出口阀 XV124
待汽包温度 TI-108 降至 150℃以下时，关闭冷凝液循环泵 P-101 出口阀 XV110
停冷凝液循环泵 P-101
关闭冷凝液循环泵 P-101 入口阀 XV109
汇报班长“冷凝液循环泵 P-101 已停止”
汇报调度室“环氧乙烷反应器已隔离，请通知维修部门对反应器进行紧急维修”

(2) 事故二处理步骤

在 HSE 事故确认界面确认事故，事故确认正确得分
关闭 EO 精制塔塔釜泵 P-303 出口手阀 XV328
停 EO 精制塔塔釜泵 P-303
关闭 EO 精制塔塔釜泵 P-303 入口手阀 XV327
汇报主操“EO 精制塔塔釜泵 P-303 已停止”
关闭 EO 精制塔进料手阀 XV338
通知轻组分塔进行降量处理
使用灭火器进行灭火
汇报主操“EO 精制塔 P-303 明火已被扑灭，请组织岗位人员对后续工作进行处理”

(3) 事故三处理步骤

在 HSE 事故确认界面确认事故，事故确认正确得分
打开阀 XV219，将氮气引入压缩机中
将 PV-202 调手动，开度到 100
切断原料进料，关闭氧气流量控制器 FV-101
关闭氧气流量控制器 FV-101 前阀 XV101
关闭氧气流量控制器 FV-101 后阀 XV102
切断原料进料，关闭乙烯流量控制器 FV-102
关闭乙烯流量控制器 FV-102 前阀 XV103
关闭乙烯流量控制器 FV-102 后阀 XV104

切断甲烷进料，关闭阀 XV112
切断 EDC 进料，关闭阀 XV111
汇报班长“原料线已隔离，请检查循环气压缩机异常响动原因”

(4) 事故四处理步骤

在 HSE 事故确认界面确认事故，事故确认正确得分
关闭解吸塔进料泵 P-301 出口阀 XV312
启动解吸塔进料泵 P-301
打开解吸塔进料泵 P-301 出口阀 XV312
汇报主操“解吸塔进料泵 P-301 已开启，运行正常”
关闭解析塔塔釜泵 P-302 出口阀 XV314
启动解析塔塔釜泵 P-302
打开解析塔塔釜泵 P-302 出口阀 XV314
汇报主操“解析塔塔釜泵 P-302 已开启，运行正常”
关闭 EO 精制塔塔釜泵 P-303 出口阀 XV328
启动 EO 精制塔塔釜泵 P-303
打开 EO 精制塔塔釜泵 P-303 出口阀 XV328
汇报主操“EO 精制塔塔釜泵 P-303 已开启，运行正常”
关闭 EO 精制塔塔顶泵 P-304 出口阀 XV330
启动 EO 精制塔塔顶泵 P-304
打开 EO 精制塔塔顶泵 P-304 出口阀 XV330
汇报主操“EO 精制塔塔顶泵 P-304 已开启，运行正常”
关闭 EO/水缓冲罐循环泵 P-306 出口阀 XV332
启动 EO/水缓冲罐循环泵 P-306
打开 EO/水缓冲罐循环泵 P-306 出口阀 XV332
汇报主操“EO/水缓冲罐循环泵 P-306 已开启，运行正常”

(5) 事故五处理步骤

在 HSE 事故确认界面确认事故，事故确认正确得分
关闭自 E-207 至再沸器手阀 XV340
关闭 EO 精制塔进料阀 XV338
关闭 EO 精制塔顶泵 P-304 出口阀 XV330
关闭 EO 精制塔顶泵 P-304
关闭 EO 精制塔顶泵 P-304 入口阀 XV329
打开 EO 精制塔顶放空阀 XV341
汇报班长“EO 精制塔再沸器已隔离，请检查热源中断原因及恢复时间”

(6) 事故六处理步骤

在 HSE 事故确认界面确认事故，事故确认正确得分
汇报调度室“DCS 系统故障，请立即联系仪表微机班对事故进行处理”
调度室反馈“DCS 系统故障短时间不能排除，组织各岗位进行紧急停车操作”
关闭氧气进料阀调节阀 FV-101 前、后手阀 XV101、XV102

关闭乙烯进料调节阀 FV-102 前、后手阀 XV103、XV104

关闭甲烷进料阀 XV112

关闭 EDC 罐进料阀 XV111

关闭反应器进料阀 XV113

汇报班长“反应器进料线已切断”

关闭反应器出口阀 XV124

汇报班长“反应器出口线已切断”

汇报主操“原料线已停止，我将按照紧急停车操作继续停车，请立即联系仪表微机班对事故进行处理”

(7) 事故七处理步骤

在 HSE 事故确认界面确认事故，事故确认正确得分

通知 EO 吸收工段降量控制

将事故的情况报告值班干部及调度中心，了解停水原因和恢复时间

打开汽包放空阀 XV118

关闭汽包至蒸汽管网的调节阀 PV-104

关闭汽包至蒸汽管网的调节阀 PV-104 前、后手阀 XV105、XV106

关闭冷凝液循环泵 P-101 出口手阀 XV110

停冷凝液循环泵 P-101

关闭冷凝液循环泵 P-101 入口手阀 XV109

汇报主操“冷凝液循环泵 P-101 已关闭”

切断原料进料，关闭氧气流量控制器 FV-101

关闭氧气流量控制器 FV-101 前阀 XV101

关闭氧气流量控制器 FV-101 后阀 XV102

切断原料进料，关闭乙烯流量控制器 FV-102

关闭乙烯流量控制器 FV-102 前阀 XV103

关闭乙烯流量控制器 FV-102 后阀 XV104

切断甲烷进料，关闭阀门 XV112

切断 EDC 进料，关闭阀门 XV111

汇报主操“进料线已停止，我将按照紧急停车操作继续停车，请立即联系调度室了解停水原因和恢复时间”

(8) 事故八处理步骤

在 HSE 事故确认界面确认事故，事故确认正确得分

通知调度室及循环水厂，确认停水时间及原因；立即实施紧急停车方案

停循环气压缩机 K-201

调节气液分离罐罐顶放空调节阀 PV-202 开度为 100

关闭急冷液泵 P-205 出口阀 XV210

停急冷液泵 P-205

关闭急冷液泵 P-205 入口阀 XV209

汇报班长“急冷液泵已停止”

调节二氧化碳吸收塔塔釜调节阀 LV-202 开度为 100

调节分离罐 V-201 罐底调节阀 LV-204 开度为 100

汇报主操“已对二氧化碳吸收塔和 EO 吸收塔进行排尽处理，请关闭进料线。我将按照紧急停车操作继续停车，请立即联系调度室了解停水原因和恢复时间”

(9) 事故九处理步骤

在 HSE 事故确认界面确认事故，事故确认正确得分

关闭氧气进料调节阀 FV-101

关闭氧气进料阀调节阀 FV-101 前、后手阀 XV101、XV102

关闭乙烯进料调节阀 FV-102

关闭乙烯进料调节阀 FV-102 前、后手阀 XV103、XV104

关闭甲烷进料阀 XV112

关闭 EDC 罐进料阀 XV111

关闭反应器进料阀 XV113

汇报班长“反应器进料线已切断”

关闭反应器出口阀 XV124

汇报班长“反应器出口线已切断”

待汽包温度 TI-108 降至 150℃以下时，关闭冷凝液循环泵 P-101 出口阀 XV110

停冷凝液循环泵 P-101

关闭冷凝液循环泵 P-101 进口阀 XV109

汇报班长“冷凝液循环泵 P-101 已停止”

汇报调度室“反应工段已紧急停车完成，请通知其他部门进行紧急停车预案”。

(10) 事故十处理步骤

在 HSE 事故确认界面确认事故，事故确认正确得分

停循环气压缩机 K-201

关闭二氧化碳吸收塔进料阀 XV241

关闭二氧化碳吸收塔 DNW 进料阀 XV234

关闭二氧化碳解吸塔回吸收塔阀 XV235

打开碳酸盐闪蒸罐出装置阀 XV252

关闭 EO 解吸塔自 P-302 进口阀 XV243

关闭 EO 解吸塔热油循环阀 XV237

关闭 EO 解吸塔直接加热蒸汽（SDD）进塔调节阀 FV-203 前、后手阀 XV227、XV228

待二氧化碳吸收塔和 EO 解吸塔液位降到 5%后，汇报主操“二氧化碳吸收塔和 EO 解吸塔液位已排尽”

3.2 壬基酚聚氧乙烯醚实物装置

3.2.1 壬基酚聚氧乙烯醚工艺流程

壬基酚聚氧乙烯醚工艺流程为：定量的壬基酚和催化剂脱水处理后，在氮气气氛和指定温度下与环氧乙烷发生反应，产品经减压除氮操作和物料中和操作后，得到壬基酚聚氧乙烯醚产品。具体流程图见图 3-13。

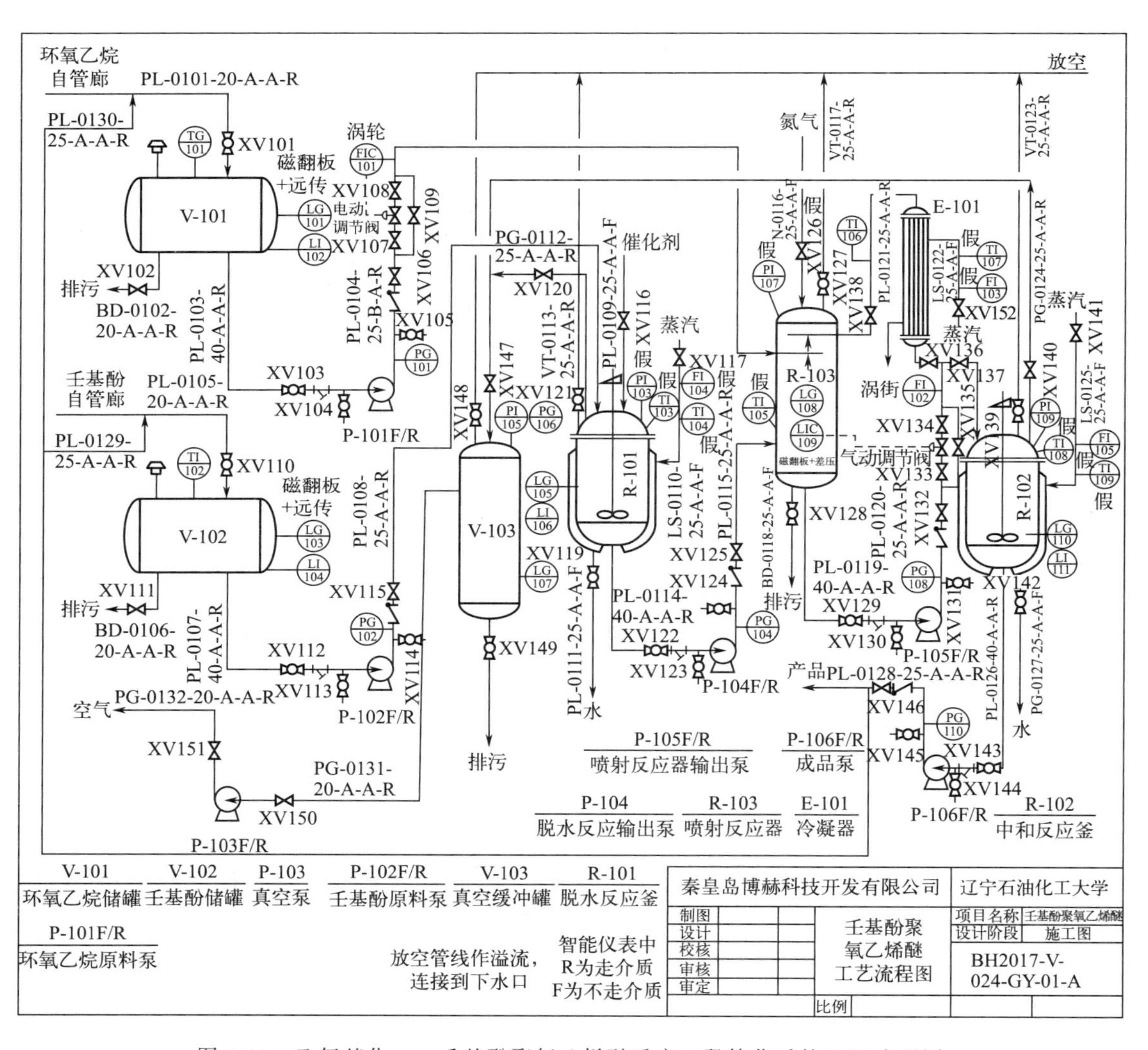

图 3-13 乙氧基化——壬基酚聚氧乙烯醚反应工段简化后的 PID 流程图

① 预处理段。将定量的壬基酚由壬基酚储罐 V-102 经壬基酚原料泵 P-102 和催化剂（NaOH）一起加入脱水反应釜 R-101 中，同时启动真空泵 P-103，在 110℃下减压脱水。

② 反应段。160℃的物料经脱水反应输出泵 P-104 进入预先处于氮气保护的喷射反应器 R-103 后，启动喷射反应器输出泵 P-105，循环物料并升温，在反应器内物料温度和氮气压力达到设定值后，即可通入液态或气态环氧乙烷，环氧乙烷由环氧乙烷储罐 V-101 经环氧乙烷原料泵 P-101，在高效气液混合喷射反应器中与液相物料充分混合反应，保持环氧乙烷分压，直至所需环氧乙烷加完。

③ 后处理段。减压除氮，输送至 R-102 中中和物料，然后送至产品储罐。

3.2.2 壬基酚聚氧乙烯醚装置参数及操作规程

3.2.2.1 主要控制及显示仪表参数

壬基酚聚氧乙烯醚装置控制仪表参数见表 3-25，显示仪表参数见表 3-26。

表 3-25 壬基酚聚氧乙烯醚装置控制仪表参数

序号	位号	正常值	单位	说明
1	FIC-101	4.4	m^3/h	环氧乙烷原料泵出口流量
2	LIC-109	70	%	喷射反应器液位

表 3-26 壬基酚聚氧乙烯醚装置显示仪表参数

序号	位号	正常值	单位	说明
1	LG-110	50.00	%	中和反应釜液位
2	LI-111	50.00	%	中和反应釜液位
3	LG-101	50.00	%	环氧乙烷储罐液位
4	LI-102	50.00	%	环氧乙烷储罐液位
5	LG-103	50.00	%	壬基酚储罐液位
6	LI-104	50.00	%	壬基酚储罐液位
7	LG-107	50.00	%	真空缓冲罐液位
8	LG-105	50.00	%	脱水反应釜液位
9	LI-106	50.00	%	脱水反应釜液位
10	LG-108	50	%	喷射反应器液位
11	TG-101	5	℃	环氧乙烷原料温度
12	TI-102	25	℃	壬基酚原料温度
13	TI-106	160	℃	喷射反应器回流温度

续表

序号	位号	正常值	单位	说明
14	TI-107	160	℃	E-101 加热蒸汽温度
15	TI-103	110	℃	脱水反应釜温度
16	TI-104	300	℃	脱水反应釜夹套蒸汽温度
17	TI-105	159.4	℃	喷射反应器温度
18	TI-108	170	℃	中和反应釜温度
19	TI-109	300	℃	中和反应釜夹套蒸汽温度
20	FI-103	2006	kg/h	E-101 蒸汽流量
21	FI-104	563	kg/h	脱水反应釜夹套蒸汽流量
22	FI-105	1003	kg/h	中和反应釜夹套蒸汽流量
23	PI-105	−0.014	MPa	真空缓冲罐压力
24	PI-103	−0.01	MPa	脱水反应釜压力
25	PI-107	0.5	MPa	喷射反应器压力
26	PI-109	−0.01	MPa	中和反应釜压力

3.2.2.2 壬基酚聚氧乙烯醚装置操作规程

(1) 开停车——备料过程

打开阀 XV101，向环氧乙烷储罐进料
打开阀 XV110，向壬基酚储罐进料
待 V-101 液位升至 50%，关闭 XV101，停止进料
待 V-102 液位升至 50%，关闭 XV110，停止进料

(2) 开停车——脱水过程

打开阀 XV116，向 R-101 中加催化剂
打开阀 XV112
启动泵 P-102F/R
打开泵 P-102 出口阀 XV115，开始向 R-101 转料
待脱水反应釜液位升至 10%～20%之间，启动搅拌
打开阀 XV120，开始启动真空系统
打开阀 XV147
打开真空泵前阀 XV150
打开真空泵后阀 XV151
启动真空泵 P-103F/R

打开脱水反应釜夹套蒸汽进口阀 XV117
打开脱水反应釜夹套蒸汽排液阀 XV119
设置目标温度 110℃
待 V-102 液位降至 0，关闭壬基酚原料泵出口阀 XV115
关闭壬基酚原料泵 P-102
关闭壬基酚原料泵入口阀 XV112
转料完成且温度升至目标温度 109℃，继续脱水反应 5min
反应完成后，设目标温度为 160℃，给物料升温

(3) 开停车——反应过程

打开氮气保护阀 XV126
待 TI-103 温度达 158℃，打开脱水反应输出泵入口阀 XV122
启动泵 P-104F/R
打开脱水反应输出泵出口阀 XV125，开始向喷射反应器中转料
待 R-101 液位降至 15%，关闭搅拌
待 R-103 液位升至 10%～20%，打开喷射反应器输出泵入口阀 XV129
启动泵 P-105F/R
打开喷射反应器输出泵出口阀 XV132
打开液位调节阀前阀 XV133
打开液位调节阀后阀 XV134
LIC-109 投手动，开度设 70
打开回路阀 XV136
打开回路阀 XV138，物料开始循环
打开蒸汽加热阀 XV152
待脱水反应釜的液位降至 0，关闭脱水反应器底泵出口阀 XV125
关闭泵 P-104F/R
关闭脱水反应釜输出泵入口阀 XV122
待脱水反应釜的液位降至 0，关闭加热蒸汽阀 XV117
待喷射反应器温度达到 160℃，打开环氧乙烷原料泵入口阀 XV103
启动环氧乙烷原料泵 P-101F/R
打开环氧乙烷原料泵出口阀 XV106
打开流量控制器 FV-101 前阀 XV107
打开流量控制器 FV-101 后阀 XV108
打开流量控制器主阀 FV-101，FIC-101 开度设 50，开始向反应器中加环氧乙烷，开始反应
待 FIC-101 流量稳定，投自动，目标流量设 $4.4m^3/h$
待环氧乙烷储罐液位降至 0，关闭环氧乙烷原料泵出口阀 XV106
关闭泵 P-101F/R
关闭环氧乙烷原料泵入口阀 XV103
流量控制器 FIC-101 投手动，开度设 0
关闭氮气阀 XV126

(4) 开停车——中和过程

打开中和反应釜抽真空阀 XV140，中和釜降压

关闭脱水反应釜抽真空阀 XV120

打开 XV137，开始向中和反应釜中转料

待中和反应釜的液位升至 10%～20%之间，开启搅拌

打开中和反应釜加热蒸汽阀 XV141，给中和反应釜加热

打开中和反应釜加热蒸汽排液阀 XV142

待 R-103 液位降至 5%左右，关闭 XV136，停止物料循环

停止循环物料的加热蒸汽，关闭蒸汽阀 XV152

待喷射反应器的液位降至 0，关闭喷射反应器输出泵出口阀 XV132

关闭泵 P-105F/R

关闭喷射反应器输出泵入口阀 XV129

待喷射反应器液位降至 0，液位调节阀 LIC-109 投手动，开度设 0

待温度达到 165℃，开始计时，5min 之后反应结束

(5) 开停车——收尾过程

待中和反应结束，打开成品泵入口阀 XV143

启动泵 P-106

打开成品泵出口阀 XV146，开始转料

待中和反应釜液位降至 10%～20%之间，关闭搅拌

待中和反应釜液位降至 0，关闭成品泵出口阀 XV146

关闭成品泵 P-106

关闭成品泵入口阀 XV143

关闭中和反应釜夹套蒸汽入口阀 XV141

停真空泵 P-103

关闭真空泵出口阀 XV151

关闭真空泵入口阀 XV150

关闭真空缓冲罐罐顶真空阀 XV147

关闭中和反应釜釜顶真空阀 XV140

打开真空缓冲罐顶排空阀 XV148

打开脱水反应釜顶排空阀 XV121

打开喷射反应器顶排空阀 XV127

打开中和反应釜顶排空阀 XV139

打开真空缓冲罐排污阀 XV149

打开喷射反应器排污阀 XV128

关闭 FV-101 前阀 XV107

关闭 FV-101 后阀 XV108

关闭阀门 XV138

关闭阀门 XV137

关闭 LV-109 前阀 XV133

关闭 LV-109 后阀 XV134
关闭排液阀 XV142
关闭排液阀 XV128
关闭排液阀 XV119
关闭排液阀 XV149
当真空缓冲罐压力恢复 0MPa，关闭 XV148
当脱水反应釜压力恢复 0MPa，关闭 XV121
当喷射反应器压力恢复 0MPa，关闭 XV127
当中和反应釜压力恢复 0MPa，关闭 XV139

习题

1. 环氧乙烷的用途有哪些？
2. 简述环氧乙烷的工艺过程。
3. 环氧乙烷装置的关键参数有哪些？
4. 简述环氧乙烷装置事故处理原则。
5. 壬基酚聚氧乙烯醚的作用有哪些？
6. 简述生产壬基酚聚氧乙烯醚的工艺过程。

第4章 烷基苯磺酸平台

烷基苯磺酸平台包括烷基化和磺化两套实物装置，该装置以中国石油抚顺石化分公司洗涤剂化工厂（烷基苯产量为15.0万吨/年，苯磺酸产量为3.6万吨/年）联合生产装置为原型按（1∶1.5）～（1∶4）比例建设。

平台的工艺生产过程主要为长链烯烃与苯发生反应制得烷基苯，再经磺化得到烷基苯磺酸。平台装置中采用的塔器按比例缩小后，要求其直径大于700mm，高度大于6000mm，并基于实习、实训，真实再现工作环境和模拟职业岗位，其总体规划完备，现场布局、设备选型、实训过程和生产现场保持一致。以工业化生产装置为原型，完整再现实际工艺流程，工艺流程内不走物料，采用弱电信号模拟物料走向，数据采用工业真实数据。

4.1 烷基化实物装置

4.1.1 烷基化工艺流程

烷基化是烷基从一个分子转移到另一个分子的过程，是在化合物分子中引入烷基（甲基、乙基或长链烷基等）的反应，该反应被广泛地应用在石油化工、精细化工等领域。烷基化工艺包括反应工段、分馏工段、回炼与中和工段。

4.1.1.1 反应工段

反应工段的工艺流程简图如图4-1所示。

（1）反应系统

脱氢100＃、300＃装置来的烷烯烃先经氢氟酸汽提塔进料换热器E-205降温后，一股烷烯烃与循环苯汇合后经烃进料冷却器E-206冷却，E-206冷却后的物料通过分配器与含酸苯进行混合，最后烃混合物与循环酸和含苯酸一起进入静态混合器M-204，混合后的物料进入烷基化混合器V-203。

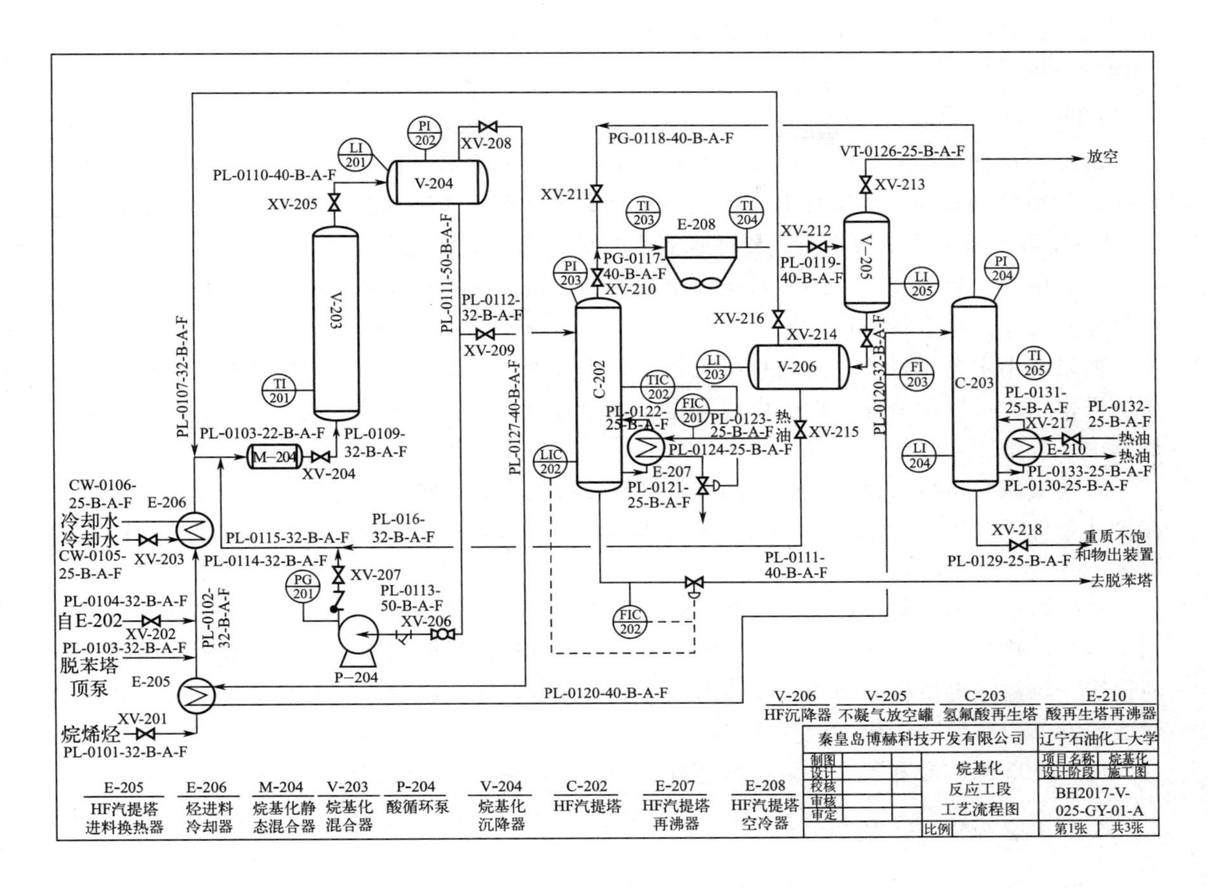

图 4-1　反应工段简化后的 PID 流程图

在烷基化混合器（V-203）内液体向上流动，流出物送往烷基化沉降器 V-204，在此酸相与烃相分离。烷基化混合器在充满液体的情况下操作，内有 45 层塔盘，以使两相充分混合，沉降器内也充满液体，烃相从容器顶部导出，酸相沉降后用泵 P-204 送回到烷基化静态混合器 M-204 入口，从沉降器出来的烃相送往氢氟酸汽提塔 C-202。

（2）C-202 氢氟酸汽提塔

从烷基化沉降器 V-204 导出的烃相被送到含有 20 层塔盘的氢氟酸汽提塔的顶层塔盘，溶解在烃相中的氢氟酸与氢氟酸汽提塔进料中的部分苯一起被汽提出来，从塔底出来的液体中事实上已不含氢氟酸，但是会含有机氟化物，当受到高温时它们会分解并再次生成氢氟酸。氢氟酸汽提塔有一个对热油流量进行控制的虹吸管型热油再沸器 E-207，如果氢氟酸汽提塔由于紧急事故而降温，则去往汽提塔底的酸就会经过一跨越管线再循环到再沸器，从而使送往脱苯塔的酸量减到最少。

氢氟酸汽提塔的塔顶蒸气与氢氟酸再生塔塔顶蒸气汇集经空冷器 E-208 冷凝后，再送往不凝气放空罐（V-205），在此液相（HF＋苯）送往氢氟酸沉降器 V-206。

所有进入装置的不凝气都被收集在塔顶系统，并且在不凝气放空时有一些氢氟酸会排出。因此，在观察到过量放空时，操作员应查清不凝气的来源，采取纠正措施。

在氢氟酸沉降器 V-206 中，苯和酸相分离并循环至反应系统。含酸苯的不凝气被送往烷基化混合器作为循环。从沉降器底部出来的含苯酸送往循环酸之中，沉降器中任何时刻都应保持一定界面。

(3) C-203 氢氟酸再生塔

氢氟酸再生塔的主要作用是除去氢氟酸中带有的重质不饱和物质，重质不饱和物聚集在塔底，较纯的氢氟酸从塔顶排出。从烷基化沉降器出来的酸经过进料加热器 E-209 送入含有 12 层塔盘再生塔的第 7 层塔盘。冷酸送到再生塔顶部作为回流。

当酸中含水量较高时，不可避免地出现酸和苯损失过多及腐蚀速率加快的现象，这时操作员应及时查出水含量较高的原因，并采取纠正措施。

如果酸中水含量过低，为防止出现严重乳化现象，操作员一方面必须及时调整氢氟酸再生塔操作条件，以使氢氟酸再生塔尽可能少地除去水；另一方面及时调整 C-201 塔，增加干燥苯中水含量。

要使氢氟酸再生塔具有良好的操作就必须使再生塔的热输入分配良好，因此再生塔最好在设计条件或接近设计条件下操作，再生塔的大部分热输入是靠酸再生塔再沸器（E-210）提供。

再生塔塔顶蒸气与氢氟酸汽提塔顶蒸气汇集后到空冷器 E-208，此空冷器配备有百叶窗和水蒸气加热盘管，以便在环境温度变化的情况下进行良好的温度控制。在氢氟酸汽提塔塔顶管线、氢氟酸再生塔塔顶和空冷器出口都提供有电动阀，以便发生泄漏事故时对冷凝器进行遥控隔离。冷凝物送往不凝气放空罐（V-205），不凝气进行放空。

从 V-205 来的酸和苯送往氢氟酸沉降器 V-206，在此进行两相分离。

4.1.1.2 分馏工段

分馏工段的工艺流程图如图 4-2 所示。

(1) 脱苯塔 C-204

氢氟酸汽提塔塔底的出料进入塔 C-204（40 层塔盘）的第 22 层塔盘。在脱苯塔中苯与重烃类分离，并在流量控制下循环回到烃进料冷却器 E-206 入口。

任何残留在脱苯塔塔底的苯都将从脱烷烃塔顶循环到脱氢装置而被损失，任何残留在苯中的烷烃则不会受到不利影响，因为苯是循环到烷基化反应部分去的。脱苯塔的塔顶蒸气送往由空气冷却的苯塔冷凝器（E-212），在冷凝器中有蒸汽加热盘和百叶窗以调整空气的温度，有些风扇还有手动控制器可调翅片节距。

苯塔顶馏出物受器（V-207）中的塔顶冷凝物一部分在流量控制下经塔顶泵 P-208 返回作为塔的回流（流量由第 6 层塔盘的温度调整），另一股冷凝物作为循环苯在流量控制下从塔顶泵出口送往烃进料冷却器入口。

脱苯塔再沸器的热输入由一个热油量控制器调整，反应系统的循环苯量也由一个流量控制器控制，这样在烷基化反应部分能获得理想的苯/烯比。

苯塔顶馏出物受器是装置苯藏量的缓冲罐，在受器上带有高、低位报警的液面记录仪，必须通过调整苯汽提塔进入装置的补充苯流率来调整苯塔顶馏出物受器的液面。

(2) 脱烷烃塔 C-205

脱苯塔的塔底液用脱苯塔底泵 P-207 送往脱烷烃塔。脱烷烃塔为一减压操作的填料塔，在塔顶部分有一接触冷凝器，此冷凝器由一填料段组成，正构烷烃经脱烷烃塔冷却器（E-

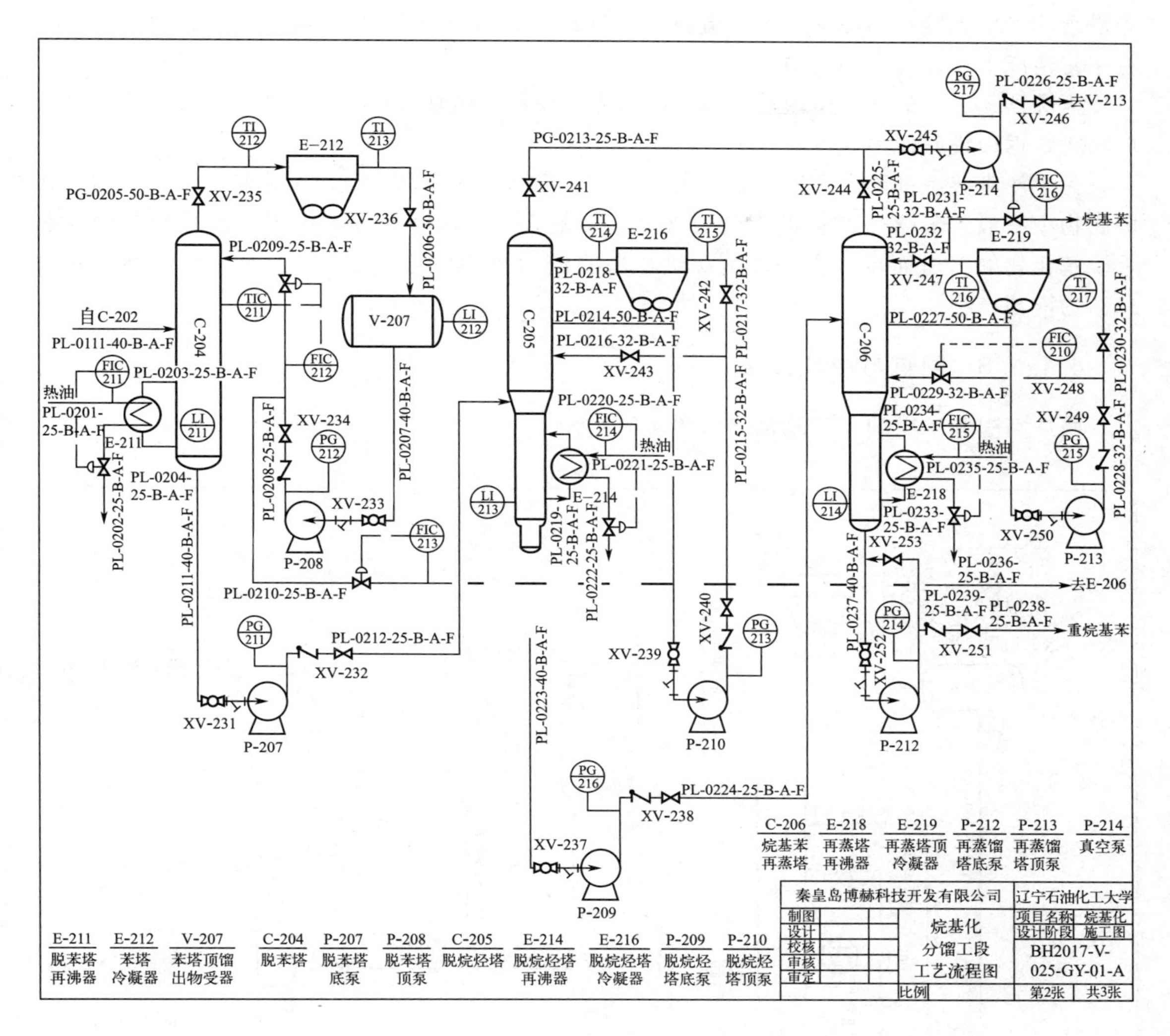

图 4-2　分馏工段简化后的 PID 流程图

216）冷却后，连续回流到填料段上，以冷凝从集油箱升气管上升的蒸气。

一部分正构烷烃从集油箱出来，作为热回流返回到集油箱下方的填料净化段。这些热回流、冷回流、净循环烷烃都用脱烷烃塔顶泵 P-210 抽送。

脱烷烃塔的热输入由再沸器热油流量控制器来加以控制。

脱烷烃塔的净产塔底产物用泵送往烷基苯再蒸塔。

脱烷烃塔的操作要使得塔顶液和塔底液中的杂质量达到最少。如果塔底液中有正构烷烃存在就会在直链烷基苯产品中出现，而直链烷基苯中正构烷烃的含量一般是有严格规定的。任何烷基化物存在塔顶液中除了损失产品外，还会使脱氢装置催化剂结焦和失活。

（3）*烷基苯再蒸塔 C-206*

洗涤剂烷基化物和重烷基化物是在减压条件下在再蒸塔 C-206 内进行分离的，再蒸塔为填料塔，塔顶有一接触冷凝器，塔顶泵从塔顶集油箱抽液，一部分在流量控制下进行热回流，另一部分在流量控制下经塔顶冷凝器 E-219 冷却后作为冷回流，返回到 C-206 塔顶部。

净塔顶物经塔顶冷却器冷却后通过流量控制（FIC-221）送往产品储罐中，直链烷基苯产品在正常情况下送往日产品罐中。

再沸器 E-218 的热油由流量控制，净塔底产品用泵送往重烷基苯罐区，一部分冷却后的塔底物料返回塔底作为急冷液。

为了使直链烷基苯产品符合溴指数规格，必定有一些产品随重烷基化物损失掉，因此在塔底物中一般含 10%～15%的直链烷基苯。切割方案的选择根据洗涤剂烷基化物的用途和重烷基化物的用途而定。在一般情况下，塔底液的量为塔进料量的 8%～10%，其中约含 10%的塔顶产物。

4.1.1.3 回炼与中和工段

回炼与中和工段的工艺流程图如图 4-3 所示。

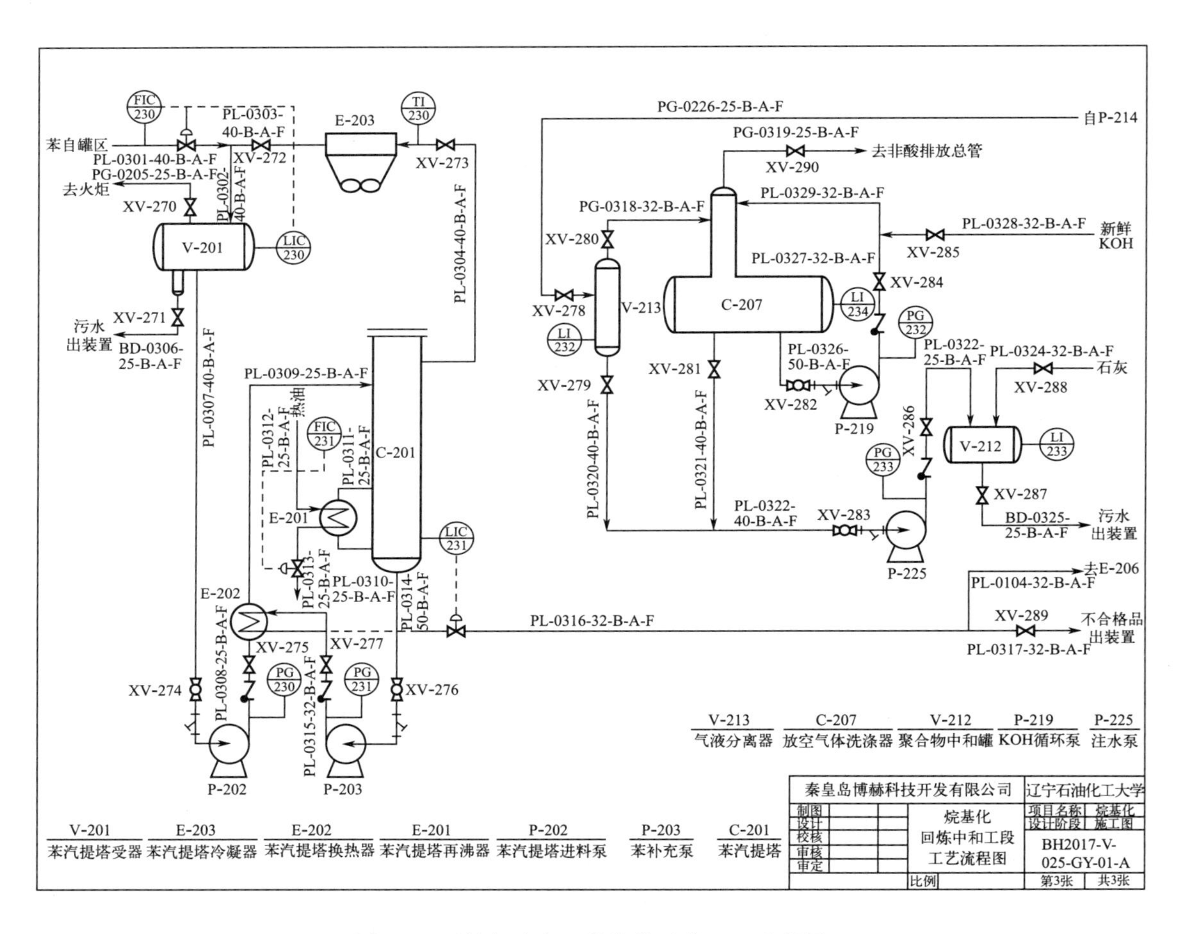

图 4-3 回炼与中和工段简化后的 PID 流程图

(1) 苯汽提塔 C-201

此塔利用溶解在烃中的水的高挥发性在塔底获得不含水的苯，它也可从苯或不合格进料中脱除溶解氧或不凝物。

自罐区的苯被送往苯汽提塔受器 V-201，其流量由塔受器液面控制器进行控制。苯经过苯汽提塔进料泵（P-202）进行回流，苯补充泵 P-203 经苯汽提塔换热器 E-202 送往反应部分。

苯汽提塔受器通火炬，其体积足以使水分有足够的沉降时间，有小股氮气进入受器连通火炬总管的管线，以保持有轻微的氮气吹扫。水收集在受器水包内，可通过打开现场的阀门直接将水排出。

塔底的苯中一般含水量小于 20mg/kg，塔操作良好情况下含水量更低。塔的热输入由带有热油量控制器的热油再沸器 E-201 提供。

（2）中和部分

在正常操作的 UOP（环球油品公司）洗涤剂烷基化装置中，废物、对人体有害的物质和不需要的副产物是极少的。只要谨慎小心，这些少量的物质是能够安全适当地处理的。针对工艺废物具有潜在危害的性质，以及氢氟酸固有的危害，UOP 洗涤剂烷基化装置开发了专门的废物管理措施，下面简要叙述这些方法，以及如何安全处理 HF 工艺的废物，以防止污染环境。

① 气体的处理。

a. 非酸性气体。非酸性烃类气体按照炼油厂通常处理措施送往火炬，而含酸气体由于其腐蚀性和气味，不能送往正常气体排放系统，因此，所有酸性气体的放空阀和安全阀都要用管线连接到单独的排酸系统。

b. 排酸系统。排放的酸和放空酸气体首先送往挡板式气液分离器（V-213），从挡板式气液分离器出来的酸性气体进入放空气体洗涤器 C-207，在洗涤器中与氢氧化钾溶液逆流接触进行洗涤，从放空气体洗涤器顶部出来的中和后气体送往非酸性排放总管，最后送往火炬。进入放空气体洗涤器的烃类从烃一侧的格板上溢流，并收集起来。

放空气体洗涤器里的氢氟酸中和反应如下：

$$HF + KOH \longrightarrow KF + H_2O$$

KOH 溶液经 KOH 循环泵（P-219）连续循环到洗涤器顶部。KOH 溶液的浓度通常保持 7%～10%（重），循环 KOH 溶液中的 KOH 和 KF 含量应由化验室每天检验一次。在排放大量酸性气体时或排放了大量酸之后应立即检查循环 KOH 状况，洗涤器底部的体积应能容纳大量循环 KOH 溶液。

为了保持 KOH 循环液中 KOH 含量高及 KF 含量低，循环 KOH 必须有一再生系统。该厂 KOH 的再生在装置外进行。

KOH 再生依据下述反应：

$$2KF + Ca(OH)_2 \longrightarrow 2KOH + CaF_2$$

c. 有害烟雾和气味。唯一可能产生有害烟气的区域是中和池，为防止这些有味气体扩散到周围，中和池应盖严，并且每个中和池配有一个小的放空洗涤器。

② 液体的处理。

a. 废水。本装置配备有两个分开的下水系统以保证将不含酸的水和可能含酸的水分开。

无酸废水基本不含杂质，直接送往废水处理系统或油水分离器。可能含氢氟酸的水直接送往酸水排放系统，并收集到中和池内。

这些潜在的含酸废水包括含酸区域路面流下的雨水、洗涤水、重质烃类，还有可能含有带氢氟酸的废水中和介质。在中和池中，石灰将氢氟酸或其他微量可溶于水的氟化物转化成氟化钙，氟化钙具有惰性并且在水中的溶解度极小，一旦生成氟化钙，它将立即沉降下来。当中和池中液面升高时，将干净的基本无氟化物的水排到水池中，最后用泵送到污水处理系统。

b. 中和池。中和池是两个并联的槽，这两个并联的槽按以下方式交替操作，打开一个槽的入口管线，关闭出口管线，由于直接进入槽内的地面排放物很少，所以除非用酸设备正在排放、恒沸混合物正在中和或有暴雨，通常入口的流量很小，甚至基本没有流量。操作员在巡回检查中应检查运转中的中和槽内的 pH 值，如果 pH 值过低则应起动混合器使石灰浆液充分混合。

当第一个中和槽已满，就关闭其入口管，打开另一个中和槽的入口，然后用 pH 试纸对第一个中和槽进行检验，如有必要加以搅拌。经过一段时间的搅拌后，如仍呈酸性，则应加入一些石灰直至槽内稍呈碱性。当用酸设备有大量排放时，应对运转的中和槽进行连续搅拌，并频繁地用 pH 试纸检验酸性，搅拌不要过于剧烈，以免槽内泡沫溢出。

沉降以后，打开第一个槽的出口阀，将流出物送往污水池，然后再用泵从污水池中抽走。偶尔也需要从两个中和槽内运走氟化钙。由于这些泥渣是惰性的，所以它能够用作垃圾场回填料而不会造成环境问题。当长期降雨量少时，也可能需要往中和池内加水，以防止槽内的石灰变得太稠。一、二期氢氟酸再生塔产生的焦油可以向一、二期中和池的任何一个池内排放，但二期酸区的污水必须经过一期中和池处理。

③ 工艺固体废物。

这些废物是在活性氧化铝处理工艺流体脱除氟化物过程中产生的。经过一段时间后氧化铝失去了脱氟化物的能力，这时认为这些氧化铝已报废，并且需要换上新鲜氧化铝。这些“废”氧化铝是惰性的，能够并且已成功地用于土地回填，建议用等量的石灰与废氧化铝混合以抑制氟化物浸溶。

④ 其他固体废物。

可能与氢氟酸接触过的多孔物质，如抹布、木材、管线保温材料和填料等要放进专门提供的处理罐，以便运走，并定期烧掉。这些废物在装置正常操作时或大修期间都可能产生，此工作区尽可能少使用木制工作台或其他木制品，金属工作台从酸区搬走前需要加以中和。

(3) 真空系统

真空系统为机械式抽真空。于 C-205、C-206 顶进行抽真空。

4.1.2 烷基化装置原料、产品指标

(1) 原料和产品指标

烷基化装置的烷烯烃进料来自脱氢装置，烷烯烃正常特性见表 4-1，烷烯烃组成见表 4-2，苯设计要求指标见表 4-3，工业直链烷基苯质量指标见表 4-4。

表 4-1 烷烯烃正常特性

指标	数值	指标	数值
相对密度	0.751	烯烃含量（质量分数）/%	12～13
平均分子量	165～168		

表 4-2 烷烯烃组成

指标	数值	指标	数值
总非正构烃（TNN）/%	6.0	二烯烃/%	1.0
总正构烷烃（TNP）/%	82.5	芳烃/%	3.8
总正构烯烃（TNO）/%	11.5	溴价	10.7
单烯烃/%	10.5		

表 4-3 苯设计要求指标

指标	数值	指标	数值
凝固点/℃	5.4	水	室温下饱和
硫/ppm	<3	酸洗色泽	2（最大）
环己烷/ppm	<200		

注：1ppm=1×10^{-6}，下同。

表 4-4 工业直链烷基苯质量指标（GB/T 5177—2017）

项目		指标			试验方法
		优等品	一等品	合格品	
色泽/Hazen ≤		10	20	100	GB/T 5177—2017 附录 A
折光指数 n_D^{20}		1.4820～1.4850	1.4820～1.4870	1.4820～1.4890	GB/T 614
密度（20℃）/(g/mL)		0.855～0.870			GB/T 1884
溴价（以 Br 计）/(g/100g) ≤		0.02	0.03	0.25	GB/T 5177—2017 附录 B
可磺化物/% ≥		98.5	97.5	96.5	GB/T 5177—2017 附录 C
平均分子量		238～250		235～250	GB/T 5177—2017 附录 D
水分(质量分数)/% <		0.010	0.010	0.050	GB/T 11275
馏程/℃	体积分数 5% >	280	280	270	GB/T 6536
	体积分数 95% <	310	315	320	

注：脱氢法生产工业烷基苯指标不得低于一等品。

（2）公用工程参数

烷基化装置公用工程参数要求见表 4-5。

表 4-5 烷基化装置公用工程参数要求

名称	温度	压力/MPa	名称	温度	压力/MPa
中压蒸汽	饱和	0.8～1.3	冷却水	30～38℃	0.25～0.42
管网蒸汽	饱和	0.4～0.7	氮气	常温	0.35～0.8
仪表风	常温	0.5～0.7	热油	310℃	1.0

（3）氮气质量

烷基化装置氮气参数要求见表 4-6。

表 4-6 烷基化装置氮气参数要求

组成	数据	组成	数据
N_2	＞99.7	Cl_2	＜1ppm
CO	＜20ppm	H_2O	＜5ppm
CO_2	＜20ppm	H_2	＜20ppm
其他碳化合物	＜5ppm	O_2	＜10ppm

4.1.3 烷基化装置主要参数及操作规程

4.1.3.1 烷基化装置主要仪表参数

烷基化装置控制仪表参数见表 4-7，显示仪表参数见表 4-8。

表 4-7 烷基化装置控制仪表参数

序号	位号	正常值	单位	说明
1	FIC-212	1	kg/h	脱苯塔回流量
2	FIC-213	10	kg/h	脱苯塔回流罐返回量
3	FIC-211	12	kg/h	再沸器 E-211 热油流量
4	FIC-214	5	kg/h	再沸器 E-214 热油流量
5	FIC-216	2	kg/h	烷基苯采出量
6	FIC-210	2	kg/h	再蒸塔顶返回量
7	FIC-215	10	kg/h	再沸器 E-218 热油流量
8	FIC-202	10	kg/h	HF 汽提塔底出料量
9	FIC-201	8	kg/h	再沸器 E-207 热油流量
10	FIC-231	10	kg/h	再沸器 E-201 热油流量
11	FIC-230	10	kg/h	原料苯流量
12	TIC-202	209	℃	HF 汽提塔温度
13	TIC-211	248	℃	脱苯塔温度
14	LIC-202	50	%	HF 汽提塔液位
15	LIC-230	50	%	苯汽提塔受器液位
16	LIC-231	50	%	苯汽提塔液位

表 4-8 烷基化装置显示仪表参数

序号	位号	正常值	单位	说明
1	LI-201	50	%	烷基化沉降器液位
2	LI-203	50	%	HF 沉降器液位
3	LI-204	50	%	氢氟酸再生塔液位
4	LI-205	50	%	不凝气放空罐液位
5	LI-211	50	%	脱苯塔液位
6	LI-212	50	%	苯塔顶馏出物受器液位
7	LI-213	50	%	脱烷烃塔液位
8	LI-214	50	%	烷基苯再蒸塔液位
9	LI-232	50	%	气液分离器液位
10	LI-234	50	%	放空气体洗涤器液位
11	LI-233	50	%	聚合物中和罐液位
12	TI-201	54	℃	反应器温度
13	TI-203	207.2	℃	E-208 入口温度
14	TI-204	70	℃	E-208 出口温度
15	TI-205	200	℃	氢氟酸再生塔温度
16	TI-212	248	℃	E-212 入口温度
17	TI-213	55	℃	E-212 出口温度
18	TI-214	55	℃	E-216 出口温度
19	TI-215	228	℃	E-216 入口温度
20	TI-216	55	℃	E-219 出口温度
21	TI-217	268	℃	E-219 入口温度
22	TI-230	114	℃	E-203 入口温度
23	FI-203	10	kg/h	氢氟酸再生塔入口流量
24	PI-202	1.1	MPa	烷基化沉降器压力
25	PI-203	0.382	MPa	HF 汽提塔顶压力
26	PI-204	0.37	MPa	氢氟酸再生塔顶压力
27	PG-201	1.3	MPa	酸循环泵出口压力
28	PG-211	0.4	MPa	脱苯塔底泵出口压力
29	PG-212	1.4	MPa	脱苯塔顶泵出口压力
30	PG-213	1.3	MPa	脱烷烃塔顶泵出口压力

续表

序号	位号	正常值	单位	说明
31	PG-214	0.4	MPa	再蒸馏塔底泵出口压力
32	PG-215	0.59	MPa	再蒸馏塔顶泵出口压力
33	PG-216	0.4	MPa	脱烷烃塔底泵出口压力
34	PG-217	0.05	MPa	真空泵出口压力
35	PG-230	0.5	MPa	脱苯塔顶泵出口压力
36	PG-231	1.44	MPa	苯补充泵出口压力
37	PG-232	0.45	MPa	KOH 循环泵出口压力
38	PG-233	0.4	MPa	注水泵出口压力

4.1.3.2 烷基化装置岗位操作说明

（1）烷基化反应岗位操作法

① 烷基化反应岗位的任务。

a. 明确本岗工作范围，本岗位包括反应系统和 HF 再生系统，必须非常熟悉本岗位的现场工艺流程。

b. 严格遵守操作规程和工艺纪律，平稳操作。

c. 服从值班主任和 DCS 主操的统一指挥，完成分厂下达的各项任务。

d. 积极加强同 DCS 主操的联系，更改工艺流程或现场调整工艺参数时应及时通知有关岗位人员。

e. 按标准路线巡检，定时对本岗位内设备的运行情况进行检查，特别是酸系统设备，应注意检查其泄漏情况，发现问题及时处理，不能处理的应向值班主任和分厂汇报。

f. 本岗位负责氢氟酸采样，定期检查酸烃比情况。

g. 必须熟悉本岗位的开工及停工步骤，掌握紧急事故处理的方法，出现事故时能协助 DCS 及时采取措施，应掌握酸泵切换、补酸及退酸方法。

h. 本岗位操作员应熟悉各种安全防护用具及设施的使用，并懂得氢氟酸烧伤的急救处理方法。

i. 认真填写交接班日记和操作记录。

② 烷基化反应岗位操作的要点。

a. 定期认真查看酸烃比和氢氟酸沉降情况，包括：酸烃体积比，氢氟酸的颜色，沉降时间，酸烃乳化层高度。将结果及时汇报给 DCS 主操，以协助主操更好地操作反应系统。

b. 装置出现紧急停工事故时，操作员首先要做的是截断 C-202 塔底出料，坚决防止氢氟酸进入分馏系统。

（2）烷基化分馏岗位操作法

① 烷基化分馏岗位的任务。

a. 明确本岗位的工作范围，本岗位包括进料换热系统、精制系统及相关的真空系统，必须非常熟悉本岗位的现场工艺流程。

b. 严格遵守操作规程和工艺纪律，平稳操作。

c. 服从值班主任和DCS主操的统一指挥，完成分厂下达的各项任务。

d. 积极加强同DCS主操的联系，更改工艺流程或现场调整工艺参数时应及时通知相关岗位的人员。

e. 按巡检标准线路，定时对本岗位内设备（包括机泵、空冷）的运行情况进行检查，发现问题及时处理，不能处理的应向值班主任和分厂汇报。

f. 进入酸区作业时，严格遵守酸区作业的各项规定。

g. 本岗位负责新鲜苯、干燥苯、循环苯、循环烷烃、烷基苯、重烷基苯等的采样。

h. 必须熟悉本岗位的开停工步骤，掌握紧急事故处理方法，出现事故时能协助DCS主操及时采取措施，掌握真空泵的开启、切换方法。

i. 本岗位操作员应熟悉各种安全防护工具及设施的使用，也应懂得氢氟酸烧伤的急救处理方法。

j. 认真填写交接班日记和操作记录。

② 烷基化分馏岗位操作的要点。

根据苯和水的界面高度，及时对V-201进行切水（排液），防止过量的水被带进装置，掌握不合格品回炼的缘由、工艺流程及去向。

a. 回炼操作法。

联系质检，分析回炼罐样品参数。

根据分析结果，决定向C-204或C-201塔回炼。

通知罐区和DCS，准备开回炼。

微开去C-204或C-201的回炼阀，控制回炼流量在1～2m^3/h。

加强巡检，发现问题及时处理，不能处理的应向值班主任和分厂汇报。

b. 高点排放和低点排液操作。

当苯汽提塔受器脱水包液位达50%时，DCS操作员通知现场操作员切水，或现场操作员巡检时发现脱水包液位达到玻璃板上限刻度时切水。

V-209水相液位严格按照工艺指标操作，严防排空或过满。

操作员在进行（切水）排液操作时，切水（排液）阀微开，不允许过大，需要时可以用蒸汽保护。

每次切水（排液），不允许排空，至少要留5%～10%液位。现场玻璃板不允许超出下限刻度范围。

每次进行切水（排液）作业时，由两名操作员进行现场作业且操作员均不允许离开现场。

每次切水（排液）操作完毕后，认真检查确认切水（排液）阀门已关闭。

在装置停工时，高温物料必须降温至50℃以下，方可装桶。

高点排放时，用管道引至地面安全地点，并有专人看护。

（3）烷基化中和岗位操作法

① 烷基化中和岗位的任务。

a. 明确本岗位的工作范围，本岗位包括含酸气体中和系统、焦油处理系统、化碱系统、含酸污水处理的中和池系统。本岗位操作员必须熟悉本岗位的现场工艺流程。

b. 严格遵守操作规程和工艺纪律，平稳操作。

c. 服从值班主任和DCS主操的统一指挥，完成分厂下达的各项任务。

d. 积极加强同DCS主操的联系，更改工艺流程或现场调整工艺参数时应及时通知相关岗位的人员。

e. 按标准线路巡检，定时对本岗位内设备的运行情况进行检查，发现问题及时处理，不能处理的问题向值班主任和分厂汇报。

f. 对于涉及酸操作，应按酸区作业规定进行着装和操作。

g. 本岗位负责循环碱的采样。

h. 能正确分析和处理本岗位生产操作中的异常现象。

i. 本岗位操作员应熟悉各种安全防护工具及设施的使用，并懂得氢氟酸烧伤的急救处理方法。

j. 认真填写交接班日记和操作记录。

② 烷基化中和岗位操作要点。

a. 根据循环碱浓度的变化情况提醒DCS主操，酸系统是否有泄漏等异常情况。

b. 定期对中和池进行pH值测试，以保证中和池呈中性或弱碱性，根据污水分析结果定期或不定期向中和池投放石灰，以保证污水排放达到环保要求。

c. 充分掌握碱补充和碱再生方法，能熟练操作。

(4) 烷基化DCS岗位操作法

① 烷基化DCS岗位的任务。

a. DCS岗位必须严格执行操作规程，按工艺卡片要求精心操作，严禁违章操作。

b. 应非常熟悉烷基化装置内各部分的工艺流程，充分掌握岗位的物料平衡和热平衡，认真分析各操作参数的变化及相互关系，找出最佳操作状况，提高产品的质量和收率，降低能耗、物耗。

c. 服从值班主任的统一指挥，更好完成分厂下达的各项生产任务。

d. 加强同值班主任、室外各岗位操作员的联系，发现问题及时找原因，加以解决。

e. 积极加强同其他相关各装置DCS操作员之间联系，将因其他相关装置波动造成的影响降低到最小。

f. 烷基化DCS操作员必须非常熟悉本装置的开停工操作法，以及紧急停工操作法，并协助有关技术人员做好事故处理工作。

g. 详细、认真填写交接班日记，做好交接班工作，按时填写操作记录，不隐瞒、不缩小问题，及时向车间汇报一切事故及隐患。

h. 不断钻研业务知识，更好提高技术素质。

i. 严禁长时间脱岗，短时间脱岗必须有人监护操作。

j. 精心爱护DCS屏幕、键盘。

k. 按规定穿工作装。

l. 计算机系统出现问题，应马上找有关人员处理。

② 烷基化DCS岗位操作的要点。

a. 严格按照工艺卡片要求进行操作调整。

b. 严格控制循环氢氟酸中的水含量，设计为0.3%～0.5%（质量分数）。

c. 严格按设计要求控制酸烃体积比、苯烯摩尔比及HF再生量与直链烷基苯产品产量之比。

d. 严格控制C-203塔排放焦油条件，塔底温度不低于160℃，使HF的损失降至最低。

e. 严格控制循环烷烃中苯和烷基苯的含量，以降低苯耗，提高LAB（直链烷基苯）产率，保护DF-2催化剂。

f. 严格控制重烷基苯中直链烷基苯的含量。

g. 注意保持C-207中循环KOH浓度为7%～10%。

h. 严格控制C-202塔的操作，决不允许氢氟酸进入分馏系统。

③ 正常操作法。

a. C-201塔底温度TI-232设计值为107℃。

主要影响因素如下。

新鲜苯水含量。如果新鲜苯携带大量的水，且脱水不及时，将使氢氟酸中含水量增高，对酸区设备的腐蚀程度升高。调节方法：及时通知油品车间，原料苯应迅速脱水；增大C-201塔底热油量，除去过多的水分，对V-201及时进行切水。

循环氢氟酸中的水含量。如果循环氢氟酸中的水含量过低（<0.1%），乳化层增厚，将使酸烃分层困难，烃中夹带过多酸，严重影响酸区各塔操作。调节方法：降低C-201塔底热油流量，增加干燥苯的水含量；适当提高C-203塔底温度，尽可能减少恒沸混合物CBM的损失。

b. C-203塔底温度，设计为≥160℃。

C-203塔底温度的主要影响因素是酸系统中水含量的高低。

如果循环氢氟酸中水含量过高，应降低塔底热油流量，或降低进料预热器E-209的热油流量，以降低塔底温度，从而排出共沸物CBM，但这将损失一定量的氢氟酸和苯。

若酸中水含量过低，应增加塔底热油流量，或增加E-209的热油流量，提高塔底温度，尽可能不除去CBM。

c. C-204塔灵敏板温度TIC-237，正常时应为（155±2）℃（PIC-207为0.13MPa）。

影响因素：TIC-237温度为灵敏板温度，在塔的操作压力和各参数一定的前提下，只有组分发生改变，温度才能改变。

调节方法：改变C-202塔底出料量、出料温度；改变塔底热油流量；改变C-204塔热回流；改变冷凝器E-212出口温度；改变塔顶操作压力PIC-207。

d. C-205塔集油箱下部温度TRC-214，正常为（121±2）℃（PRC-203为5.5kPa）。

影响因素：TRC-214为灵敏板温度，在塔操作压力一定下，只有组分发生改变时，温度才能改变。

在PRC-203一定时，若TRC-214升高，说明循环烷烃中带有烷基苯，应选择性采取降低塔底热油流量、增加热回流FRC-215流量、降低塔顶集油箱出口温度、降低C-204塔底出口温度等方法。

在PRC-203一定时，若TRC-214降低，塔底将带烷烃，烷基苯产品不合格，应选择性采取增加塔底热油流量、减小热回流FRC-215量、升高集油箱出口温度、升高C-204塔底出料温度等方法。

e. C-206塔集油箱下部温度TRC-226，正常时为（170±2）℃（PRC-206为1.0kPa）。

影响因素：TRC-226与C-205集油箱下部温度TIC-214相同，都是灵敏板温度，在操作压力一定时，只有组分发生变化，温度才会随之变化。

PRC-206一定时，TRC-226升高，说明重组分上升，SC-204的溴指数有可能不合格，或直链烷基苯的纯度下降。调节方法：降低进料TIC-218温度；增大热回流量FRC-220；减小热油流量FRC-219；降低集油箱出口温度。

PRC-206一定时，TRC-226降低，SC-203重烷基苯中烷基苯含量将增加，使直链烷基苯的产率、收率降低。调节方法：升高TIC-218温度；减小回流量FRC-220；增加热油流量FRC-219。

④ 非正常操作法。

a. C-202塔顶温度TI-204低（≤100℃），而且无法升高。

原因：C-202塔进料中轻组分增加，酸烃发生严重乳化，夹带大量氢氟酸。

现象：

C-202塔底压力PIC-201升高，波动大。

TI-204升温不够。

V-205压力超高。

V-205中液位波动大。

V-206中界面波动大，不稳定。

处理方法：

降低C-201塔温度，增加干燥苯中水含量。

C-203塔升温，尽可能减小系统中水分的损失。

b. C-203塔顶温度TI-210升高幅度较大。

原因：系统中水含量过多，大量恒沸混合物被蒸发。

现象：

V-204中酸储量太少或酸烃乳化将大量苯夹带到C-203塔。

处理方法：

升高C-201塔底温度，减少干燥苯含水量。

C-203塔降温，除去大量的共沸物CBM。

检查V-204中酸储存量情况，不足时可补充氢氟酸。

c. 循环烷烃中带苯。

原因：C-204塔未操作好，塔底带苯。

现象：

C-205塔真空压力PIC-203波动。

脱氢装置用轻质油中苯含量增加。

处理方法：

升高C-202塔底温度TI-203。

增加热油流量FIC-228。

降低PIC-207压力。

减小热回流量FRC-231。

升高E-212冷凝器出口温度。

d. 循环烷烃中带LAB。

原因：

真空波动。

烷基苯组分变轻。
进料温度或塔底热油量增加。
FRC-215 量回流减小。
集油箱出口温度升高。
现象：
TIC-214 升高。
脱氢装置中 K-101 电流增大，循环氢流量增加，DF-2 催化剂选择性变差。
处理方法：
提高真空度 PIC-203。
降低进料温度 TIC-218。
增加热回流流量 FRC-215。
降低热油流量 FRC-212。
降低集油箱出口温度。
e. C-205 塔真空波动大。
原因：
中压蒸汽波动。
氮气压力波动。
C-204 塔底带苯。
冷回流量 FRC-216 波动。
冷凝器 E-216 出现问题。
真空泵本身出现问题。
空冷弹性小，操作负荷太大。
现象：
产品烷基苯不合格，烷烃含量波动大。
集油箱下灵敏板温度 TRC-214 波动大。
处理方法：
检查是否由公用工程系统造成的。
调整 C-204 塔操作，使塔底不含苯。
调整冷回流量。
检查 E-216 冷凝器。
检查抽真空系统是否泄漏。
减小塔的操作负荷。
f. C-206 塔真空波动大。
原因：
中压蒸汽波动。
N_2 压力波动。
C-205 塔底带烷烃。
空冷 E-219 出现问题。
真空泵本身出现问题。
空冷弹性小，塔负荷太大。

现象：

产品烷基苯中烷烃含量高或溴指数不合格。

重烷基苯中烷基苯含量波动大。

处理方法：

检查公用工程系统。

调整 C-205 塔操作，使烷烃含量合格。

检查冷凝器 E-219 系统。

检查抽真空系统。

减小塔的操作负荷。

适当调整冷回流。

g. 产品烷基苯的溴指数升高。

原因：

脱氢反应的选择性变差，副产物量增加。

Define 系统操作出现问题。

C-203 塔未操作好，循环酸纯度下降，抽提效果差。

C-206 塔本身未操作好。

循环酸量小，达不到要求的酸烃体积比。

物料流量不稳定、苯和烯烃配比波动、烷基化反应不好。

现象：

溴指数过高，产品外观颜色变深。

集油箱下灵敏板温度 TI-226 升高。

处理方法：

提高脱氢反应选择性，改善 Define 系统操作。

调整 C-203 塔操作，增大再生酸进料流量，提高循环氢氟酸浓度。

降低 C-206 塔进料温度 TIC-218、增加热回流流量 FRC-220 或降低塔底热油流量 FRC-219。

按设计要求调整各种物料配比。

4.1.3.3 烷基化装置操作规程

(1) 装置开工说明

开工过程危害识别及控制措施见表 4-9。

表 4-9 开工过程危害识别及控制措施

活动过程	危害因素	危害	触发原因	风险削减措施
机泵切换作业	转动设备	盘车时伤人	盘车时注意力不集中	提高操作安全意识
	易燃易爆	火灾爆炸	① 密封泄漏 ② 使用非防爆型工具 ③ 泵起动后未进行检查 ④ 机泵未排空	① 起动前进行盘车 ② 禁止使用非防爆型工具 ③ 起动后进行检查 ④ 按操作规程进行操作

续表

活动过程	危害因素	危害	触发原因	风险削减措施
高空作业	高空	高处坠落	① 未制定安全措施 ② 安全措施未落实	① 制定安全防范措施 ② 落实防范措施
清理过滤器作业	可燃介质	火灾爆炸	① 物料处理不彻底 ② 未使用防爆工具	① 作业前进行工艺处理检查 ② 按规定使用防爆工具
	工具构件	伤人	① 工具构件跌落 ② 未使用防护工具	① 作业时集中精力 ② 按规定使用防护工具
排焦油作业	高温、毒物	灼伤、中毒	① 操作方法不当 ② 未使用防护工具	① 加强操作人员操作技能培训；禁止无证作业 ② 合理使用防护器具
氮气吹扫置换	毒害物料	中毒	① 操作者所处位置不当 ② 注意力不集中	① 操作者保证位置正确 ② 保证注意力集中
脱水排液作业	易燃易爆物质	火灾爆炸	① 未按操作规程进行操作 ② 物料泄漏 ③ 使用非防爆型工具	① 按操作规程进行操作 ② 集中注意力、防止泄漏 ③ 禁止使用非防爆型工具
	有毒害物料	中毒	① 未按操作规程进行操作 ② 注意力不集中	① 按操作规程进行操作 ② 集中注意力
引停蒸汽作业	高温	灼伤	① 管线裸露 ② 倒淋排放 ③ 位置不正确 ④ 注意力不集中	① 进行保温 ② 倒淋排放时要注意周围人员 ③ 要保证位置正确 ④ 加强安全意识
进酸退酸作业	泄漏	伤亡	① 工艺流程不正确 ② 排放点未关闭	① 检查流程 ② 关闭各排放点
	串料	造成设备损坏	① 排放点未关闭 ② 仪表显示失灵	① 关闭各排放点，作业时要保证有专人监护 ② 停车前要保证仪表正常
加拆盲板作业	有压力	泄压伤人	① 设备内有压未泄 ② 操作人员没有进行检查 ③ 仪表显示不准	① 保证设备内压力已泄尽 ② 操作前进行仔细检查 ③ 操作前确认仪表正常
塔罐管线排放作业	易燃易爆物质	火灾爆炸	① 有明火 ② 现场有大量可燃物质	① 现场要严禁明火、静电；必要时进行检查 ② 如有大量可燃物质尽量向火炬放空
	有毒害物质	中毒	排放时中毒	排放时要加强防范意识

续表

活动过程	危害因素	危害	触发原因	风险削减措施
塔罐管线蒸煮作业	高温	灼伤	① 引蒸汽时泄漏 ② 排放时伤人	① 操作前进行工艺检查 ② 排放之前进行现场确认
退苯和烷烃作业	有毒、易燃易爆物质	中毒、爆炸	① 流程未确认 ② 阀门未关严，窜料 ③ 工具敲打产生火花	① 进行流程确认 ② 加强操作 ③ 禁止用工具敲打

(2) 开工要求

① 开工过程中的注意事项。

a. 在开工之前对装置上所有安全消防设施进行重新检查，确保在开工期间全部处于投用状态。

b. 将装置上所有临时加的盲板全部拆除，严禁遗漏。

c. 开工中注意各塔及容器的液位指示，保持液位恒定。有问题要及时查出原因，防止在开工期间满塔或跑油。

d. 在升温期间，应仔细检查，防止泄漏及着火事故的发生。

e. 将装置上所有安全阀按规定投用。循环期间，仔细检查各设备放空阀，避免发生因放空阀未关闭而出现的跑油事故。

f. 装置开工前要求制定严格周密的开工方案，如工艺设备检查方案、工艺设备清洗方案、工艺管线检查、工艺管线清洗方案、试密置换方案、水试运方案、投料试车方案等。二次或多次开工时，可根据实际情况制定替代方案。

g. 开工人员一定要严格执行开工方案，按步骤推进，切不可为争取进度而草率操作，以免造成事故。

h. 开工时，对易爆易燃物料加强管理，对接触有毒、有害物质的人员必须进行严格的安全知识培训，工作时必须佩戴所需的防护工具。

i. 装置开工正常后，组织生产和施工人员进行全面验收，分别整理技术资料，归档存查。

② 装置开工必备的条件。

a. 气密置换工作全部完成。

b. 全面流程大检查全部完成。

c. 按盲板清单，已拆掉和装好盲板。除要求需打开的阀门外，其他阀门全部处于关闭位置，尤其注意高点放空、低点排放阀门、仪表线阀门等。

d. 整个排放系统已正常投用，安全阀投用。

e. 所有仪表投用或随时可投用，DCS 工作正常。

f. 所有冷凝器投用。打开泵冷却水，要求冷却水通过所有水冷器。

g. 公用工程投用正常。热油冷循环时，经副线充满本装置的七个热油再沸器，参加冷循环脱水，关闭根部阀、上下游阀、自控阀和副线阀。

h. DCS 操作员、室外操作员考试合格，岗位开始倒班。

③ 开工准备工作。

a. 操作工的现场检查和准备工作。

现场操作人员需要充分了解设备基本情况。

检查临时盲板是否全部拆除。

检查装置是否符合工艺管线和仪表控制图（PID图），重点对工艺流程发生修改的部分进行检查。

检查管道、设备和仪表是否有损坏现象，是否符合要求。

清理现场，确保管道和设备四周洁净。

对所有的公用工程和辅助设备试运行。

对设备管道进行除氧、除水。

b. 设备和仪表的检查内容。任何容器在封闭人孔之前要彻底检查容器的完好性、整洁性，通常检查内容如下：

塔盘回流线分配器、填料和金属破沫网的安装是否正确。

塔盘降液管、旋涡破除器、防溅挡板和导向板的安装是否正确。

热电偶套管的位置和长度。

液位表、内浮子的位置和行程、引液管和引压管的安装是否正确。

设备焊接是否符合要求。

设备因腐蚀和磨损引起的破坏程度是否影响生产。

垫片、螺栓的使用是否正确。

仪表的安装是否符合仪表手册的规定。

设备内部是否清洁。

设备内部构件是否完备。

c. 设备的水压试验。对新安装的设备要进行水压试验，通常用一个试压泵进行加压，试验时要注意：

用15℃以上的水进行水压试验，防止金属发生冷裂。

试验压力一般为工作压力的1.5倍。

设备内部必须完全充满液体。

必须把安全阀或安全膜拆除，也可用盲板盲死。

如液位浮球等不需要进行水压试验的内部构件，要拆卸后再试压。

如与设备连接的管道等能够承受试压的部分可以同时试压。

不能承受试压部分，如与设备连接则必须隔开后试压。

水压试验完成后，将容器内的水排放，在放水时，要通入气体，注意控制水的排放速率，防止容器内产生真空。酸区设备水压试验后要考虑干燥时间。

d. 管道冲洗。新安装的设备管道，必须经彻底清除管道中的灰土、锈垢、焊渣等后才能使用。此项工作也可以利用水压试验中的水来进行，也可使用蒸汽、压缩空气、氮气进行吹扫。冲洗时要注意以下几点：

容器和管道分别冲洗，以免管道中的沉积物沉积在容器之中。

冲洗速率尽可能选用最大值。

冲洗前将孔板、调节阀拆除（冲洗后再安装）。

管径小于3/4英寸（约19mm）的管线不用吹扫。

冲洗前保证泵与管道隔开。

换热器不用冲洗。冲洗与之连接管线时，应在换热器入口加挡板。

冲洗按先主管道、后支管道的顺序进行。

e. 气体置换与试密。在向装置进料之前，要使容器和管道内氧含量达到防爆要求。因此，对于新安装的设备、管道进行置换时的程序如下：

通入氮气。一般在容器的下部进氮气，上部放空。

关闭排放阀，控制压力不得超过设备工作压力。

用肥皂水检查法兰、阀门、人孔、手孔、焊缝等是否有泄漏。

确认系统无泄漏、氧含量合格。

(3) 冷态开车

① 回炼工段开车。

打开苯进料调节阀 FIC-230

打开排空阀门 XV-270

当 V-201 液位上涨至 45%，打开苯出料阀 XV-274

启动泵 P-202

打开泵出口阀 XV-275

当苯汽提塔液位上涨至 45%，开启塔釜热源，FIC-231 投手动，开度设 50

打开阀门 XV-273

打开阀门 XV-272

启动冷凝器 E-203 风机

当苯汽提塔液位至 35%，打开 P-203 入口阀门 XV-276

启动泵 P-203

打开泵 P-203 出口阀门 XV-277

LIC-231 投手动，开度 50

当 LIC-230 液位指示至 45%，LIC-230 投自动，目标值 50%，FIC-230 投串级

当 LIC-231 液位指示至 45%，LIC-231 投自动，目标值 50%

苯汽提塔液位上涨至 45%，FIC-231 投自动，目标值 10%

② 反应工段开车。

打开阀门 XV-202

打开烷烯烃进料阀 XV-201

开冷却水上水阀 XV-203

打开阀门 XV-204

打开阀门 XV-205

打开阀门 XV-210

打开阀门 XV-212

打开阀门 XV-213

打开阀门 XV-214

打开阀门 XV-211

打开阀门 XV-208

启动 E-208 风机

当烷基化沉降器液位上涨至 45%，打开 XV-206

启动泵 P-204

打开酸循环泵出口阀 XV-207

当烷基化沉降器液位下降至 10%，开 XV-209

当 HF 汽提塔液位上涨至 40%，FIC-201 投手动，缓慢打开 FIC-201

当 V-206 液位上涨至 40%，开 XV-215

打开阀门 XV-216

当 C-202 液位大于 15%，FIC-202 投手动，开度 50

当 C-203 液位大于 20%，开 XV-217

当 C-203 液位大于 20%，开 XV-218

当 C-202 液位大于 20%，TIC-202 投自动，目标温度 209℃，FIC-201 投串级

当 C-202 液位大于 20%，LIC-202 投自动，目标液位 50%，FIC-202 投串级

③ 分馏工段开车。

当 C-204 液位上涨至 45%，C-204 塔釜加热，FIC-211 投手动，开度 50

当 C-205 液位上涨至 45%，C-205 塔釜加热，FIC-214 投手动，开度 50

当 C-206 液位上涨至 45%，C-206 塔釜加热，FIC-215 投手动，开度 50

打开阀门 XV-235

打开阀门 XV-236

当 V-207 液位大于 15%，开 XV-233

启动泵 P-208

打开阀门 XV-234

打开 FIC-212

FIC-213 投手动，开度 50

启动 E-212 风机

当 C-204 液位下降至 20%，开 XV-231

启动泵 P-207

打开泵出口阀 XV-232

当 C-205 液位下降至 20%，开 XV-239

启动泵 P-210

打开阀门 XV-240

打开阀门 XV-243

打开阀门 XV-242

启动 E-216 风机

当 C-205 液位下降至 20%，开 XV-237

启动泵 P-209

打开泵出口阀门 XV-238

当 C-206 液位下降至 20%，打开阀门 XV-250

启动泵 P-213

打开泵出口阀门 XV-249

打开阀门 XV-248

打开阀门 XV-247

启动 E-219 风机

打开阀门 FIC-210

打开阀门 FIC-216

当 C-206 液位大于 20%，打开阀门 XV-252

启动泵 P-212

打开泵出口阀 XV-253

打开阀门 XV-251

打开阀门 XV-241

打开阀门 XV-244

打开真空泵入口阀 XV-245

打开真空泵出口阀 XV-246

启动真空泵 P-214

当 C-204 液位大于 20%，FIC-211 投自动，目标流量 12kg/h

当 C-204 液位大于 20%，V-207 液位大于 20%，TIC-211 投自动，目标温度 248℃，FIC-212 投串级

当 V-207 液位大于 20%，FIC-213 投自动，目标流量 10kg/h

当 C-205 液位大于 20%，FIC-214 投自动，目标流量 5kg/h

当 C-206 液位大于 20%，FIC-215 投自动，目标流量 10kg/h

当 C-206 液位大于 20%，FIC-210 投自动，目标流量 1kg/h

当 C-206 液位大于 20%，FIC-216 投自动，目标流量 2kg/h

④ 中和工段开车。

打开阀门 XV-278

打开阀门 XV-285

打开阀门 XV-288

当 C-207 液位大于 20%，打开阀门 XV-282

启动泵 P-219

打开泵出口阀门 XV-284

打开阀门 XV-279

当 V-213 液位大于 20%，或者 C-207 液位大于 20%，打开阀门 XV-283

开 P-225

打开泵出口阀门 XV-286

打开阀门 XV-281

打开阀门 XV-287

打开阀门 XV-280

打开阀门 XV-290

⑤ 质量分。

控制 C-201 塔釜热源流量在 9.9～10m^3/h 之间

控制 C-201 塔釜液位在 48%～52%之间

控制 V-201 液位在 48%～52%之间

控制 C-202 塔釜液位在 45%～55%之间

控制 C-202 塔内温度在 208～210℃之间

控制 C-204 塔内温度在 247～249℃之间

控制 C-204 塔釜热源流量在 9.9～10m^3/h 之间

控制 C-205 塔釜热源流量在 9.9～10m^3/h 之间

控制 C-206 塔釜热源流量在 9.9～10m^3/h 之间

控制 FIC-213 流量在 1.95～2.05kg/h 之间

控制 FIC-216 流量在 1.95～2.05kg/h 之间

控制 FIC-210 流量在 2kg/h 之间

(4) 停车操作规程

① 停车安全风险一览表。烷基化装置停车安全风险一览表见表 4-10。

表 4-10　烷基化装置停车安全风险一览表

活动过程	危害因素	危害	触发原因	风险削减措施
机泵切换作业	转动设备	盘车时伤人	盘车时注意力不集中	提高操作安全意识
	易燃易爆	火灾爆炸	① 密封泄漏 ② 使用非防爆型工具 ③ 泵起动后未进行检查 ④ 机泵未排空	① 起动前进行盘车 ② 禁止使用非防爆型工具 ③ 起动后进行检查 ④ 按操作规程进行操作
高空作业	高空	高处坠落	① 未制定安全措施 ② 安全措施未落实	① 制定安全防范措施 ② 落实防范措施
清理过滤器作业	可燃介质	火灾爆炸	① 物料处理不彻底 ② 未使用防爆工具	① 作业前进行工艺处理检查 ② 按规定使用防爆工具
	工具构件	伤人	① 工具构件跌落 ② 未使用防护工具	① 作业时集中精力 ② 按规定使用防护工具
排焦油作业	高温、毒物	中毒、灼伤	① 操作方法不当 ② 未使用防护工具 ③ 未确认流程造成跑料 ④ 使用非防爆型工具	① 加强操作人员操作技能培训；禁止无证作业 ② 合理使用防护器具 ③ 送料前进行流程确认 ④ 禁止使用非防爆型工具
氮气吹扫置换作业	毒害物料	中毒	① 操作者所处位置不当 ② 注意力不集中	① 操作者保证位置正确 ② 集中注意力
改线作业	高处	跌落	① 注意力不集中 ② 无人监护 ③ 开关阀门时用力过猛	① 集中注意力 ② 操作时要有监护人在现场 ③ 开关阀门时要用力得当
脱水排液作业	易燃易爆物质	火灾爆炸	① 未按操作规程进行操作 ② 物料泄漏 ③ 使用非防爆型工具	① 按操作规程进行操作 ② 集中注意力，防止泄漏 ③ 禁止使用非防爆型工具
	有毒害物料	中毒	① 未按操作规程进行操作 ② 注意力不集中	① 按操作规程进行操作 ② 集中注意力

续表

活动过程	危害因素	危害	触发原因	风险削减措施
引停蒸汽作业	高温	灼伤	① 管线裸露 ② 倒淋排放 ③ 位置不正确 ④ 注意力不集中	① 进行保温 ② 倒淋排放时要注意周围人员 ③ 要保证位置正确 ④ 加强安全意识
退酸作业	泄漏	伤亡	① 工艺流程不正确 ② 排放点未关闭	① 检查流程 ② 关闭各倒淋
	串料	造成设备损坏	① 排放点未关闭 ② 仪表显示失灵	① 关闭各排放点，作业时要保证有专人监护 ② 停车前要保证仪表正常
加拆盲板作业	有压力	泄压伤人	① 设备内有压未泄 ② 操作人员没有进行检查 ③ 仪表显示不准	① 保证设备内压力已泄尽 ② 操作前进行仔细检查 ③ 操作前确认仪表正常
塔罐管线排放作业	易燃易爆物质	火灾爆炸	① 有明火 ② 现场有大量可燃物质	① 现场要严禁有明火静电必要时进行检查 ② 如有大量可燃物质尽量向火炬放空
	有毒害物质	中毒	排放时中毒	排放时要加强防范意识
塔罐管线蒸煮作业	高温	灼伤	① 引蒸汽时泄漏 ② 排放时伤人	① 操作前进行工艺检查 ② 排放之前进行现场确认
切料作业	串料	超温超压	① 工艺流程错误 ② 操作人员操作错误	① 改线前对流程先进三级确认 ② 操作人员要对操作过程经过培训
		火灾爆炸	① 泄漏 ② 使用非防爆型工	① 作业时进行检查 ② 禁止使用非防爆型工具
退苯和烷烃作业	有毒、易燃易爆物质	中毒、爆炸	① 流程未确认 ② 阀门未关严、串料 ③ 工具敲打产生火花	① 进行流程确认 ② 加强操作 ③ 禁止用工具敲打
进入有限空间作业	有毒、易燃易爆物质	中毒、窒息	① 流程未确认，阀门未关严、串料，置换不合格 ② 未按规程进行测氧、测爆、有毒有害气体分析或分析不规范，或不遵守有效时间 ③ 无监护人或监护人脱岗 ④ 未穿防护用具或不会使用	① 严格进行流程确认 ② 严格按规范规程进行分析，分析合格后，在有效时间内操作 ③ 监护人不得离岗 ④ 按要求穿戴防护用具，并会正确使用

续表

活动过程	危害因素	危害	触发原因	风险削减措施
装置动火作业	有毒、易燃、易爆物质	着火、爆炸	① 流程未确认，阀门未关严、串料，置换不合格 ② 未按规程进行测氧、测爆、有毒有害气体分析或分析不规范。或不遵守有效时间 ③ 无监护人或监护人脱岗 ④ 防范措施不落实或不完全	① 严格进行流程确认 ② 严格按规范规程进行分析，分析合格后，在有效时间内操作 ③ 监护人不得离岗 ④ 严格检查、落实防范措施

② 停工安全环保、检修注意事项。

a. 烷基化装置停工工艺注意事项。烷基化装置停工的范围和停工所采用的步骤取决于该装置需要计划停车的时间长短和装置是否需要退酸。

烷基化装置只有在定期维修和定期检查时才有必要进行全面停工、退酸、退料、吹扫、中和等。若装置中的酸区容器发生重大问题，需要将其打开进入其内部时，也要全面停车，并对装置进行适当的中和处理。如果装置的停车时间很长，建议将酸从装置中排到酸储罐V-202之中，排酸时应将储罐的液位降到最低，增加C-207中KOH的浓度，以准备洗涤中和停车过程中所排放的酸气。停车之前不合格品储罐中的物料应通过装置重新处理，将不合格品储罐留作储存退出的烃类（不包括苯）。

在停工之前对装置上所有安全消防设施进行重新检查，确保在停工期间处于投用状态。

停工中注意各塔及容器的液位指示，保持液位恒定，有问题要及时查出原因，防止在停工期间满塔或跑油。

循环期间，仔细检查各设备放空，避免因放空未关严或未关而出现的跑油事故。

b. 安全检修管理规定。凡进入有毒、有害部位（包括进入设备内、地下污油池、下水井内）作业，必须配备防毒面具、氧气呼吸器、空气呼吸器等特殊防护用品，以防中毒。进入容器内作业必须办理允许进入有限空间作业证。

检修前必须对焊接工具、起重工具、机具等进行细致检查，凡不符合安全要求的工具一律禁止使用。

检修工作要严格执行“四不准”的规定：没有安全措施或不落实安全措施的不准施工和用火、不戴安全帽不准进入施工作业现场、不系安全带不准进行高空作业、高处施工不准高空落物。

严格执行用火制度，检修期间车间动火属于二级动火，火票由分厂生产厂长和安全员签字后才可生效。

设备内用火前必须进行相关气体参数检测，合格后方可动火。

在易燃易爆区域内进行检修作业时，不得使用产生火花的工具拆卸、敲打设备。临时用电设施或照明应符合电气防爆安全技术要求。

严禁使用汽油或易挥发性溶剂洗刷机具配件、车辆。

在检修中，工作前必须详细检查高空作业的脚手架、绳索等，平台上的滚动物件必须随时清除，高空作业的区域要用安全绳围起作为禁区，并指派专人监护，禁止行人通过。因工作需要分层作业时，必须保证防护隔离措施可靠，高空作业工具必须系上保险绳，工作中严禁抛扔任何物件。

进入下水道作业时，必须办理有限空间作业证并指派专人现场监护。

在设备内进行检修作业前应办理作业证。检修前打开设备上的所有人孔，保持设备内空气流通，必要时可向设备内通风，但不得通入纯氧，以防醉氧中毒。检修前将设备下部出口盖严，以防检修期间掉入东西，封设备前要由专人检查设备底部盖板、毛毡等是否去掉。

在清除容器内少量可燃物料残渣前必须办理作业证，按要求必须使用不产生火花的清理工具，严禁用铁器敲击碰撞。

检修过的设备管道内部必须清扫干净，经过检查后方可封闭，封闭时要由记录和检查人共同签字。

按停工方案要求，生产负责人负责停工指挥，全面检查拆装盲板及其他停工前的准备工作。

装置停工正常后，要组织生产和检修人员进行全面验收，整理技术资料，归档以备查用。

c. 安全检修措施。停工、吹扫期间应严格按照停工要求、停工程序、设备管线吹扫注意事项、吹扫流程进行。车间针对性地制定安全措施，以保障安全停工。

针对拆卸人孔作业制定以下要求：

拆人孔要自塔由上向下拆卸。

对称拆除人孔上的螺丝。打开人孔前要保留 1～2 个螺丝，以防人孔内压力冲击人。

用撬杠把人孔撬开一道缝，人不能面对撬缝，以免塔、容器内剩余介质流出或压力冲击伤人。若有介质流出时迅速将人孔螺丝上紧，将容器内介质压力排净。

拆卸完人孔要将螺栓摆放整齐。

针对设备检修、验收合格后安装人孔作业制定以下要求：

将旧垫片清理干净，要求法兰面平整、光滑、水线清晰。

用机油将石墨调匀，抹在相应的人孔垫片上。

在人孔法兰面上均匀涂抹一层黄油，将垫片贴在密封面上，保证垫片与法兰面同孔。

对准人孔盖，对称均匀地上螺栓。

在上螺栓过程中，要注意垫片不要移位。

d. 环保检修要求如下。

日常设备的堵漏、检修时注意要将含油的废水排入中和池。

检修时操作工要与现场各检修人员配合好，以防废油进入下水系统。

检修期间将各废杂物及时倒入工业垃圾箱内，地面污油及时打扫。

泵房内机泵的漏油一律倒入废油回收桶。

停工前召开环保会议，研究、检查环保情况，由工艺技术员制定措施，完善环保工作。

停工期间的废油必须回收，污水必须达标排放。停工期间发现问题及时与环保、调度及污水厂联系，采取措施处理合格后方可排放。

③ 扫线注意事项。

a. 安全注意事项如下。

加强装置警戒，严禁非工作人员随便进入。

对操作人员加强教育，严禁乱动阀门、设备，避免发生事故。

开启阀门前应检查周围，管端放空处无人、无物。

开阀应缓慢进行，防止水击，操作人员应站在放空端的侧面。

接胶管放空时应用铁丝捆紧，胶管放空头也需要固定。

高空作业，应系紧安全带，操作工进入现场应戴安全帽。

严禁带压拆卸螺栓。

b. 吹扫注意事项。首先吹扫各塔内部，蒸汽由塔底部引入，从顶部排空，吹扫 C-201、C-204 塔内要 48h 左右，C-205、C-206 要 72h 或更长时间，然后吹扫系统管线及设备各管线。吹扫过程中要求容器、设备各排气点见气后吹扫 24h 以上。

吹扫过程中应将设备与管线之间连接的阀门全部打开，防止吹扫中短路和留下死角。

要注意检查冷却设备是否停水，并将进出口水线放空阀打开，使设备内的存水排净。

吹扫前应将设备及管线上的温度计全部取出，以防超温损坏。

蒸汽吹扫过程中必须加强各设备底部及管线内脱水，吹扫完毕后设备、管线内的存水必须全部放净。

调节阀不需要吹扫，通过副线吹扫。

为防止超压损坏设备，吹扫冷换设备时冷却器要关上、下水阀，打开放空阀。换热器管、壳程出入口阀全开。

经常打开排凝阀及各放空阀，检查吹扫情况及分析烃含量，符合要求后方可进入或动火。

严格控制吹扫压力不得大于设备操作压力，一般塔器不得大于 300kPa，防止设备损坏。

④ 停车步骤。

a. 回炼工段停车。

停进料，关闭 FIC-230，LIC-230 投手动

停止塔釜加热，关闭 FIC-231

当 TI-230 温度降至 75℃以下，关闭 XV-273

当 TI-230 温度降至 75℃以下，关闭 XV-272

打开 XV-271

塔釜液相采出，打开 XV-289，全开 LIC-231

当 V-201 液位降至 0，关闭出口阀 XV-275

停泵 P-202

关泵入口阀 XV-274

当 C-201 液位降至 0，关 XV-277

停泵 P-203

关泵进口阀 XV-276

关闭调节阀 LIC-231

关闭 XV-289

当 TI-230 温度降至 50℃以下，停 E-203

b. 反应工段停车。

关闭 XV-202

关闭 XV-201

FIC-213 投手动，开度设 0

关闭 XV-207
关闭 P-204
关闭 XV-206
关闭 XV-208
关闭 XV-217
关闭 XV-210
TIC-202 投手动
FIC-201 投手动，开度 100
LIC-202 投手动
FIC-202 投手动，开度 100
当 V-206 液位降至 50%以下，关闭 XV-211
关闭 XV-212
当 C-203 液位降至 0，关闭 XV-214
当 V-206 液位降至 0，关闭 XV-215
当 V-206 液位降至 0，关闭 XV-216
关闭 XV-204
关闭 XV-205
关闭 XV-209
当 C-202 液位降至 5%以下，FIC-201 投手动，开度设 0
当 C-202 液位降至 0，关闭 FIC-202
待 C-202 液位、V-206 液位、V-205 液位、C-203 液位均降至 0，关闭 XV-213
待 C-203 液位降至 0，关闭 XV-218
待 TI-203 温度降至 50℃以下，关闭 XV-203
待 TI-203、TI-204 温度均降至 50℃以下，停 E-208 风机
c. 分馏工段停车。
停 C-204 塔釜加热
停 C-205 塔釜加热
停 C-206 塔釜加热
TIC-211 投手动
FIC-212 投手动，开度设 100
关闭 XV-235
待 V-207 液位降至 25%以下，关闭 XV-236
待 V-207 液位降至 0，关闭 XV-234
停 P-208
关闭 XV-233
待 V-207 液位降至 0，关闭 FIC-212
关闭 XV-242
关闭 XV-243
关闭 XV-240
停 P-210

关闭 XV-239
关闭 XV-247
关闭 FIC-210
关闭 FIC-216
关闭 XV-248
关闭 XV-249
停 P-213
关闭 XV-250
待 TI-212、TI-213 温度降至 50℃以下，停 E-212 风机
待 TI-214、TI-215 温度降至 50℃以下，停 E-216 风机
待 TI-216、TI-217 温度降至 50℃以下，停 E-219 风机
待 C-204 液位降至 0，关闭 XV-232
关闭 P-207
关闭 XV-231
关闭 XV-238
关闭 P-209
关闭 XV-237
待 C-206 液位降至 0，关闭 XV-251
关闭 XV-253
停 P-212
关闭 XV-252
待 C-205、C-206 液位降至 0，停 P-214
待 C-205、C-206 液位降至 0，关闭 XV-246
关闭 XV-245
待 C-205、C-206 液位降至 0，关闭 XV-244
待 C-205、C-206 液位降至 0，关闭 XV-241
d. 中和工段停车。
关闭 XV-278
关闭 XV-285
关闭 XV-288
关闭 XV-284
停 P-219
关闭 XV-282
待 V-213、C-207 液位均降至 0，关闭 XV-286
停 P-225
关闭 XV-283
待 V-213 液位降至 0，关闭 XV-279
待 C-207 液位降至 0，关闭 XV-281
待 V-212 液位降至 0，关闭 XV-287
待 C-207、V-213、V-212 液位降至 0，关闭 XV-280

待 C-207、V-213、V-212 液位降至 0，关闭 XV-290

4.1.4 烷基化装置事故处理预案

4.1.4.1 烷基化装置事故处理原则

① 公用工程发生故障时，应避免氢氟酸进入分馏系统和酸区设备的超压，防止机泵窜轴和机械密封的损坏，阻止各设备之间的串料。

② 装置本身发生故障时，应采取紧急隔离的方式来处理，尽可能缩小事故的影响范围。

③ 装置法兰、机械密封、垫片泄漏时，如果是高温油气泄漏，用蒸汽进行掩护，就近切断物料来源；如果是氢氟酸泄漏，要采取减压、隔离氢氟酸来源等措施。

④ 爆炸、火灾和管道破裂时，应该按重大事故处理原则处理。

4.1.4.2 一般事故处理原则

由于烷基化装置生产具有介质高温、易燃易爆的特点，在事故处理过程中应遵循安全第一原则，在保障人身安全的前提下保护设备免受破坏。具体原则如下：

① 紧急切断物料，将事故范围尽可能缩小。

② 防止酸进入分馏系统。

③ 应将 DCS 信号控制改为手动控制，待各物料、压力稳定后再改为自动控制。

④ 调整各股物流流量、压力、温度至正常值，防止局部超压、负压及过热。

4.1.4.3 重大事故处理预案

(1) 重大事故处理原则

① 切断装置进料、出料总阀（包括苯、烷基苯、烷烃、重烷基苯等）。

② 切断各设备之间的联系，特别是酸区反应部分和分馏部分设备之间的联系。

③ 根据实际情况，停止公用工程的能量供给，如热油、蒸汽、电气、空冷器等。

④ 防止设备管线的局部超压、负压及过热。

⑤ 如果需要检修，装置可进行退酸和退料。

(2) 重大事故处理方法

① 停热油。装置热油发生故障，将使各分馏塔加热器、再沸器无热源而停运，脱氢装置被迫停工。当热油管线、机泵、燃料油管线、蒸汽管线等发生一般性的故障时，可以按正常停工步骤进行停工处理。

当装置热油系统发生重大故障，如炉管破裂、热油总管破裂、法兰垫片大量泄漏时，应按紧急停工方案进行处理，关闭热油根部总阀。

② 停蒸汽。如果中压蒸汽发生故障，C-205、C-206、C-801 三塔将失去真空度，为了保证装置处于安全稳定状态，装置必须停车。若短时间停蒸汽，相对应的处理方案如下。

a. 完全关闭 PV-203 和 PV-206、PV-801。为保证塔顶的冷回流循环，保证冲洗液量，根据 C-205 塔集油箱液位，需要及时减少热回流及出料 FV-214 的流量。

b. 根据实际情况，C-205 塔底可直接改入不合格品罐，C-206、C-801 塔维持自身循环。

c. 脱氢部分可切除反应器，维持与脱氢二期的大循环路线，严防氢氟酸进入 C-204 塔。

d. 根据 C-204 塔 V-207 的液位，决定是否需要从 C-201 塔补苯，若不需要则保持 C-201 自身循环。

e. 如果 C-205 塔集油箱液位维持较困难，则需要将大循环改为小循环。

若长时间停蒸汽可按正常停工步骤处理。

③ 停冷却水。冷却水发生故障，将造成 C-205、C-206、C-801 三塔真空度下降，出现反应器进料温度升高，冲洗液温度升高等现象。

瞬时停冷却水处理方法如下：

a. C-205、C-206、C-801 三塔真空度下降，关闭 PV-203、PV-206、PV-801。降低热回流，加大冷回流，减小两塔的塔顶出料，根据真空度下降的程度来提高再沸器的供热量。

b. 由于反应器热容量很大，瞬间的冷却水停运，反应器温度不会显著升高。冲洗液温度上升，造成各酸泵轴温度升高，冷却效果下降。应降低冲洗液用量，保证酸泵密封不泄漏即可。在泵体上喷淋工艺水，以降低泵轴温度。

长时间停运冷却水的处理方法如下：

a. 首先按瞬时停冷却水处理。

b. H-101 降温，脱氢切出反应器，改大循环为小循环，烷烃直接与 C-205 集油箱循环，或者停止向烷基化进料，循环烷烃停止。

c. C-201 塔、C-204 塔自身循环。

d. 关闭烷基化反应器进料阀、旁通阀及 V-204 出料阀，停运 P-204A/B/C，C-202 塔保持自身循环，C-203 塔停运。

e. C-206、C-801 自身循环或停运。

f. 根据实际情况，考虑将装置停工、退料。

④ 停仪表风。

a. 当仪表风发生故障时，各种使用仪表风的仪表设备都将失控。控制阀将按其性质全开或全关，百叶窗处于全开位置，空冷风机的风扇在最大角度下工作，所有的浮筒或液位计将无指示。

b. 处理方法：当某一个仪表的仪表风发生故障时，可以将控制阀改为副线阀控制，关闭其上、下游阀门，参考其他操作参数进行适当调整。如果所有仪表的仪表风停运，可参考长时间停冷却水、蒸汽、热油的处理方案进行适当的处理。

⑤ 停氮气。当空分系统出现故障，氮气停送时，烷基化装置直接受到影响的是 C-205 塔和 C-206 塔的真空度。氮气停送，C-205、C-206、C-801 塔的真空度上升。处理方法是加大热回流、减小循环冷回流，根据真空上升程度，减小塔底再沸器的供热量。

⑥ 停电。由于电气事故，全装置所有的机泵、压缩机、空冷器风机停运，进而全装置被迫停车。

a. 瞬时停电的处理方法：

立即检查 P-211A/B、P-219A/B 备用泵是否联锁起动，如未联锁起动应将其起动。

应立即起动原运转设备，如果无法起动原运转设备，则起动原运转设备的备用设备。

DCS 应将信号控制改为手动控制，待各物料、压力稳定后再改为自动。

当起动 P-210A/B 泵时，应将室内的仪表控制器由自动改为手动调节，给定 50%，再启动泵，流量平稳后由手动改为自动调节。

调整各股料流、温度、压力至正常值。

检查各安全阀是否有起跳，各泵运转是否正常，管线、设备有无泄漏，重点检查酸区和苯区。

b. 长时间停电的处理方法如下。

确认 KOH 循环泵 P-219A/B、冲洗液泵 P-211A/B 正常运行。

关闭去氢氟酸再生塔及苯塔进料阀。

将各机泵的出、入口阀关闭，各酸泵入口阀关闭，出口阀微开，用冲洗液冲洗 1h 后，关闭出口阀，最后停运冲洗泵 P-211A/B。

关闭干燥苯进料总阀、新鲜苯总阀、烷烯烃进料总阀、反应器进料总阀、反应旁通阀、烷烃至脱氢装置总阀、LAB/HAB 的出料总阀、装置所有的控制阀的下游阀和副线阀、热油控制阀的下游阀、副线阀、根部阀。

脱烷烃塔 C-205、烷基苯再蒸塔 C-206 用 N_2 进行破真空。

将氢氟酸再生塔 C-203、氢氟酸汽提塔 C-202 泄压至中和系统。

C-204 塔通过苯塔顶馏出物受器 V-207 泄压至火炬。

注意设备管线的超压或产生真空。

c. DCS 停电。如果主控室 DCS 系统发生停电故障，监视器屏幕将无任何显示、各控制站无法调节，装置将按停电前状态运行。处理方法如下：

迅速联系仪表人员恢复送电。

迅速通知外操到现场检查各控制阀的状态，如果各控制阀的输出为零，应关闭控制阀的上游阀或下游阀，通过现场仪表用副线阀进行调节，恢复到原来值。

密切观察各塔的现场压力表，防止超压，必要时可向火炬或酸排放总管泄压。

严防氢氟酸进入分馏系统。

DCS 送电后，迅速进行调整。

⑦ 停苯。

a. 装置如果长期停苯，按正常停工步骤进行停工处理。

b. 装置若短期停苯，处理方法是：

脱氢装置切除反应器，与二期进行烷烃大循环。

C-205 塔停止向 C-206 塔送料，C-206 塔自身循环，C-801 塔自身循环。

C-201 塔自身循环，停止向反应部分进干燥苯。

⑧ 停烷烯烃。如果脱氢装置不能向烷基化装置进料，烷基化装置自身循环。

a. 短期停烷烯烃进料的处理方法：

C-205 脱烷烃塔自身循环，停止烷烃回到脱氢装置，同时停止塔底物料进到 C-206 塔，打开开工再沸器循环管线，维持再沸器槽内的液位。FIC-214、TIC-218、FIC-213 处于手动位置。

C-201 苯汽提塔全回流，停止向反应器进新鲜苯，FIC-225 处于关闭状态。

氢氟酸汽提塔 C-202 自身循环。打开 3 号停车循环管线，建立氢氟酸沉降槽与氢氟酸汽提塔的循环。

C-204 苯塔全回流，停止循环苯去反应部分，FV-230 处于关闭状态。

如果 V-207 液位升高，启动输出泵将苯送到不合格品罐。

停 C-203 塔。

C-206 塔自身循环。

C-801 塔自身循环。

b. 长期停烷烯烃进料，按停工步骤进行停工处理。

⑨ 酸区设备泄漏的处理方法。

a. 大面积泄漏的处理方法：

按紧急停工方案进行处理。

切断泄漏设备与其他设备的联系。

降低泄漏设备内部压力，通过酸排放总管泄压至 V-213。

视情况用熟石灰加固防护堤。

设备中和之后进行修复。

b. 小面积泄漏的处理方法：

切断物料来源进行处理。

如果方法 a. 不能奏效或不能实施，按停工步骤进行处理。

做好泄漏量增加的准备工作。

c. 酸区管线泄漏的处理方法：

根据泄漏的具体位置，尽可能采用包扎（打卡子）方法进行堵漏。

若方法不能奏效，按停工步骤进行处理。

4.1.4.4 事故处理预案演练规定和内容

(1) 事故预案演练规定

为保障装置安稳长周期运行，提高岗位员工在事故状态下的应急能力，在突发事件时能进行准确判断和正确处理，将损失及影响降到最低，精细化工企业制定了事故处理预案演练规定，内容如下：

① 在每年初制定全年每月一次的预案演练计划。

② 按计划分厂每月组织一次事故演练，由装置技术负责人牵头，设备员、安全员协助。参加人员主要为当班全体岗位人员，其他班组按月计划自行演练。

③ 演练前由技术负责人讲解预案。

④ 演练所需安全技术装备由安全员负责讲解正确使用方法。

⑤ 演练若需其他部门配合，应事前联系沟通。

⑥ 演练完毕后，由当班值班主任汇报演练情况，生产厂长向参加演练人员通报演练情况并进行点评。

⑦ 所有班组对演练要有详细记录。

⑧ 分厂要有专门的事故预案演练台账。

⑨ 每次演练后要对所做预案进行评审，有缺陷的部分需要改进。

(2) 烷基化装置事故演练内容

① 事故一处理步骤。

根据事故现象判断事故

关闭 KOH 循环泵 P-219 出口手阀 XV-284

停 KOH 循环泵 P-219

关闭 KOH 循环泵 P-219 进口手阀 XV-282
汇报主操"KOH 循环泵 P-219 已停止"
关闭新鲜 KOH 进罐阀门 XV-285
通知各部门降量处理
使用灭火器进行灭火（现象①停）
汇报主操"KOH 循环泵 P-219 明火已被扑灭，请组织岗位人员对后续工作进行处理"
② 事故二处理步骤。
根据事故现象判断事故
关闭脱苯塔底泵 P-207 出口手阀 XV-232
停脱苯塔底泵 P-207
关闭脱苯塔底泵 P-207 进口手阀 XV-231
汇报主操"脱苯塔底泵 P-207 已停止"
关闭脱苯塔进料调节阀 FV-202
通知反应部门降量处理
使用灭火器进行灭火（现象①停）
汇报主操"脱苯塔底泵 P-207 明火已被扑灭，请组织岗位人员对后续工作进行处理"
③ 事故三处理步骤。
根据事故现象判断事故
关闭脱苯塔底泵 P-207 出口阀门 XV-232
打开脱苯塔底泵 P-207 入口阀门 XV-231
启动脱苯塔底泵 P-207
打开脱苯塔底泵 P-207 出口阀门 XV-232
汇报主操"脱苯塔底泵 P-207 已启动"
关闭脱苯塔顶泵 P-208 出口阀门 XV-234
打开脱苯塔顶泵 P-208 入口阀门 XV-233
启动脱苯塔顶泵 P-208
打开脱苯塔顶泵 P-208 出口阀门 XV-234
汇报主操"脱苯塔顶泵 P-208 已启动"
关闭脱烷烃塔底泵 P-209 出口阀门 XV-238
打开脱烷烃塔底泵 P-209 入口阀门 XV-237
启动脱烷烃塔底泵 P-209
打开脱烷烃塔底泵 P-209 出口阀门 XV-238
汇报主操"脱烷烃塔底泵 P-209 已启动"
关闭脱烷烃塔顶泵 P-210 出口阀门 XV-240
打开脱烷烃塔顶泵 P-210 入口阀门 XV-239
启动脱烷烃塔顶泵 P-210
打开脱烷烃塔顶泵 P-210 出口阀门 XV-240
汇报主操"脱烷烃塔顶泵 P-210 已启动"
关闭再蒸馏塔底泵 P-212 出口阀门 XV-251
打开再蒸馏塔底泵 P-212 入口阀门 XV-252

启动再蒸馏塔底泵 P-212
打开再蒸馏塔底泵 P-212 出口阀门 XV-251
汇报主操“再蒸馏塔底泵 P-212 已启动”
关闭再蒸馏塔顶泵 P-213 出口阀门 XV-249
打开再蒸馏塔顶泵 P-213 入口阀门 XV-250
启动再蒸馏塔顶泵 P-213
打开再蒸馏塔顶泵 P-213 出口阀门 XV-249
汇报主操“再蒸馏塔顶泵 P-213 已启动”
启动真空泵 P-214
汇报主操“真空泵 P-214 已启动”
④ 事故四处理步骤。
根据事故现象判断事故
打开苯汽提塔换热器去不合格品出装置阀门 XV-289
关闭苯汽提塔进料泵 P-202 出口阀门 XV-275
停苯汽提塔进料泵 P-202
关闭苯汽提塔进料泵 P-202 入口阀门
待苯汽提塔液位 LIC-231 小于 5%时，关闭苯补充泵 P-203 出口阀门 XV-277
停苯补充泵 P-203
关闭苯补充泵 P-203 入口阀门
关闭气液分离器进口阀门 XV-278
关闭新鲜 KOH 进口阀门 XV-285
待放空气体洗涤器 C-207 液位 LI-234 小于 5%时，关闭 KOH 循环泵出口阀门 XV-284
停 KOH 循环泵 P-219
关闭 KOH 循环泵 P-219 入口阀门
关闭注水泵 P-225 出口阀门 XV-286
停注水泵 P-225
关闭注水泵 P-225 入口阀门
关闭石灰进口阀门 XV-288
⑤ 事故五处理步骤。
根据事故现象判断事故
关闭烷烯烃进料阀门 XV-201
关闭苯进料阀门 XV-202
关闭酸循环泵 P-204 出口阀门 XV-207
停酸循环泵 P-204
关闭酸循环泵 P-204 进口阀门
关闭烷基化混合器进口阀门 XV-204
汇报主操“原料线已停止，请各部门降量控制”
⑥ 事故六处理步骤。
根据事故现象判断事故
汇报调度室“DCS 系统故障，请立即联系仪表微机班对事故进行处理”

调度室反馈“DCS系统故障短时间不能排除，组织各岗位进行紧急停车操作”

关闭烷烯烃进料阀门XV-201

关闭苯进料阀门XV-202

关闭酸循环泵P-204出口阀门XV-207

停酸循环泵P-204

关闭酸循环泵P-204入口阀门

关闭烷基化混合器进口阀门XV-204

汇报主操“原料线已停止，我将按照紧急停车操作继续停车，请立即联系仪表微机班对事故进行处理”

4.2 磺化实物装置

4.2.1 磺化工艺流程

烷基苯磺酸是指一类具有如R—C_6H_4（苯环）—SO_3H通式的分子，R通常情况下为C_{10}～C_{20}的烃类，可以为直链，也可以具有支链。烷基苯磺酸中最有代表性的是十二烷基苯磺酸，它是一种重要的阴离子表面活性剂，常被用作各种洗涤剂的原料或被用来生产直链烷基苯磺酸钠盐、铵盐和乙醇胺盐。

烷基苯磺酸——磺化工艺包括磺化反应、磺酸的老化/水解、SO_3吸收和尾气处理。

4.2.1.1 磺化反应

磺化反应在多管膜式磺化器16R1中进行。磺化反应以及磺酸的老化/水解工段工艺流程图见图4-4。

在反应器中有机物料（烷基苯）与SO_3气体发生磺化反应。经特制的分配头，有机物料和SO_3气体以顺流的形式进入反应器，沿反应管壁内侧从顶部流到底部。

反应后混合物中的剩余气体（SO_2、SO_3及空气）在气液分离器16V4中与有机物分离，有机物收集在分离器16V4中。保持16V4中液位最低，以尽量减少磺酸与剩余SO_3气体的接触，防止产生过磺化现象；分离器16V4中分离出的气体经旋风分离器16S1进入尾气处理系统。

由于磺化反应是放热反应，循环冷却水通过16P1进入反应器壳程取走反应热。大约90%的冷却水进入反应器上部，其余部分进入反应器下部。

影响产品质量的主要工艺参数是有机物/SO_3摩尔比。

4.2.1.2 磺酸的老化/水解

烷基苯磺酸的老化是在由老化罐39V1、循环泵39P1、硫酸冷却器39E1组成的回路中完成的，停留时间为0～2h。

烷基苯磺酸水解过程在由硫酸水解水泵39P2、硫酸冷却器39E2组成的系统中实现。

磺酸的老化/水解单元的操作特点是在开工、停工、切换产品时，用烷基苯吸收SO_3气

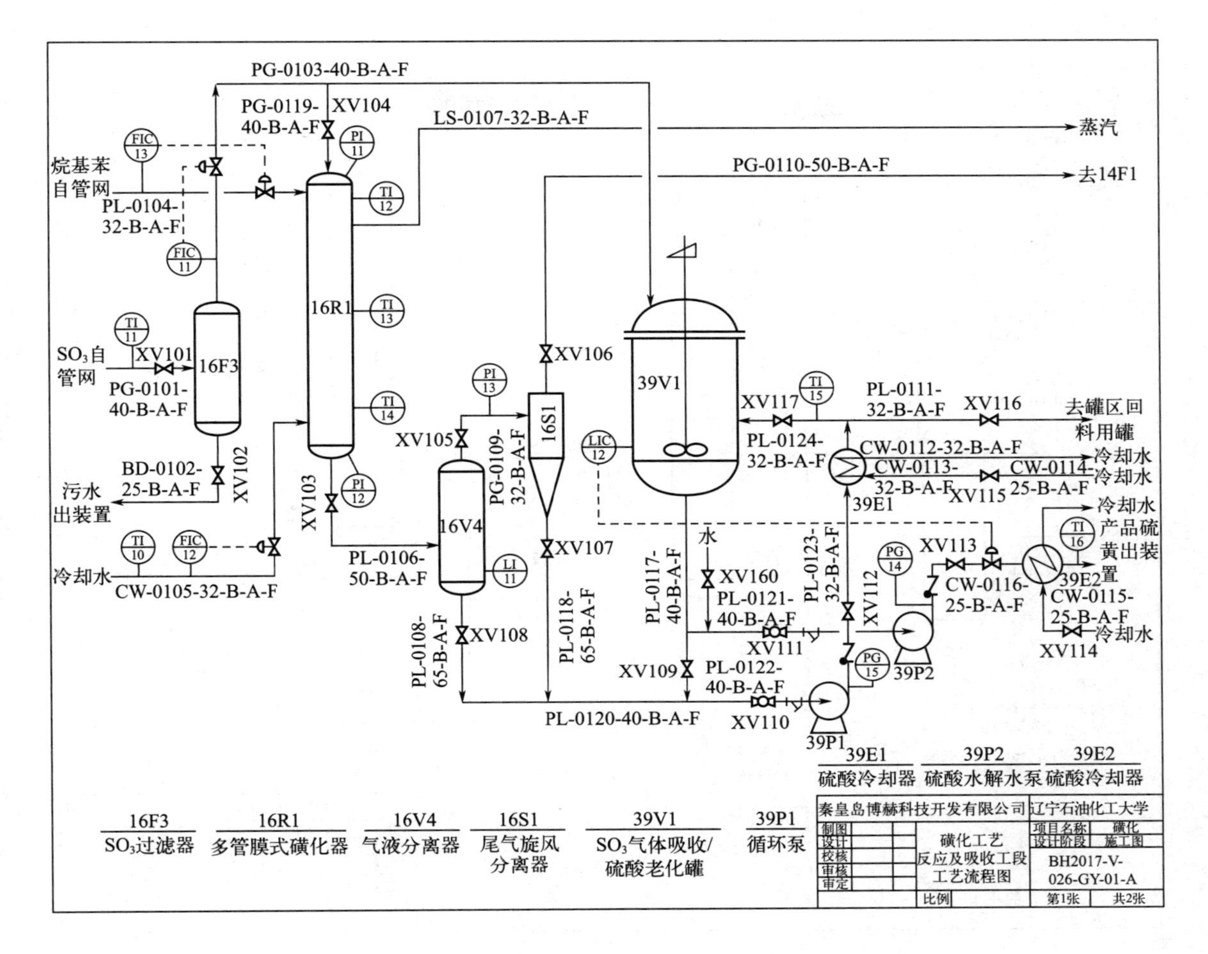

图 4-4　磺化反应以及磺酸的老化/水解工段简化后的 PID 流程图

体，吸收 SO_3 气体后生成有价值的表面活性剂（LAS），而不是通过传统的 SO_3 吸收塔产生副产品硫酸。特别是在装置需要频繁开车时，该方法可以使膜式反应器中不合格产品的生成率降至最低或完全排除。

此单元为一釜式不锈钢容器（配有在液体中均匀分配 SO_3 气体的喷嘴），同时还配有循环/混合/冷却回路。

烷基苯磺酸的水解用水通过 39P2 进行，产品经换热器 39E2 进入储罐。

4.2.1.3　SO_3 吸收和尾气处理

尾气吸收与处理工段的工艺流程图见图 4-5 所示。

（1）尾气的吸收与处理

从磺化单元来的尾气排放到大气之前必须经过处理，以除去可能含有的微量有机物和未转化的 SO_2 与 SO_3。有机悬浮物和部分 SO_3 通过静电除雾器（ESP）14F1 收集。静电除雾器内，在电极和排放管之间存在的高电压，使尾气中的液体杂质带电。由于杂质与管线带有相反电荷，因此被吸引到管壁上，并结合成液滴落到静电除雾器底部，聚集后的产物被连续

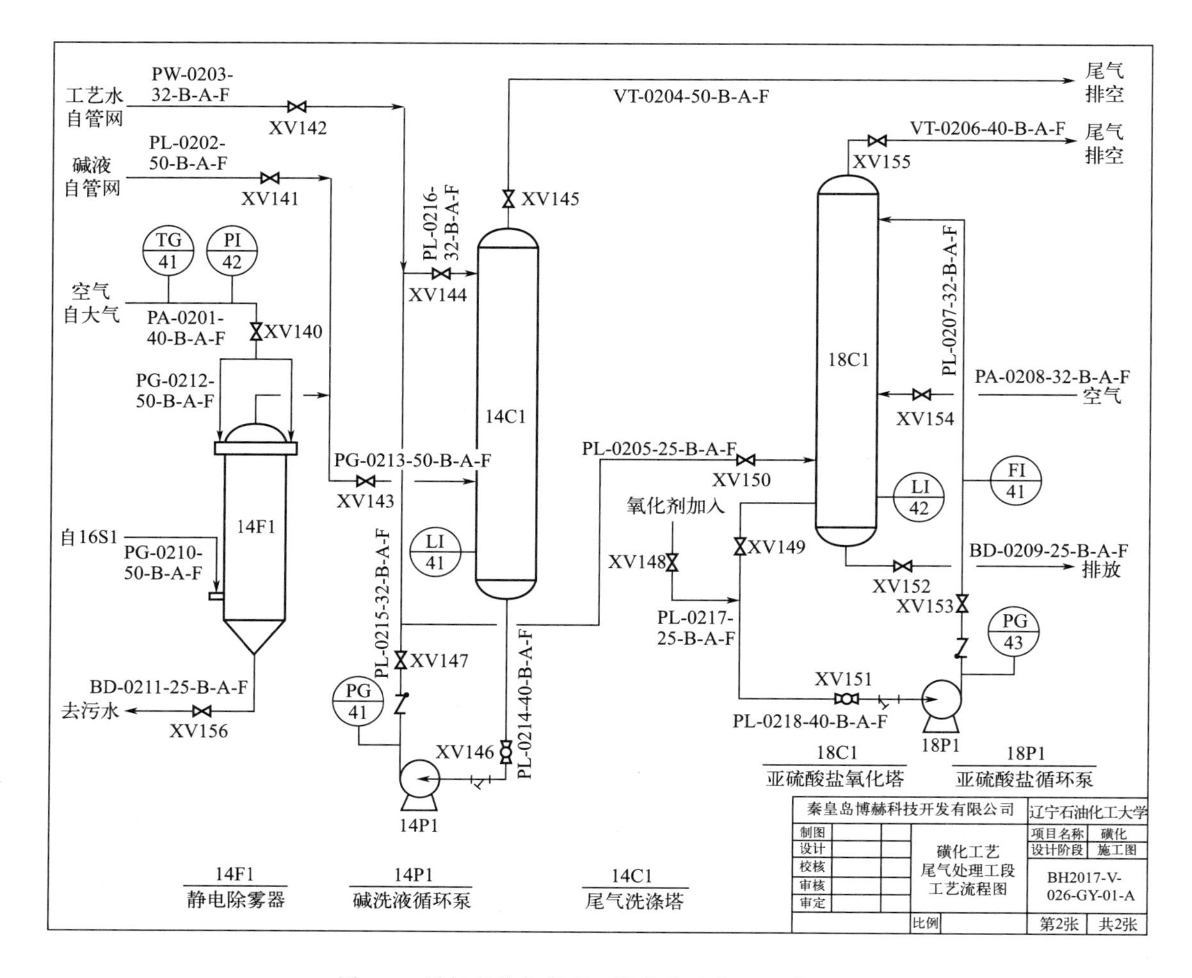

图 4-5 尾气吸收与处理工段简化后的 PID 流程图

排放到外部的桶中，以避免凝固在静电除雾器中。排放管应带有虹吸管或水封，以避免尾气外泄。

含有未转化的 SO_2 和残留的 SO_3 的尾气在填料洗涤塔 14C1 内进行处理，塔内填加水和苛性钠，碱洗塔内气体通过填料与碱溶液逆向接触，尾气中的 SO_2 和 SO_3 与碱液反应，生成亚硫酸钠和硫酸钠。操作员通过操作，可将碱溶液送至亚硫酸盐氧化单元（18 单元），保证碱液浓度的稳定。

（2）亚硫酸盐氧化

洗涤后的碱溶液被送到亚硫酸盐氧化塔 18C1，亚硫酸盐在塔 18C1（填料塔）中与空气逆流氧化，间歇操作。亚硫酸盐氧化周期为 8h，包括氧化物被送出界区的时间。

氧化物在离心泵 18P1 作用下在塔内循环，空气由底部送入。硫酸盐空气氧化百分比为 90%～95%，要到达 99%（亚硫酸钠含量低于 50mg/g），需在循环泵 18P1 入口管线加入适量氧化剂溶液（$NaClO/H_2O_2$）。

4.2.2 磺化装置原料产品指标

4.2.2.1 原料质量指标

正十二直链烷基苯质量指标见表4-11，硫黄质量指标见表4-12。

表4-11 正十二直链烷基苯质量指标

项目		质量指标
平均分子量（M）		238～250
溴价（以Br计）/(g/100g) ≤		0.02（预计0.01）
含水量（质量分数）/% ≤		0.01
链长的分布范围/%	小于 C_9 ≤	1
	C_{10}	10～20
	C_{10}～C_{11}	40～60
	C_{12} ≥	25
	C_{13}	5～20
	大于 C_{13}	1～10
正构烷烃（质量分数）/%		≤0.5
可磺化物（质量分数）/%		≥98.5
色泽/Hazen		≤10
密度（20℃）/(g/mL)		0.855～0.870

表4-12 硫黄质量指标

项目		质量指标			分析方法
		优等品	一等品	合格品	
硫（S）的质量分数/% ≥		99.95	99.50	99.00	GB/T 2449.1—2021
水分的质量分数/%	固体硫黄 ≤	2.0	2.0	2.0	GB/T 2449.1—2021
	液体硫黄 ≤	0.10	0.50	1.00	
灰分的质量分数/% ≤		0.03	0.10	0.20	GB/T 2449.1—2021
酸度的质量分数[以硫酸（H_2SO_4）计]/% ≤		0.003	0.005	0.02	GB/T 2449.1—2021
有机物的质量分数/% ≤		0.03	0.30	0.80	GB/T 2449.1—2021
砷（As）的质量分数/% ≤		0.0001	0.01	0.05	GB/T 2449.1—2021
铁（Fe）的质量分数/% ≤		0.003	0.005	—	GB/T 2449.1—2021
筛余物的质量分数/%	粒度大于150μm ≤	0	0	3.0	GB/T 2449.1—2021
	粒度为75～150μm ≤	0.5	1.0	4.0	

注：表中的筛余物指标仅用于粉状硫黄。

4.2.2.2 成品质量指标

工业直链烷基苯磺酸的质量指标见表 4-13。

表 4-13 工业直链烷基苯磺酸质量指标

项目名称		国标（GB/T 8447—2008）	
		优级品	合格品
烷基苯磺酸含量/%	≥	97	96
游离油含量/%	≤	1.5	2.0
硫酸含量/%	≤	1.5	1.5
色泽/KLETT	≤	30	50

4.2.2.3 公用工程指标

（1）循环冷却水

循环冷却水指标见表 4-14。

表 4-14 循环冷却水指标

参数	指标	参数	指标
外观	清洁无杂质	出口压力	1bar（除 16R1）
入口压力	0.4～0.65MPa	出口压力	常压（仅 16R1）
入口温度	低于 30℃		

注：1bar=100kPa。

（2）饱和中压蒸汽

入口压力：1.0MPa；

进口温度：210℃。

（3）仪表风

外观：干燥无油；

入口压力：0.5～0.62MPa；

温度：环境温度；

露点：−40℃。

（4）工艺水

外观：清洁无杂质；

硬度：最大 200mg/L（以 $CaCO_3$ 计）；

自来水压力：2bar。

4.2.3 磺化装置参数及操作规程

4.2.3.1 主要仪表指标

磺化装置主要控制仪表参数见表4-15，主要显示仪表参数见表4-16。

表4-15 磺化装置主要控制仪表参数

序号	位号	正常值	单位	说明
1	FIC-11	10000	m^3/h	过滤器出口流量
2	FIC-12	50000	m^3/h	冷却水流量
3	FIC-13	3550	m^3/h	烷基苯进料流量
4	LIC-12	50	%	老化罐液位

表4-16 磺化装置主要显示仪表参数

序号	位号	正常值	单位	说明
1	LI-11	50.00	%	气液分离器液位
2	LI-41	50.00	%	尾气洗涤塔液位
3	LI-42	50.00	%	亚硫酸盐氧化塔液位
4	TI-10	30	℃	冷却水温度
5	TI-11	52	℃	三氧化硫原料温度
6	TI-12	45.5	℃	多管膜式磺化器顶温度
7	TI-13	45.7	℃	多管膜式磺化器中段温度
8	TI-14	46	℃	多管膜式磺化器下段温度
9	TI-15	46	℃	老化罐回流温度
10	TI-16	40	℃	产品硫黄出料温度
11	TG-41	60	℃	空气温度
12	FI-41	505	kg/h	亚硫酸盐氧化塔回流流量
13	PI-11	0.285	MPa	磺化器顶部压力
14	PI-12	0.28	MPa	磺化器底部压力
15	PI-13	0.26	MPa	气液分离罐顶部出口压力
16	PG-14	0.3	MPa	硫酸水解水泵出口压力
17	PG-15	0.3	MPa	循环泵出口压力
18	PI-42	0.3	MPa	空气压力
19	PG-41	0.3	MPa	碱洗液循环泵出口压力
20	PG-43	0.3	MPa	亚硫酸盐循环泵出口压力

4.2.3.2 磺化装置主要操作规定

(1) 操作记录规定

① PLC（可编程逻辑控制器）岗位操作员每两小时对重要参数进行记录。

② 副操岗位操作员每一小时对重要参数进行记录。

③ 要求记录及时、准确、字迹清晰。

④ 应及时发现指示异常参数，并找出原因，进行调整。

⑤ 出现错记时应按磺化车间操作记录规范进行修改。

(2) 防止中毒窒息十条规定

① 对从事有毒作业、有窒息危险作业人员，必须进行防毒急救安全知识教育。

② 工作环境（设备、容器、井下、地沟等）中氧含量必须达到20%以上，毒害物质沉度符合国家规定时方能进行作业。

③ 在有毒场所作业时，必须佩戴防护用具，必须有人监护。

④ 进入缺氧或有毒气体设备内作业时，应将与其相通的管道加盲板隔绝。

⑤ 对有毒或有窒息危险的岗位，要制定防救措施和配备相应的防护用具。

⑥ 对有毒有害场所的浓度，要定期检测，使之符合国家标准。

⑦ 各类有毒物品和防毒器具必须有专人管理，并定期检查。

⑧ 涉及和监测毒害物质的设备、仪器要定期检查，保持完好。

⑨ 发生人员中毒、窒息时，处理及救护要及时、正确。

⑩ 健全有毒物质管理制度并严格执行，长期达不到规定卫生标准的作业场所，应停止作业。

(3) 磺化装置出现产品质量波动的调整及处置规定

① 开停工及紧急异常情况下产生的不合格酸的处置方法。

a. 由紧急、异常情况产生的不合格酸的处理方法。当装置处于紧急异常状态时，必须采取紧急停工的措施，在此过程中产生的不合格酸的主要组成是磺酸，因此，必须进入39V1回炼，或者直接进入罐区的单独不合格酸罐，待分析后再决定如何回炼。

b. 开停工过程中正常产生的不合格酸。对该部分物料的回炼应遵循以下原则：根据不合格产品中LAB的含量决定其回炼流程，如果其中LAB含量高于50%，可考虑经磺化器16R1进行回炼，反之则经39V1进行回炼。

在此部分物料进入16R1回炼后，要经常切换烷基苯过滤器并更换滤网，以避免磺酸对过滤器的腐蚀导致反应器分配头的堵塞。

② 磺化装置产品质量波动的调整办法及停工原则。

a. 产品活性物降低的调整方法及停工原则：

调整LAB/SO_3的配比。

调整反应器冷却水温度以及原料进料温度。

调整回炼量或水解水注入量。

当活性物降低2%（以96.0%作为最低合格标准）以上，采取以上措施调整仍无明显效果时，需将磺化装置进行停工处理。

b. 产品色泽高的调整方法及停工原则：

用 LAB 在线冲洗反应器。

适当增大 LAB 的进料量。

调整原料进反应器的温度。

调整反应器各部位温度。

将旋风分离器底部排出的物料外排，使其不再进入 16P2 入口。

在线切换 LAB 过滤器。

增大老化罐 39V1 的循环量。

在不影响其他产品指标下降低老化罐 39V1 液位。

如果产品色泽高且反应器出口磺酸温度高，烷基苯单耗大，则必须进行停工检修处理。

c. 硫酸含量高的调整方法及停工原则：

检查 11V2 及空气疏水器是否正常。

降低反应器头部温度及进料温度。

勤排烟酸（发烟硫酸）。

降低水解水量（防止磺酸“返酸”）。

若产品硫酸含量高，且系统烟酸量过大，16R1 头部烟酸通过排放仍然长期驻留（超过 24h），则需要进行停工处理。

(4) 车间安全生产规定

① 严禁携带火种及其他易燃易爆物品进入车间，装置内任何部位禁止吸烟。

② 严禁用汽油擦洗衣物、工具、设备、地面等，特殊用油持安全证明或许可证方可进行。严禁本单位任何人员将石油产品送与他人使用。

③ 严禁用黑色金属等易产生火花的物品敲击设备。拆装易燃易爆物料设备时应使用防爆工具。

④ 在易燃易爆场所不能穿纤维衣服，以防产生静电火花。

⑤ 进入装置内的各种机动车辆应办理通行证；设备检修用火，根据用火实际情况按要求办理火票，严格执行用火管理制度。

⑥ 高温设备管线上不能烘烤食品及各类易燃物品。

⑦ 不许随便拆卸管线、法兰，不准随便排放油品、物料等。

⑧ 严禁用水和蒸汽冲洗电机、电缆、电器开关等电气设备。

⑨ 设备不能超温、超压、超速、超负荷运行。

⑩ 设备检修必须办理作业票，机动设备检修必须切断电源，仪表检修必须切手动。

⑪ 按压力容器管理规定，加强安全阀的管理，定期检查校验。(起跳后要重新检验)

⑫ 消防栓、灭火器、安全抢险物品不能随便挪用，不能损坏，保证灵活好用，定期检查，消防通道保持畅通。

⑬ 工作中不能脱岗、串岗、看报、看书，不做与生产无关的事情。

(5) 定期操作规定

① 16 单元（膜式磺化）磺酸分析项目和频次规定。

16 单元磺酸每两小时一次中和值分析。

16 单元磺酸每八小时一次活性物含量分析。

16 单元磺酸每八小时一次色泽分析。

② 产品馏出口分析项目和频次规定。

产品馏出口每八小时一次中和值分析。

产品馏出口每两小时一次活性物含量分析。

产品馏出口每四小时一次色泽分析。

产品馏出口每八小时一次硫酸含量分析。

产品馏出口每八小时一次游离油含量分析。

产品馏出口每二十四小时一次水含量分析。

4.2.3.3 磺化装置岗位操作指南

(1) 膜式磺化(16单元)

① 关键参数16P2出口磺酸密度。

控制目标:通过DI-16.4的控制确保膜式磺化反应产生的LABSA(直链烷基苯磺酸)各项指标正常。

控制范围:1.015~1.020kg/dm^3。

相关参数:FIC-16.3、XIC-16.1、LIC-16.1、TI-16.1、TIC-16.4。

控制方式:磺酸的密度通过FE-16.4来检测,转换器DIT-16.4将信号送到DI-16.4和摩尔比控制系统的XIC-16.1。

正常调整:正常情况下,16单元磺酸的密度值主要通过调整烷基苯进料量(FIC-16.3)来控制。

异常处理:

FIC-16.3、XIC-16.1、LIC-16.1、TIC-16.4等失灵,联系仪表人员及时处理,并加强调整。

反应器头部烟酸量较大,及时排放。

如DI-16.4长时间不在控制范围,且通过分析LABSA不合格,应立即将LABSA切至不合格品罐16V5,并请求停工。

及时调整烷基苯进料管线伴热,控制烷基苯进料温度TI-16.2在0~35℃,严防因LAB温度过高导致反应器结焦。

② 关键参数16P3B注水量(水解水量)。

控制目标:保证LABSA产品中水含量在控制范围内。

控制范围(对应磺酸产量):0.5%~1%。

相关参数:16P3B冲程、16V6液位。

控制方式:16P3B注水量,通过调节16P3B的冲程大小来控制。

正常调整:正常生产时,通过采样分析或16V6内耗水量的计算可得知LABSA产品中的水含量,如水含量不在控制范围内,可调节16P3B冲程大小,然后分析或计算,直至水含量达到要求。

异常处理:

检查16V6液位,及时补水,保证不断水。

检查16P3B注水管线是否畅通,16P3B是否运转,并及时处理。

检查是否有冷却水管线泄漏,并及时处理。

当LIC-39.1故障关闭(39P2及16P3B仍运行)时,及时停运39P2,16P3联锁停运,防止39P2憋压,同时也防止水解水倒窜至39V1导致老化罐内磺酸乳化。

（2）LABSA 老化/SO_3 吸收（39 单元）

① 关键参数 LABSA 温度 39V1。

控制目标：使 LABSA 在此温度下便于输送、性质稳定和色泽最佳。

控制范围：40～50℃。

相关参数：TIC-39.2、TI-16.7、FI-39.1。

控制方式：39V1 回路安装了换热器 39E1，通过循环水带走老化反应热。循环回 39V1 的磺酸温度由 TIC-39.2 通过循环水阀 TV-39.2 来控制。

正常调整：TI-39.1 的温度变化通过 TIC-39.2 的设定值调整，改变 TIC-39.2 的设定值，将 TI-39.1 控制在要求范围内。

异常处理：

TI-16.7 温度变化，可通过现场开、关 16R1 冷却水蝶阀来调整。

TIC-39.2 失灵，联系仪表人员及时处理。

观察 FI-39.1，通过现场 39V1 返回蝶阀的开、关使其控制在正常值。

② 关键参数 39P1 出口 LABSA 密度。

控制目标：确保 LABSA 产品质量全部达标。

控制范围：1.034～1.037kg/dm^3。

相关参数：DI-16.4、LIC-39.1、TIC-39.2。

控制方式：在 DI-16.4 显示值正常的情况下，通过调整 LIC-39.1 的值来调整 DI-39.1 的值。

正常调整：通过改变 LIC-39.1 的设定值来控制 39V1 中 LABSA 的老化时间，从而调整 DI-39.1 的值。

异常处理：

LIC-39.1、TIC-39.2 失灵，联系仪表人员及时处理。

如由 DI-16.4 的变化而引起 DI-39.1 变化，应立即调整 DI-16.4，长时间调整后 DI-39.1 仍不在控制范围内，且采样分析 LABSA 不合格，要立即将 LABSA 切入不合格品罐 16V5，立即请示，准备停工处理。

（3）尾气处理单元（14 单元）

关键参数 14C1 循环碱液 pH 值。

控制目标：确保碱洗塔内溶液不起泡，不结晶。

控制范围：pH 值为 9～12。

相关参数：PI-14.7。

控制方式：由进入 14C1 内的碱液量控制。

正常调整：由 pH 计控制器 AE/AIC-14.1 测量碱溶液的 pH 值，进吸收塔 14C1 的碱液流量通过阀 AV-14.1 实施控制。

异常处理。正常生产，AE-14.1 波动较大时，一般有以下几种情况：

AV-14.1 自动失灵，改手动至正常开度，联系仪表人员修好后投自动。

碱液浓度低或烟酸排放量增多时，可微开 AV-14.1 旁路阀。

如果 AE-14.1 波动大，造成 14C1 内液体发泡，导致 PI-14.7 超压，应立即在 14P1 入口低点加柴油消泡，并调整 AE-14.1 至正常。

4.2.3.4 开停工操作规程

(1) 装置开工安全规定

① 要认真细致地检查工程质量是否合格，工艺流程是否畅通，设备是否完好，安全设施、卫生条件等是否达到装置开工条件。

② 设备、管线经过吹扫、冲洗、试压后进行单机试运，水联运符合要求后，彻底打扫装置的环境卫生。

③ 所有设备、开关、法兰、管线都要处于良好状态，各排空、放空全部关闭，安全阀全部投用，并打铅封，机泵润滑油端面密封要良好，冷却水要畅通，仪表灵活、好用、准确。

④ 检查所有容器液面报警器是否好用。

⑤ 要求消防设施齐全、好用，位置适当。

⑥ 要与有关单位做好联系工作。

⑦ 要有详细的开工方案，开工方案要经过各部门审核，并严格执行开工方案。

⑧ 加热炉点火要严格按照点炉操作规程进行，点火前进行彻底检查。

(2) 冷态开车

① 反应及吸收工段开车。

打开 SO_3 气体进料阀 XV101

打开 SO_3 流量控制器 FIC-11

打开 SO_3 过滤器排污阀 XV102

打开多管膜式磺化器进口阀 XV104

打开多管膜式磺化器出口阀 XV103

打开多管膜式磺化器夹套冷却水调节阀 FIC-12

打开烷基苯进料阀 FIC-13

打开气液分离器顶部排气阀 XV105

打开气液分离器底部出口阀 XV108

打开旋风分离器顶出口阀 XV106

打开旋风分离器底出口阀 XV107

打开阀门 XV109

打开循环泵 39P1 入口阀开 XV110

启动循环泵 39P1

打开循环泵 39P1 出口阀 XV112

打开阀门 XV117

打开进水阀门 XV160

打开硫酸水解水泵进口阀 XV111

启动硫酸水解水泵 39P2

打开硫酸水解水泵出口阀 XV113

打开 LIC-12

打开冷却水进水阀门 XV114

打开阀门 XV116

打开冷却水进水阀 XV115

FIC-12 投自动，目标值设 50000m^3/h

FIC-13 投自动，目标值 3550m^3/h

FIC-11 投自动，目标值 10000m^3/h

LIC-12 投自动，目标液位设 50%

当硫酸老化罐液位上涨至 20%，打开搅拌电机

② 尾气处理工段开车。

打开尾气洗涤塔放空阀门 XV145

打开亚硫酸盐氧化塔放空阀门 XV155

打开空气进气阀门 XV140

打开碱液进液阀门 XV141

打开工艺水进水阀门 XV142

打开阀门 XV143

打开尾气洗涤塔进料阀 XV144

当 LI-41 液位上涨至 10%，打开碱洗液循环泵入口阀 XV146

启动 14P1

打开阀门 XV147

打开阀门 XV150

打开氧化剂进料阀 XV148

打开亚硫酸盐氧化塔空气进气阀 XV154

打开阀门 XV149

当亚硫酸盐氧化塔液位上涨至 10%，打开亚硫酸盐循环泵入口阀 XV151

启动亚硫酸盐循环泵 18P1

打开亚硫酸盐循环泵出口阀 XV153

打开阀门 XV152

打开阀门 XV156

③ 质量分。

控制 FIC-13 流量在 3500～3600m^3/h 范围之内

控制 FIC-11 流量在 9950～10050m^3/h 之间

控制 FIC-12 流量在 49990～50010m^3/h 之间

控制 LIC-12 在 49%～51%之间

控制磺化器 16R1 温度在 44～48℃之间

控制 TI-15 温度在 45.6～46.4℃之间

(3) 停车操作

① 装置停工检修安全规定。

a. 装置停工检修前必须制定安全措施，组织用火，同时要制定管线设备蒸汽吹扫流程，要吹扫细致，打盲板要有人专门负责编号登记以便开工时拆除，下水井、地漏必须用水或蒸汽冲扫干净并封严。

b. 塔容器等大设备检修，要用蒸汽或者氮气按规定时间吹扫，温度降低以后，由上而

下拆卸人孔盖，严防超温，不能自下而上拆卸，以防自燃着火爆炸或烫伤。

c. 凡通入塔、炉、罐容器的蒸汽应有专人管理，严禁随便开动。本装置与外单位连接管线要打盲板，防止串气窒息、中毒或者着火爆炸。

d. 凡要检修的电机、风机等设备，必须切断电源。

e. 在拆卸设备前，必须经上级负责人检查，所有的油、汽、风、水、瓦斯管线均处理干净，经允许后，方准拆卸，以防残压伤人或油水流出污染工地，严禁在地面、钢架、平台上排放污油。

f. 塔、炉和其他容器检修时，临时照明灯应采用胶质软线（不能有破损）低电压（≤12V）安全灯，以防触电。

g. 凡进塔、炉或其他容器、电缆沟、下水井等内必须办理有限空间作业票，通风，要有安全措施（如戴安全帽、防毒面具，外面有人看护），时间不得过长，督促轮换工作，严防中毒及事故发生。

h. 凡进入检修现场的人员一律要求戴安全帽，高空作业在2m以上，必须系安全带和携带工具袋，卸下的零件螺栓等要摆放整齐，不用的废料及时清理，高空吊物要做到“一看”“二叫”“三放下”。

i. 装置内需要用电、用火或机动车辆进入装置时，要严格执行用电、用火管理制度，遵守乙炔瓶与氧气防爆安全规定。

② 反应及吸收工段停车。

停气体进料，关闭XV101

停液体进料，FIC-13投手动，开度0

停FIC-11

待磺化器压力降至0.15MPa以下，温度降至30℃以下，关闭却水控制阀FIC-12

关闭阀门XV104

关闭阀门XV103

待气液分离器液位LI-11降至0，关闭阀门XV108

关闭阀门XV105

关闭阀门XV106

关闭阀门XV107

关闭阀门XV160

关泵39P2出口阀门XV113

停泵39P2

关入口阀门XV111

关闭LIC-12

当TI-16温度降至30℃，关冷却水阀门XV114

关闭阀门XV117

当39V1液位降至15%左右，停搅拌电机

待39V1液位LIC-12降至0，关泵39P1出口阀门XV112

停39P1

关闭阀门XV110

待39V1液位降至0，关闭阀门XV109

关闭阀门 XV116
关闭阀门 XV115
PG-14 控制在 0.1MPa 以下
PG-15 控制在 0.1MPa 以下
关闭阀门 XV102
③ 尾气处理工段停车。
关闭阀门 XV140
关闭阀门 XV141
关闭阀门 XV142
关闭阀门 XV143
关闭阀门 XV144
待尾气洗涤塔液位降至 0，关闭阀门 XV147
停泵 14P1
关闭阀门 XV146
关闭阀门 XV150
关闭阀门 XV148
关闭阀门 XV154
关闭阀门 XV149
关闭阀门 XV153
停泵 18P1
关闭阀门 XV151
当亚硫酸盐氧化塔液位降至 0，关闭阀门 XV152
关闭阀门 XV156
关闭阀门 XV145
关闭阀门 XV155
PG-43 控制在 0.1MPa 以下
PG-41 控制在 0.1MPa 以下

4.2.4 磺化事故处理预案

由于磺化装置生产过程中存在介质高温、可燃、易爆、腐蚀、有毒等多种危害因素，因此事故处理过程中应遵循安全第一的原则。在保障人身安全的前提下，采取果断措施避免超温、超压、泄漏事故的发生，同时，紧急停车事故的关键是保护好膜式磺化反应器 16R1 及 SO_2/SO_3 转化塔 12C1 内的催化剂 V_2O_5。

4.2.4.1 紧急事故停工方法

装置保温停工步骤如下。
① 将应急系统投用到非应急状态。
② 手动将 ESP 电流降至 0，然后停 ESP。
③ 停 14K1。
④ 停 11K1，25P1/25P2 连锁停。

⑤ 停 12K1，关闭 KV-16.1，FIC-16.2 手动全关，PIC-16.1 手动 100%。

⑥ PIC-16.1 副线阀开大。

⑦ FIC-16.1 手动 0%，TIC-11.9 手动，保持原阀位。

⑧ 注意 DI-16.4 密度的变化，当 DI-16.4 小于 0.9 时停 P-3101A/B，通过对讲机通知副操立刻将 16R1 改到自身循环。

⑨ 16R1 改到自身循环（动作要快）。

⑩ 16S1 改外排。

⑪ 现场关闭 12E2、12E3、12C1 第四层、12E5、12E6、12E7 冷却风阀，记录原阀位；PLC 关闭 TIC-12.7。

⑫ 注意 16R1 水温的变化，保持水温，LIC-39.1 手动，保持阀位。

⑬ 紧急停工后，老化罐 39V1 中的物料根据分析结果送至成品罐或回用料罐 16V5 中。

4.2.4.2 一般事故处理预案（以 16R1 反应器泄漏为例）

（1）事故现象

① 大量三氧化硫酸雾、烷基苯液体泄漏。

② 酸雾散发可能污染整个主厂房。

（2）事故原因

下述任何一种情况都可以导致 16R1 反应器泄漏：

① 焊缝腐蚀，反应器上下封头法兰垫片达不到密封效果。

② 反应器超温。

③ 尾气憋压或者工艺风机压力控制器失灵造成系统超压。

（3）事故确认

① 主操通过 PLC 观察系统压力超压、反应器超温。

② 外操通过主操室窗户、主厂房四个门口和窗户、操作间门口观察反应器出现酸雾弥漫。

（4）事故处理方法

① 关键处理步骤：停运硫黄泵 25P1/P2；PLC 启动反应器应急停车程序。

② 初期险情控制。

[M]——班长知情后应立即汇报，同时组织救援。救援人员至少二人一组，一人监护，一人救援。

[P]——救援人员要穿戴好必要的防护用品、用具，进入现场救援。救援人员做好现场警戒，防止无关人员进入。

[P]——迅速处理漏点，如无法处理转为退守状态。

[P]——如果人员受到伤害，救援人员应根据具体受伤害程度进行急救或送往有关医院。

（5）工艺处置

① [M]：

a. 通知现场人员设立警戒区域，拦截过往车辆。

b. 命令相关人员及时通知相关领导及单位。

c. 组织岗位人员启动应急预案。

d. 做好班组人员分工，对事故处理进行监督并指导操作员的调节操作。

e. 注意将反应器物料及时切换到不合格品罐16V5。

f. 冬季注意防冻处理。

② [I]：

a. 通过PLC停止25P1/P2。

b. 在PLC第16单元画页按“EMERGENCY SEQ. REQUEST”按钮，启动反应器应急停车程序。

c. 按照紧急停工方案吹扫系统。

d. 冬季注意检查防冻。

③ [P]：

a. 启动主厂房屋顶轴流风机进行通风置换。

b. 打开主厂房所有门窗进行通风。

c. 若是冬季注意门口墙壁消防栓防冻凝。

d. 执行紧急停工方案。

e. 根据值班班长或主操指令及时切换磺酸产品到不合格品罐。

(6) 设备处置

[P]——如果阀门或管线、设备设施发生泄漏应及时联系维修处理。

[M]——如果泄漏无法处理，现场要求人员紧急撤离勿受伤害。

4.2.4.3 磺化装置事故处理演练

(1) 事故一处理步骤

通过现场事故现象确认事故

通知现场人员设立警戒区域，拦截过往车辆

汇报调度室，启动磺化反应器应急紧急停车预案

关闭SO_3过滤器进口阀门XV101

关闭SO_3过滤器顶出口调节阀FV-11

关闭多管膜式磺化器16R1烷基苯进料调节阀FV-13

关闭多管膜式磺化器进口阀门XV104

关闭多管膜式磺化器出口阀门XV103

汇报调度室“多管膜式磺化器已隔离，请通知其他部门进行紧急停车预案”

(2) 事故二处理步骤

通过现场事故现象确认事故

启动硫酸老化罐39V1搅拌电机

关闭循环泵39P1出口阀门XV112

启动循环泵39P1

打开循环泵39P1出口阀门XV112

汇报主操“循环泵39P1已启动”

关闭硫酸水解水泵 39P2 出口阀门 XV113
启动硫酸水解水泵 39P2
打开硫酸水解水泵 39P2 出口阀门 XV113
汇报主操“硫酸水解水泵 39P2 已启动”
关闭碱洗液循环泵 14P1 出口阀门 XV147
启动碱洗液循环泵 14P1
打开碱洗液循环泵 14P1 出口阀门 XV147
汇报主操“碱洗液循环泵 14P1 已启动”
关闭亚硫酸盐循环泵 18P1 出口阀门 XV153
启动亚硫酸盐循环泵 18P1
打开亚硫酸盐循环泵 18P1 出口阀门 XV153
汇报主操“亚硫酸盐循环泵 18P1 已启动”

(3) 事故三处理步骤

通过现场事故现象确认事故
关闭 SO_3 过滤器进口阀门 XV101
关闭 SO_3 过滤器顶出口调节阀 FV-11
关闭多管膜式磺化器 16R1 烷基苯进料调节阀 FV-13
关闭硫酸水解水泵 39P2 出口阀门 XV113
停硫酸水解水泵 39P2
关闭硫酸水解水泵 39P2 入口阀门 XV111
关闭硫酸冷却器 39E1 回硫酸老化罐 39V1 阀门 XV117
打开去罐区回料阀门 XV116，将物料排到罐区

(4) 事故四处理步骤

通过现场事故现象确认事故
汇报调度室“PLC 死机，请立即联系仪表微机班对事故进行处理”
调度室反馈“PLC 死机，故障短时间不能排除，组织各岗位进行紧急停车操作”
关闭 SO_3 过滤器进口阀门 XV101
关闭多管膜式磺化器进口阀门 XV104
打开罐区回料用罐进口阀门 XV116
汇报调度室“进料线已停止隔离，请通知仪表微机班进行处理”

习题

1. 简述烷基苯磺酸装置原料和产品的安全性质。
2. 简述烷基苯磺酸的工艺过程。
3. 烷基苯磺酸的关键工艺参数有哪些?
4. 烷基化反应岗位的操作任务有哪些?
5. 磺化装置的磺酸密度值是如何规范调节的?
6. 磺化装置的紧急停工注意事项有哪些?

第5章 精细化工主要设备

精细化工生产过程涉及的主要设备包括流体输送设备、换热设备、加热设备、反应设备、分离设备、储存设备、其他设备等。本章将从流体输送设备、换热设备、反应设备、其他设备四个方面进行介绍。

5.1 流体输送设备

在精细化工生产过程中，常常需要把流体输送到较远的另一处，或从低能位处输送到高能位处，为此，必须对流体提供机械能，以克服流体流动阻力和提高流体的位能。为流体提供能量的机械称为流体输送机械。

流体输送机械主要有泵、风机、压缩机等，本章主要介绍泵这种典型的流体输送设备。

泵按工作原理分主要有离心泵、往复泵、计量泵等。

5.1.1 离心泵

仿真动画
离心泵

精细化工装置中的大多数泵为离心泵。

(1) 离心泵的作用原理

离心泵主要由叶轮、轴、泵壳、轴封及密封环等组成。一般离心泵启动前，需向泵壳内灌满液体，当原动机带动泵轴和叶轮旋转时，液体一方面随叶轮做圆周运动，另一方面在离心力的作用下自叶轮中心向外周甩出，液体从叶轮获得了压力能和速度能。当液体流经蜗壳到排液口时，部分速度能将转变为静压力能。在液体自叶轮中心甩出时，叶轮中心部分造成低压区，与吸入液面之间形成压力差，于是液体不断地被吸入，并以一定的压力排出。

(2) 离心泵的结构

离心泵主要包括泵壳、叶轮、密封环、轴、轴承、轴封及支撑悬架等。

① 泵壳。有轴向剖分式和径向剖分式两种。大多数单级泵的壳体都是蜗壳式的，多级泵径向剖分为环形壳体或圆形壳体。蜗壳式泵壳内腔呈螺旋形液道，用以收集从叶轮中心甩出的液体，并引向扩散管至泵出口。泵壳承受全部的工作压力和液体的热负荷，精细化工用泵由于压力和温度都比较高，所以对材质的要求更为苛刻。

② 叶轮。是离心泵唯一做功的部分，泵通过叶轮旋转对液体做功。叶轮型式一般分为闭式、开式、半开式三种。闭式叶轮由叶片、前盖板、后盖板组成。半开式叶轮由叶片和后盖板组成。开式叶轮只有叶片，无前、后盖板。其中，闭式叶轮效率较高，开式叶轮效率较低，精细化工用离心泵以闭式叶轮居多。

③ 密封环。其作用是防止泵的内泄漏和外泄漏。由耐磨材料制成的密封环，镶于叶轮前、后盖板和泵壳上，磨损后可以更换。由于精细化工输送介质的特殊性能，一般选择耐温、耐磨和耐腐蚀的密封环。

④ 轴和轴承。泵轴一端固定叶轮，一端装联轴器。根据泵的大小，可选用滚动轴承和滑动轴承，轴承是离心泵易损件之一。

⑤ 轴封。一般分为机械密封和填料密封两种。一般泵均设计成既能装填料密封，又能装机械密封，精细化工用泵使用机械密封的居多。

(3) 离心泵的分类

按工作介质，精细化工装置用离心泵主要分为水泵、油泵和耐腐蚀泵三大类。水泵又可以分成清水泵、锅炉给水泵、热水循环泵、凝结水泵。油泵又可分为通用油泵、冷油泵、热油泵、液态烃泵等。耐腐蚀泵主要用于输送酸、碱及其他腐蚀性化学药品，主要包括耐腐蚀金属泵、非金属泵、杂质泵等。

清水泵是最常用的离心泵，为铸铁泵，填料密封。锅炉给水泵的压力较高，要求保证法兰连接的紧密性；应防止泵进口处产生汽蚀，过流部件应采用耐腐蚀性和抗电化学腐蚀的材料；防止温度变化引起不均匀变形。热水循环泵的吸入压力高，温度高，要求泵的强度可靠；填料函处于高压、高温下，应考虑减压和降温；如采用悬臂式端吸热水循环泵时，由于轴向推力大，要求轴承可靠。凝结水泵对汽蚀性能要求高，常采用加诱导轮或加大叶轮入口直径和宽度的方法改善泵的汽蚀性能；泵运转易发生汽蚀，过流部件有时采用耐汽蚀的材料（如硬质合金、磷青铜等)；填料函处于负压下工作，应防止空气侵入。

通用油泵的油品往往易燃易爆，要求泵密封性能好，常采用机械密封，采用防爆电动机；泵的材质和结构应考虑耐腐蚀和耐磨；为保证泵的连续可靠运转，应采取专门的冷却、密封、冲洗和润滑等措施。冷油泵，当输送油品的运动黏度大于 $20mm^2/s$ 时，应考虑黏度对泵性能的影响。热油泵，应考虑各零部件的热膨胀，必要时采取保温措施；过流部件采用耐高温材料；要求第一级叶轮的吸入性能好；轴承和轴封处要冷却；开泵前应预热，常用热油循环升温来加热泵，一般泵体温度不应低于入口温度40℃。液态烃泵吸入压力高，应保证泵体的强度和密封性；要求第一级叶轮的吸入性能好；因液态烃易泄漏引起结冰，因此对轴封性能要求高，不允许泄漏，泵内应防止液态烃汽化，并保证能分离出气体；选配电动机时应考虑装置开工试运转时的功耗，或采取限制泵试运转流量的措施，以免产生电机过载。

耐腐蚀金属泵，常用耐腐蚀金属泵过流部件的材料有普通铸铁、高硅铸铁、不锈钢、高镍合金钢、钛及其合金等，一般会根据介质特性和温度范围选用不同的材质；高镍合金钢、钛及其合金的价格比较高，一般不选用。非金属泵过流部件的材料有聚氯乙烯、玻璃钢、聚丙烯、聚全氟乙丙烯氟合金、聚偏氟乙烯超高分子量聚乙烯、石墨、陶瓷、搪玻璃、玻璃等，一般根据介质的特性和温度范围选用不同材质的非金属泵；一般非金属泵的耐腐蚀性能优于金属泵，但非金属泵的耐温、耐压性一般没有金属泵好；非金属泵常用于流量不大且温度、使用压力较低的腐蚀场合。杂质泵一般输送含有固体颗粒的浆液、料浆、污水、渣浆等，其过流部件应采用耐腐蚀的材料和结构；为防止堵塞，采用较宽的过流通道，叶轮的叶片较少，采用开式或半开式叶轮；轴封处应防止固体颗粒的侵入，含颗粒较少时，可采用注入比密封腔压力高的清洗液冲洗轴封，含颗粒较多时，可采用副叶轮（或卡叶片）加填料密封（或带冲洗的机械密封）的轴封结构。

5.1.2　往复泵

往复泵常作为装置注缓蚀剂、注氨、注破乳剂等的注剂泵，各化工厂中也有选用计量泵的。通常所说的计量泵就是在往复泵的基础上配有注入量调节装置。往复泵结构简图见图 5-1。

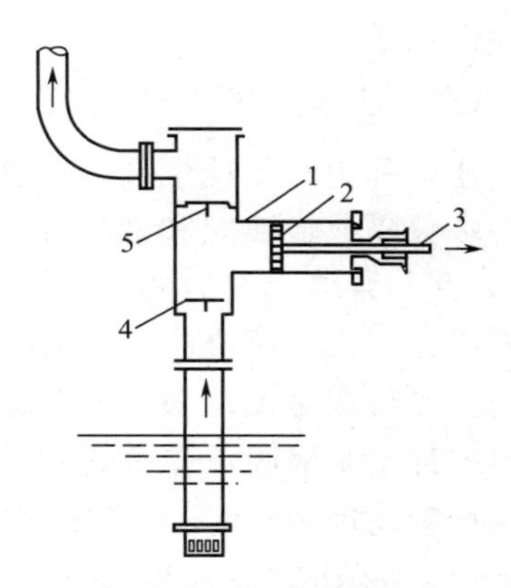

图 5-1　往复泵结构简图

1—泵缸；2—活塞；3—活塞杆；4—吸入阀；5—排出阀

作用原理：活（柱）塞做往复运动，使泵缸内的工作容积发生多次间歇变化，泵阀控制液体单向吸入和排出，形成工作循环，使液体能量增加，压力升高，排出泵体外。

(1) 性能

① 流量小而不均匀（脉动），几乎不随扬程变化；

② 扬程较高，扬程大小取决于泵本身动力、机械强度和密封性能；

③ 扬程与流量几乎无关，只是流量随扬程增加而漏损，使流量减小，轴功率随扬程和流量而变化；

④ 吸入高度大，不易产生抽空现象，有自吸能力；

⑤ 效率较高，在不同扬程和流量下工作效率仍能保持较高值；

⑥ 转速低。

(2) 操作与调节

启动前必须打开出口阀，不用出口阀调节流量，采用旁路阀调节或通过改变转速、活（柱）塞行程调节。

(3) 结构特点

结构复杂，易损件多，易出故障，维修麻烦，占地面积大，基础大。

(4) 适用范围

适用于流量小、扬程高、液体黏度大的场合，不宜用于输送不干净液体。

5.1.3　计量泵

根据计量泵液力端的结构类型，常将计量泵分为柱塞式、液压隔膜式、机械隔膜式和波纹管式四种。

(1) 柱塞式计量泵

与普通往复泵的结构基本一样，其液力端由液缸、柱塞、吸入和排出阀、密封填料等组成，除应满足普通往复泵液力端设计要求外，还应对对泵的计量精度有影响的吸入阀、排出阀、密封等部件进行精心设计与选择。主要的特点是价格较低，轴封为填料密封，存在泄漏，需周期性调节填料。填料与柱塞易磨损，需对填料环进行压力冲洗并排放。流量可达60～70m^3/h，流量在10%～100%的范围内可调，计量精度可达±1%，压力最大可达350MPa。出口压力变化时，流量几乎不变，能输送高黏度介质，不适于输送腐蚀性浆料及危险性化学品。

(2) 液压隔膜式计量泵

通常称为隔膜计量泵。隔膜计量泵在柱塞前端装有一层隔膜（柱塞与隔膜不接触），将液力端分隔成输液腔和液压腔。输液腔连接泵吸入、排出阀，液压腔内充满液压油（轻质油），并与泵体上端的液压油箱（补油箱）相通。当柱塞前后移动时，通过液压油将压力传给隔膜并使之前后挠曲变形引起容积的变化，起到输送液体的作用及满足精确计量的要求。它的主要特点是无动密封，无泄漏，能输送高黏度介质、磨蚀性浆料和危险性化学品。液压隔膜式计量泵隔膜承受高应力，隔膜寿命较短，出口压力在2MPa以上，流量适用范围较小，计量精度为±5%。当压力从最小到最大变化时，流量变化可达10%。

(3) 机械隔膜式计量泵

其隔膜与柱塞机构连接，无液压油系统，柱塞的前后移动直接带动隔膜前后挠曲变形。它的特点是价格较高，无动密封，无泄漏，有安全泄放装置，维护简单。压力可达35MPa，流量在10%～100%范围内可调，计量精度可达±1%；压力每升高6.9MPa，流量下降5%～10%。适用于输送中等黏度的介质及具有危险性、毒性等的介质。

(4) 波纹管式计量泵

其结构与机械隔膜式计量泵相似，只是以波纹管取代隔膜，柱塞端部与波纹管固定在一起。当柱塞往复运动时，波纹管被拉伸和压缩，从而改变液缸的容积，达到输液与计量的目的。它的特点是无动密封，无泄漏，最适于输送真空、高温、低压介质，出口压力在0.4MPa以下，计量精度较低。

5.1.4 精细化工装置用泵的特点

精细化工装置对泵的要求如下。

(1) 操作参数的要求

必须满足要求的流量、扬程、压力、温度、汽蚀余量等。

(2) 精细化工原料和产品的特性要求

输送易燃、易爆、有毒或贵重介质时，要求轴封可靠或采用无泄漏泵，如屏蔽泵、磁力驱动泵、隔膜泵等。输送腐蚀性原料和产品时，要求过流部件采用耐腐蚀材料，以延长泵的使用周期。输送含固体颗粒的介质时，要求过流部件采用耐磨材料，必要时轴封位置应采用液体进行冲洗，以保证密封效果。

(3) 精细化工装置现场的安装要求

① 对于安装在存在腐蚀性气体场合的泵，要求采取预防气体腐蚀的措施。对于安装在

室外环境温度低于−20℃的泵，要求考虑泵的冷脆现象，应该采用耐低温材料。对于安装在存在易燃易爆物质区域的泵，应根据区域防爆等级，采用不同等级的防爆电动机。

② 对于要求每年检修一次的精细化工企业，泵的连续运转周期一般不应小于8000h。现在大多数精细化工企业每三年左右检修一次，所以石化和天然气工业用离心泵相关标准（API 610）中规定石油、石油化工和天然气工业用泵的连续运转周期至少为3年。泵的设计寿命一般至少为10年，石化和天然气工业用离心泵相关标准（API 610）中规定石油、石油化工和天然气工业用离心泵的设计寿命至少为20年。

③ 泵的设计、制造、检验应符合有关标准、规范的规定，如离心泵技术条件标准（GB/T 5656—2008、GB/T 5657—2013），石油化工重载荷离心泵工程技术规范（SH/T 3139—2019），石油化工无密封离心泵工程技术规定（SH/T 3148—2016），石油化工用往复泵工程技术规定（SH/T 3141—2013），石油化工转子泵工程技术规定（SH/T 3151—2013），等。

④ 泵厂应保证泵在电源电压、频率变化范围内的性能。我国供电电压、频率的变化范围为：电压380V±38V，6000V±600V；频率50Hz±1Hz。选择泵的型号和制造厂时，应综合考虑泵的性能、能耗、可靠性、价格和制造规范等因素。

5.1.5 离心泵的运行和维护

由于精细化工企业生产装置所用泵绝大多数是离心泵，这里重点介绍离心泵的运行和维护知识。

(1) 离心泵启动前的准备工作

① 启动前需要清扫设备现场，擦拭泵体及其附件；检查泵体、端面、泵出入口管线、法兰、压力表接头等位置有无泄漏，泵的地脚螺栓有无松动，电机接地线是否良好，联轴器的防护罩是否把紧，变频调整器是否完好等。

② 检查离心泵的冷却水、排水地沟是否畅通；轴承部位按三级过滤要求加入相应规格的润滑油，油位控制在油标的1/2～2/3。

③ 使用工具盘车几圈，联轴器要运转轻松且轻重均匀，注意对轮是否有异常现象，泵内有无摩擦声或异常响声，检查完毕安装好联轴器安全罩。

④ 冷油泵或水泵等打开泵入口阀，使液体充满泵，并打开排空阀排出泵内存水和空气；打开压力表阀，多级泵如有平衡管，则应打开平衡管阀门。

⑤ 打开泵体、泵座、油箱、端面的冷却水阀门，补充封油，调节冷却水流量和封油压力适当，注意封油不要补充得过多以免抽空，而且封油要提前脱净水分。

⑥ 热油泵在启动前要缓慢全开入口阀，稍开出口阀，或打开预热阀进行预热，预热速度为50℃/h，控制泵体与介质的温差在30℃以下，预热时每10min盘车一圈。当温度高于150℃以后，应每隔5min盘转一次，以防泵轴产生变形。热油泵预热时开阀要缓慢，防止预热泵倒转，或者运转泵抽空。带变频调速功能的泵，需要将泵的出口阀门全开。

⑦ 联系操作工改好流程，联系电工检查电机并送电，对于检修电机的机泵，点试电机，检查电机旋转方向是否与泵旋转方向一致。送电前切记关闭出口阀门，目的在于减小电机负荷，不使电机过载。

（2）启动离心泵

① 改好流程后关闭出口阀，热油泵还要关闭出口预热线阀，再次进行全面检查，不允许带负荷启动；启动电机后，检查电流大小、声音和振动是否正常，泵有无泄漏，如果出现上述情况则应立即停泵，检查相关情况。

② 当泵出口压力达到操作压力后，打开泵出口阀。在出口阀门关闭的情况下，泵运转一般不超过 2min，否则液体在泵体内不断被搅拌和摩擦，产生大量热量，导致泵体超温、过热使零件损坏，严重时会造成事故。

③ 变频调整泵的转速，手动调节流量调节器的给定信号，调整流量至所要求的范围；密切关注电机电流和泵出口压力、流量的变化情况，防止泵超负荷或抽空，注意密封的泄漏情况。

④ 当泵运行正常后，适当调节泵的各部冷却水和封油量，保证冷却水的排出温度为 40℃左右，封油压力比泵的密封腔高 0.05～0.08MPa。

（3）正常停泵

① 接到机泵停运通知后，逐渐关闭出口阀，变频调整泵速将流量调节器的给定值调至最小；泵出口阀全关后，按停车按钮停泵。

② 当泵需检修时，可按以下步骤继续操作：

a. 关闭泵的入口阀。

b. 关闭密封油阀门。

c. 热油泵停运后，每隔 20～30min 盘车一圈，进行扫线；冷油泵压油放空；液态烃泵泄压时，应与调度联系；水泵和其他形式的泵放空。

d. 联系电工停电。

e. 当泵体温度降至室温时，关闭冷却水。

f. 经检查符合检修安全规定后，联系检修单位检修。

③ 当泵需正常备用时，停运后按以下步骤操作：

a. 热油泵或其他需要预热的泵适当打开泵的出口阀或预热阀，保持泵体温度在正常运转温度。

b. 封油视停用时密封腔内的压力适当关小。

c. 对于冷油泵，夏天关闭所有冷却水，冬天保持冷却水低流量以防冻；热油泵冷却水根据各部温度适当关小。

d. 热态工作的备用泵，尤其是多级泵，每班要盘车一次，每次至少 2 圈，盘车红点前后位置相差 180°，以免泵轴因自重而产生变形。

e. 备用泵满足备用的条件：润滑良好，冷却水畅通，无泄漏，盘车良好，安全附件齐全好用，热油泵处于预热状态，离心泵入口阀开、出口阀关，泵内充满介质。

（4）紧急停泵

① 具备下列情况之一，必须紧急停泵。

a. 泵或电机发生很大的振动或轴向窜动，联轴器损坏。

b. 电机冒烟、有臭味或着火。

c. 电机转速慢，并发出不正常声音。

d. 轴承或电机发热到安全允许极限值。

e. 热油泵或输送易汽化介质（如液态烃）的泵端面裂开，严重泄漏。

f. 危及人身安全（如电机电气系统漏电）。

g. 其他危及安全生产的情况。

② 马上按停车按钮紧急停机；迅速关严泵的出口阀、入口阀。

③ 若热油泵泄漏着火，要及时灭火，切断封油阀。

（5）机泵切换

① 将泵出口流量控制由自动改为手动。

② 按正常启动程序启动备用泵。

③ 当备用泵运行正常后，逐渐打开备用泵的出口阀，同时关闭原运行泵的出口阀，直至备用泵出口阀全开，原运行泵出口阀全关（高扬程多级泵关至最小流量限制值偏上）。

④ 在开、关出口阀的过程中要密切注意两泵的电机电流、压力、流量的变化，防止大幅度波动、抢量、抽空。出现异常情况要及时处理完后才可继续切换泵。

⑤ 按停车按钮，停运原运行泵（注意：原运行泵不可长时间关出口阀运行）。

⑥ 高扬程多级泵关闭泵的出口阀。

⑦ 停泵后做好停运泵的善后工作。

⑧ 确认运行正常后，将出口流量由手动改为自动控制。

（6）离心泵的正常维护

① 经常检查泵的出入口压力、流量及电机电流的变化情况，维持其正常的操作指标，严禁泵长时间抽空或在允许最低流量情况以下运转，发现异常及时处理，必要时停泵检查。出口流量不能通过入口阀调节，避免产生汽蚀、抽空、振动。

② 经常检查泵和电机的运转情况和各部位的振动、噪声情况。

③ 经常检查各部分温度变化情况，泵轴承温度不超过65℃，电机轴承温度不超过70℃。

④ 检查轴封的泄漏情况，有封油的要经常检查封油系统，控制好封油压力，使之处于要求值。轴封采用填料密封时，允许有滴状泄漏，但不能将填料压得太紧，以免增加摩擦功耗和轴过早地被磨损。检查机械密封时，眼睛不要对准密封面的切线方向，防止介质甩入眼内。

⑤ 对于热油泵的端面泄漏，调节封油操作要缓慢，防止泵抽空。

5.2 换热设备

传热就是热量传递的过程。精细化工生产过程都是在一定温度、压力条件下进行的，因此原料、中间产品、产品都要根据生产工艺要求进行加热和冷却。如原油在365℃左右进行常压蒸馏，重油在405℃左右进行减压蒸馏（真空度在95.76kPa左右），经过蒸馏所得到的汽油、煤油、柴油等产品又要冷却到25～40℃。

换热器是精细化工生产中重要的设备形式，它可用作加热器、冷却器、冷凝器、蒸发器等，应用十分广泛。

5.2.1 换热设备应满足的基本要求

根据工艺过程或热量回收用途的不同，换热设备应满足以下各项基本要求。

(1) 能够合理地实现所规定的工艺条件

工艺过程所规定的条件有传热量、流体的热力学参数（温度、压力、流量等）与物理化学性质（密度、黏度、腐蚀性等）。传热设备应该在上述条件的约束下，具有尽可能小的传热面积，在单位时间内传递尽可能多的热量。

(2) 安全可靠

大多数的换热设备也是压力容器，其强度、刚度、热应力以及疲劳寿命，应该满足相关的规定及标准，这对保证设备的安全可靠起着决定性的作用。材料的选择也是一个重要的环节，不仅它的机械性能和物理性能要满足安全要求，其在特殊环境中的耐腐蚀性能也是关键指标。

(3) 便于安装、操作与维修

设备与部件应便于运输与装拆，在移动时不会受到楼梯、梁、柱等的妨碍。根据需要可添置气、液排放口，检查孔，敷设保温层。场地应留有足够的空间以便换热设备在检修时可以将其内件抽出在现场进行处理。

(4) 经济合理

评定换热设备最终的指标是：在一定时间内（通常为 1 年）固定费用（设备的购买费、安装费等）与操作费（动力费，清洗、维修费等）的总和为最小。通常采用“窄点设计法”来确定具体的换热流程。

5.2.2 换热设备的分类

换热设备可以从用途、传热方式和结构等不同角度进行分类。按用途分类，可分为加热器、冷却器、冷凝器、重沸器、蒸汽发生器等；按传热方式分类，可分为间壁式换热器、混合式换热器、蓄热式换热器等；按结构分类，可分为管壳式换热器、板式换热器、板翅式换热器、翅管式换热器、热管式换热器等。

5.2.2.1 管壳式换热器

管壳式换热器是目前在炼油化工生产中应用最广泛的传热设备，与其他换热器相比，具有结构简单，操作弹性大，适应性强，耐高温、高压及高温差、高压差的优点。管壳式换热器属于间壁式换热器，它利用固体壁面将进行热交换的两种流体隔开，使它们通过共同的壁面（换热管）进行热交换。管壳式换热器只能满足流体介质间的热交换，加热介质和被加热介质分别流经管内和管间，并在流动过程中通过间壁进行热交换，被加热介质温度升高，加热介质温度降低。流过管间的介质一般要通过折流板几经折流后流出换热器，这主要是为提高管间介质的传热系数。

为防止壳程入口液体直接冲刷管束而冲蚀管束和造成振动，在入口处常常设置防冲板，缓冲壳程入口液流，其开孔数量与安装位置可按设计规定执行。其入口面积在任何情况下都不应小于接管的流通面积。

管壳式换热器包括固定管板式换热器、U形管式换热器、浮头式换热器。

（1）固定管板式换热器

固定管板式换热器结构可见二维码内容，换热器的管端以焊接或胀接的方法固定在两块管板上，而管板则以焊接的方法与壳体相连。

这种换热器的优点是结构简单、质量轻、造价低，在相同的壳程情况下，可较其他形式的管壳式换热器多排列一些换热管。由于不存在弯管，管内不易积聚污垢，即使产生污垢也便于清洗。如果换热管发生泄漏或损坏，便于进行补管，但无法清洗换热管的外表面，且难以检查，不适宜处理脏的或有腐蚀性的介质。最主要的缺点是冷热两流体之间的温差不能太大，因温差太大时，会产生较大的热应力，使换热管与管板结合处松脱而产生泄漏。

仿真动画

固定管板式换热器

为了减小热应力，可在壳体上设置膨胀节，利用膨胀节在外力作用下产生较大变形的能力来降低管束与壳体中的热应力。膨胀节的形式较多，常见的有U形、平板形与Ω形。如图5-2所示，其中U形膨胀节使用最为普遍，挠性与强度都比较好。卧式设备的膨胀节，最低点要有排液孔。

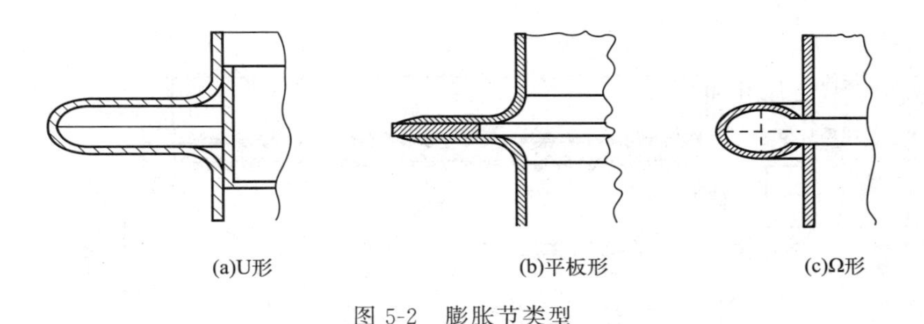

图5-2 膨胀节类型

（2）U形管式换热器

U形管式换热器结构如图5-3所示，其壳体内的管束是弯成“U”字形的，类似发夹，所以又称为发夹式换热器。U形管式换热器管束两端均固定在同一个管板上，而U形端不加固定，每根U形管均可自由伸缩而不受其他管子及壳体的约束。

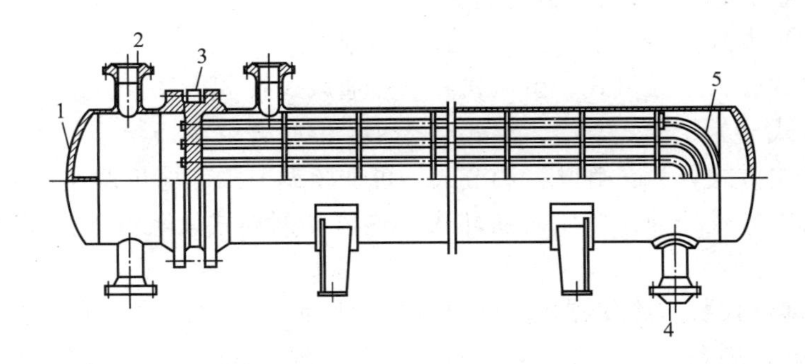

图5-3 U形管式换热器

1—管箱；2—管程管嘴；3—管板；4—壳程管嘴；5—U形管束

U形管式换热器结构简单、紧凑，只需要一个管板，单位传热面积的金属耗量少。具有弹性大、热补偿性能好、管程流速大、传热性能好、承压能力强、不易泄漏等优点，而且管束可以从壳体中抽出，管外清洗方便。但也存在制作较困难，管内清洗困难，因最内层管子弯曲半径不能太小造成管板利用率偏低等缺点。常减压装置往往在常压塔顶或常压塔顶循环使用U形管式换热器，以避免泄漏，影响产品质量。

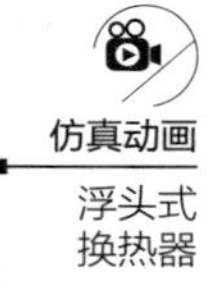

（3）浮头式换热器

浮头式换热器在常减压装置中最为常用。换热器中一块管板与壳体固定，另一侧管板可相对壳体滑动，能承受较大的管壳间热应力。浮头部分由浮头管板、钩圈与浮头端盖组成，是可拆连接，管束可以从壳体中取出，便于检修、清洗。其缺点是结构相对复杂，制造成本高，若浮头的垫片密封不严，会造成管内外流体互相混合，泄漏量不大时不易察觉。

5.2.2.2 空气冷却器

空气冷却器是一种以空气代替冷却水作为冷却介质的换热器，环境空气流过翅片管，使管内高温介质得到冷却或冷凝的设备，其结构如图5-4所示，基本部件包括管束、风机、风箱、风筒、百叶窗、构架、附件等。

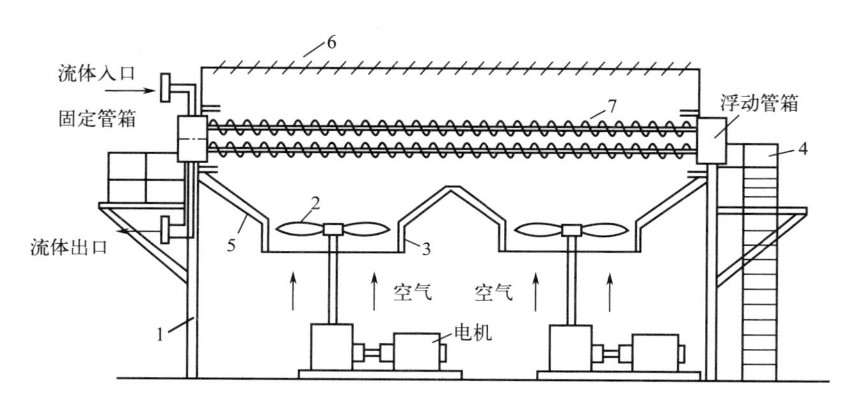

图5-4 空气冷却器的基本结构

1—构架；2—风机；3—风筒；4—平台；5—风箱；6—百叶窗；7—管束

空气冷却器通常按以下几种形式进行分类。

① 按管束布置方式分为：水平式、立式、斜顶式等；

② 按通风方式分为：鼓风式、引风式和自然通风式；

③ 按冷却方式分为：干式空冷、湿式空冷和干湿联合空冷；

④ 按风量控制方式分为：百叶窗调节式、可变角调节式和电机调速式；

⑤ 按防寒防冻方式分为：热风内循环式、热风外循环式、蒸汽伴热式及不同温位热流体的联合等形式。

采用空气冷却器代替水冷却器，不仅可以节约用水，还可以减少水污染。空气冷却器相对于水冷却器，操作周期长，投资少，操作费用低，设备潜力大。此外还具有维护费用低、运转安全可靠、使用寿命长等优点。为了提高冷却效果，管束外采用铝翅片加大管外面积提高翅化比（翅化比指单位长度翅片管的总外表面积与基管外表面积之比）。湿式空冷既利用冷水在管外表面汽化蒸发取走介质热量，又靠水分将空气增湿，提高空气湿度，因为水的相变热远远大于温差传热，故冷却效果得到进一步提高。

5.2.2.3 换热器的主要性能参数

① 温度。分为设计温度与工作温度。设计温度 $T_{设}$ 指换热器在正常情况下，设定的换热介质温度；工作温度 $T_{工作}$ 指正常工作情况下换热器可能达到的最高温度。$T_{设} \geqslant T_{工作}$，换热器严禁超 $T_{设}$ 运行。

② 压力。分为设计压力与工作压力。设计压力 $p_{设}$ 指设定换热器的最高压力；工作压力 $p_{工作}$ 指正常工作情况下换热器可能达到的最高压力。$p_{设} \geqslant p_{工作}$，换热器严禁超 $p_{设}$ 运行。

③ 换热面积。以换热管外径为基准，计算出的换热管外表面积。

④ 换热温差。正流介质在进入换热器时的温度与反流介质出换热器时的温度之差。在操作工艺条件不变的情况下，换热面积越大，理论上热端温差越小；随着换热器运行时间增长，管壁发生结垢，热端温差逐渐变大，这时需要检修进行清洗。

5.2.2.4 换热器的操作要求

(1) 投运

① 引冷油。要缓慢，微开放空阀，全开出口阀，慢开入口阀，放空阀见油后关闭。

② 引热油。要更缓慢，微开放空阀，全开出口阀，慢开入口阀，放空阀见油后关闭。

(2) 检查

密切关注压力、温度变化，有无泄漏发生，如有异常需改走副线并及时处理。

(3) 切出

① 停热油。先开副线阀，后关入口阀、出口阀，若涉及停泵，必须全关入口阀再停泵。

② 停冷油。先开副线阀，后关入口阀、出口阀，若涉及停泵，必须全关入口阀再停泵。

(4) 吹扫

吹扫前必须确认换热器的管程和壳程通畅无阻，防止超压损坏设备，吹扫单程时，另一侧放空阀必须全开。

(5) 注意事项

物料切出、切入时要缓慢，防止单边受热或受热不均造成换热器泄漏、变形；确定要对带涂层换热器进行蒸汽吹扫，要严格控制温度不超过200℃，避免涂层破损。

5.2.2.5 换热器的日常维护管理

(1) 泄漏情况

检查各接管法兰有无泄漏；检查管箱、管箱侧垫片有无泄漏；通过产品采样分析判断换热器是否存在内漏。

(2) 参数情况

检查管程介质的运行温度及压力（压力降）；检查壳程介质的运行温度及压力（压力降）；操作过程中流量调节要缓慢不得大起大落。

(3) 其他情况

检查换热器振动情况，弹簧及固定支撑是否完好；设备及接管各保温是否完好；设有压力表、温度计的要安装齐全，指示准确。易产生硫化亚铁的，按 HSE 要求采取防止硫化亚铁自燃措施。对奥氏体不锈钢壳体或管束，要防止连多硫酸腐蚀，采取碱洗中和或隔离。

（4）注意事项

严禁设备运行超温超压，对升温有要求的设备严格控制升温速度；按压差设计的换热器运行中不得超规定的压差。

5.3 反应设备

5.3.1 塔式反应器

在精细化工生产企业中，塔设备主要应用于气、液两相或液、液两相相间的传质过程，如精馏、吸收解吸、萃取等工艺。这些工艺过程是在一定的温度、压力、流量等条件下在塔内进行的。完成上述过程的前提是必须使塔的结构能保证气、液两相或液、液两相充分接触和必要的传质、传热面积以及两相的分离空间。

描述塔设备的性能指标为处理能力、传质效率和压降，以及操作弹性和操作稳定性。

塔设备的处理能力指理论上塔内最大容许的气相流量，此时塔内的操作气速（u）即泛点气速（u_F）。但正常生产时操作气速一般调整为泛点气速的 70%左右。但对于不同塔类型，其泛点气速计算的面积基准不同，错流板式塔采用有效截面积，穿流塔板和填料塔采用塔截面积。

传质效率是表示理论传质效果和实际生产传质效果差异的指标，影响传质效率的因素多且复杂。对于塔设备，传质效率一般用塔板效率来表示。板式塔的塔板效率即理论塔板数与实际塔板数之比。在实际生产中，塔内由于受传质时间、机械制造和安装的限制，不能达到气液平衡的状态，即塔板上蒸汽中所含的沸点组分浓度较平衡时蒸汽所含的要低，故实际塔板数应大于理论塔板数。填料塔的塔板效率一般采用等板高度 HETP 表示，即达到一层理论塔板传质效果所需的填料层高度，显然，等板高度越小，填料层的传质效率高。等板高度不仅取决于填料的类型和尺寸，而且也会受系统物性、操作条件及设备尺寸的影响。

压降一般指气相通过每层塔板或每米填料的能量损失。板式塔一般采用每层实际塔板的压降来表示，填料塔习惯采用每米填料的压降来描述。若要对比两者，常采用每理论板压降表示，显然填料塔的每理论板压降远低于板式塔。

操作弹性是指最高效率范围，即可行的高效操作范围。一般用上限气速和下限气速之比表示。

操作稳定性泛指对原料条件波动、操作变化的适应能力，也称为抗噪能力，具体表现在操作条件和产品质量稳定性。塔的操作稳定性会受塔的操作弹性、内部构件、物料特性等方面的影响。一般而言，化工设备的流动阻力越大和操作弹性越宽，操作稳定性越好。对于塔内件而言，板式塔的操作稳定性较填料塔更高。

5.3.1.1 板式塔的种类和结构

在精细化工生产行业中，目前使用板式塔所占比例较填料塔高，板式塔用于精馏过程较吸收过程多。板式塔通常由塔体与裙座组成，塔体由筒体、封头、人孔、接管、塔盘及内件、除沫装置、保温圈、吊柱、扶梯、平台等组成。

板式塔是一类用于气-液或液-液系统的分级接触传质设备，由圆筒形塔体和按一定间距水平装置在塔内的若干塔板组成。塔板又称塔盘，是板式塔中气液两相接触传质的部位，决定塔的操作性能，通常主要由三部分组成：气体通道、溢流堰、降液管。

(1) 板式塔的种类

板式塔的形式有很多，分类方法也各不相同，具体如表5-1所示。

表5-1 板式塔分类

分类方法	塔类型	分类方法	塔类型
按气液在塔板上的流向分	气、液呈错流的板式塔 气、液呈逆流的板式塔 气、液呈并流的板式塔	按有无溢流装置分	无溢流装置板式塔 有溢流装置板式塔
		按塔盘结构分	泡罩塔、浮阀塔、筛板塔等

(2) 塔盘

塔盘（又称塔板）的种类多种多样：泡罩、浮阀、筛板、舌形、网孔、多降液管塔盘（MD）、穿流筛板、栅纹穿流板（无降液管塔板）等。每一类下面又有很多小类。比如浮阀又分V-1形浮阀，V-4形浮阀（圆形浮阀），HTV船形，T形、B形浮阀（条形阀板）等。下面介绍几种最常用的塔盘。

① 泡罩塔盘。

泡罩塔板是工业生产上最早出现的塔板（1813年），至今已有200多年的历史，广泛应用在精馏、吸收、解吸等传质过程中。泡罩塔盘的结构主要由泡罩、升气管、溢流堰、降液管及塔板等部分组成，其结构图见图5-5。泡罩塔的气液接触元件是泡罩塔盘，有圆形与条形两种，应用最广泛的为圆形泡罩塔盘。圆形泡罩塔盘的直径有80mm、100mm、150mm三种。

图5-5 泡罩塔板结构图

随着精细化工生产的发展和技术的进步，不断出现了种类繁多的新型高效板式塔，使泡罩板式塔的使用范围逐渐缩小，但至今石化生产中仍有使用，因为它具有以下优点：

a. 气液两相接触比较充分，传质面积较大，因此塔板效率较高；

b. 操作弹性较大，便于操作；

c. 具有较高的生产能力，适用于大型生产。

它被逐渐淘汰的原因是结构复杂、造价较高、塔板压降较大等。

② 浮阀塔盘。

浮阀塔盘是20世纪50年代初发展起来的一种新型塔盘，目前在实际工业中应用最广泛。浮阀塔盘的结构特点是在塔板上开有若干阀孔（见图5-6和图5-7），每个阀孔装有一个可上下浮动的阀片，阀片本身连有几个阀腿。阀腿的作用是限制浮阀升起的高度和避免浮阀被气流冲走。阀片周围冲出几个略向下弯的定距片，当气速较低时，由于定距片的作用，阀片以点接触形式坐落在塔板上，可防止阀片粘贴在塔板上。

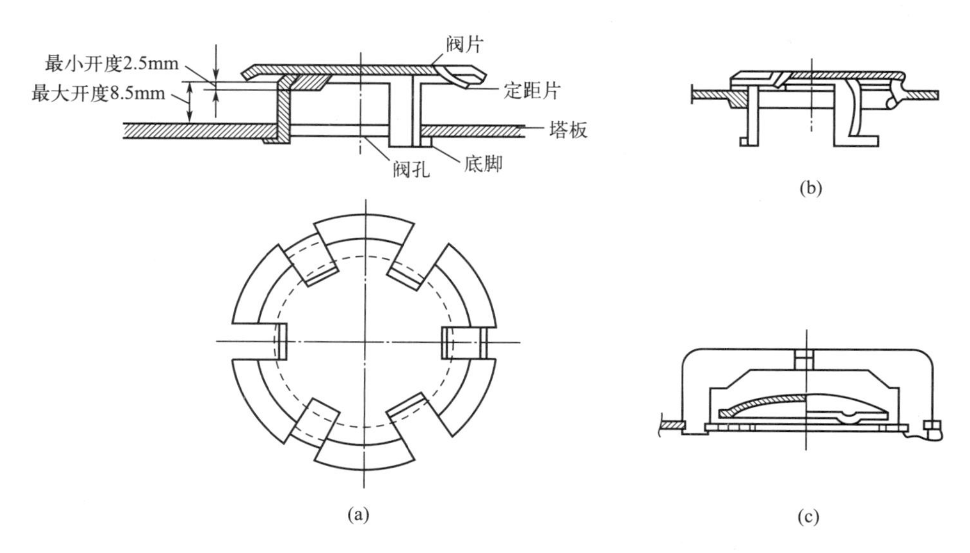

图5-6 浮阀塔盘结构图

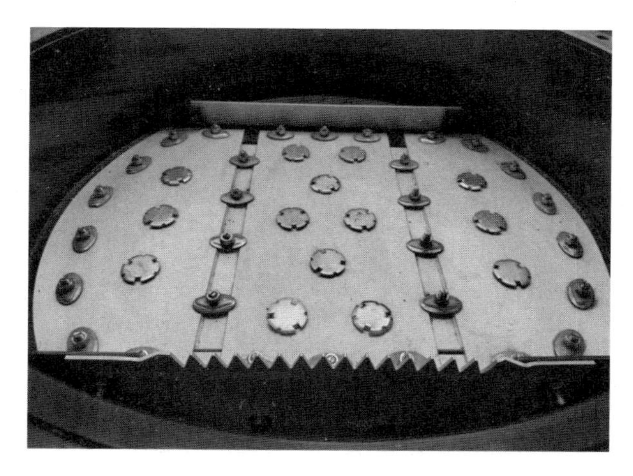

图5-7 单溢流浮阀塔盘结构图

浮阀塔具有以下优点：

a. 生产能力较大，比泡罩塔高20%～40%，与筛板塔接近；

b. 操作弹性大，由于浮阀可以根据气速大小自由升降、关闭或开启，当气速变化时，开度大小可以自动调节，适用于流量波动和变化的情况；

c. 塔板效率较高，上升气体以水平方向吹入液层，气液两相接触充分，因此一般比泡罩塔高15%左右；

d. 塔板压降小；

e. 造价低，结构较简单，制造容易，检修方便。

浮阀塔对材料的抗腐蚀要求较高，一般采用不锈钢制造，以免在操作中被腐蚀而卡住不能上下活动。

③ 筛板。

筛板全称筛孔塔板，它的结构和浮阀塔盘相类似，不同之处是塔板上不开设浮阀，而只开设许多直径3～5mm的筛孔，因此结构非常简单。

筛板塔的主要优点是结构简单，造价仅为泡罩塔的60%；塔板上液面落差低，塔板压降小；生产能力大；塔板效率高。主要缺点是操作弹性小，筛孔易堵塞，不适合处理高黏度、易结焦的物料。

④ 舌形塔盘。

舌形塔盘的结构特点是：在塔板上开出许多舌孔，方向和液体流动方向一致，舌片和塔板平面成一定的角度。舌孔按正三角形排列，塔板的流出侧没有溢流堰，只保留降液管，如图5-8所示。

舌形塔的优点是：

① 结构简单，造价低；

② 塔板上液面落差低，塔板压降小；

③ 生产能力大；

④ 塔板效率高。

舌形塔的缺点主要是操作弹性小。

塔板的种类繁多，但各种塔板的作用是相同的，即提供较大的气液相接触的表面积，以利于在两相之间进行传质和传热过程。

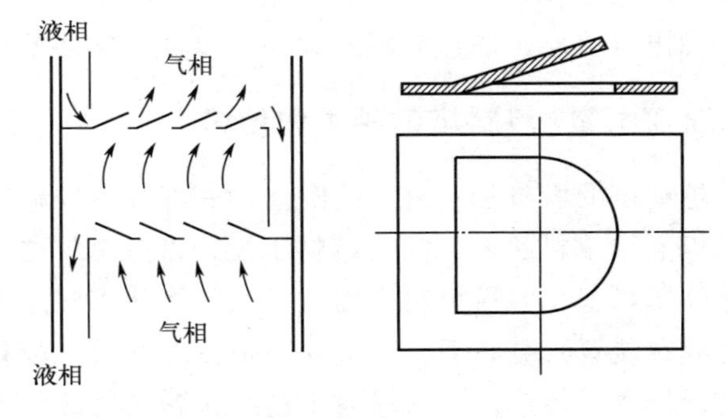

图5-8 舌形塔盘示意图

(3) 板式塔结构

板式塔是逐级接触式的气液传质设备，最普通的板式塔由壳体、塔板、溢流堰、降液管、受液盘等部件组成。

① 壳体。

精馏塔的壳体外形均为圆柱形。以前的精馏塔的材质多选用普通碳钢，随着原油硫含量的不断升高，壳体也随之升级。现在的精馏塔基本上是由复合钢板制造的，即外层钢板使用普通碳钢，内层塔板使用不锈钢或者防腐能力更高的316L等高等级钢材。

仿真动画
板式
精馏塔

② 塔顶部分。

在精馏塔内部顶端，一般设有气体流出的管口。从顶端到第一层塔板这一段是气液分离的空间，此空间较大，以降低气体上升速度，便于液滴从气相中分离出来。为了除掉气相中的液滴或泡沫，有些塔的塔顶还装有惯性分离或离心分离装置。

③ 塔底部分。

塔底部分的空间也非常大。它的作用：一是储存大量的液体以稳定下一单元的进料；二是在此进行气液分离，使塔底重组分中所携带的轻组分回到塔上部。为达到此目的，在塔底一般设有汽提蒸汽盘管或汽提蒸汽分布管，也有相当多的塔使用重沸器来加热塔底油以驱赶出其中的轻组分。

在塔底封头的最底部设有塔底油的抽出口，在抽出口上装有防涡板，以避免液体在抽出口处形成旋涡将塔内气体抽走，造成泵抽空。对于一些含杂质的液体，比如催化裂化装置的分馏塔，除了装有防涡板外还设有防焦网，以避免油浆将催化剂焦块携带入管线内，堵塞管线、换热器管束或磨穿管线、阀门。

④ 进料段。

进料段的主要作用是将已部分汽化的油品迅速、彻底地分成气相、液相两部分。为此，开发出许多种进料装置，如单切线进料、双切线进料等。进料段也需要一定大的空间，以增加气液相分离时间。

⑤ 塔盘结构。

塔盘安装时采用分块安装或整体安装两种方式，选择哪种方式是根据塔径的大小和安装检修的方便来确定的。

塔盘间距和塔径大小要根据工艺计算出来的雾沫夹带量、气相负荷、液相负荷等参数来确定。塔盘间距太大会使整个塔的高度增加，塔盘间距过小则易产生雾沫夹带和液泛，因此塔盘间距选择要合适，一般采用400mm、600mm、800mm三种距离。对于开有人孔、返塔口、抽出口等层，塔盘间距要大些，以便于安装检修。

5.3.1.2 填料塔的种类和结构

填料塔的塔身是一直立式圆筒，底部装有填料支承板，填料以散装或整砌的方式放置在支承板上。填料的上方安装填料压板，以防填料被上升气流吹动。液体从塔顶经液体分布器喷淋到填料上，并沿填料表面流下。气体从塔底送入，经气体分布装置（小直径塔一般不设气体分布装置）分布后，与液体呈逆流连续通过填料层的空隙，在填料表面气液两相密切接触进行传质、传热。填料塔属于连续接触式气液传质设备，两相组成沿塔高连续变化，在正常操作状态下，气相为连续相，液相为分散相。填料塔具有结构简单、填料可用耐腐蚀材料制作的特点，同时填料塔的压降也比板式塔小，所以是精细化工生产中广泛应用的传质设备。

(1) 填料塔的总体结构

填料塔的结构较板式塔简单。填料塔由塔体、喷淋装置、填料、分布器等组成。气体进入塔内后经填料上升，液体则由喷淋装置喷出后沿填料表面下流，气液两相便得到充分接触，从而达到传质的目的。

(2) 填料的特性和种类

① 填料的特性。

填料的特性常用下面几个参数说明。

a. 填料的尺寸，常以填料的外径、高度和厚度数值的乘式来表示。例如10×10×1.5的拉西环，则表示拉西环外径为10mm，高度为10mm，厚度为1.5mm。

b. 单位体积中填料的个数 n，即每立方米体积内装多少个填料。

c. 比表面 σ，即单位体积内填料所具有的表面积，m^2/m^3。

d. 空隙率（也叫自由体积）ε，即塔内每立方米干填料净空间（空隙体积）所占的百分数，m^3/m^3。填料上喷淋液体后，由于填料表面挂液，则空隙率减小。

e. 堆积密度 ρ，即单位体积内填料的质量，kg/m^3。

② 填料的种类。

填料塔所采用的填料根据装填方式主要分两大类：散装填料和规整填料。现介绍几种较为典型的填料。

a. 散装填料。散装填料是指将一个个具有一定几何形状和尺寸的颗粒体，一般以随机的方式堆积在塔内，又称为颗粒填料。散装填料根据结构特点不同，又可分为环形填料、鞍形填料、环鞍形填料及球形填料等。

拉西环填料。拉西环填料于1914年由拉西（F. Rashching）发明，为外径与高度相等的圆环，如图5-9所示。一般由陶瓷、金属、塑料等制成。大尺寸（100mm以上）的拉西环一般采用堆砌方式装填，小尺寸（75mm以下）的拉西环多采用散装方式装填。拉西环填料的气液分布较差，传质效率低，阻力大，通量小，目前工业上已较少应用。

图5-9 陶瓷材质的拉西环

鲍尔环填料。如图5-10所示，鲍尔环是对拉西环的改进，在拉西环的侧壁上开出两排长方形的窗孔，被切开的环壁的一侧仍与壁面相连，另一侧向环内弯曲，形成内伸的舌叶，各舌叶的侧边在环中心相搭。与拉西环相比，鲍尔环不仅具有较大的生产能力和较低的压降，且分离效率较高，沟流现象也大大减少。鲍尔环填料的优良性能使它一直为工业所重视，应用十分广泛。其可由陶瓷、金属或塑料制成。

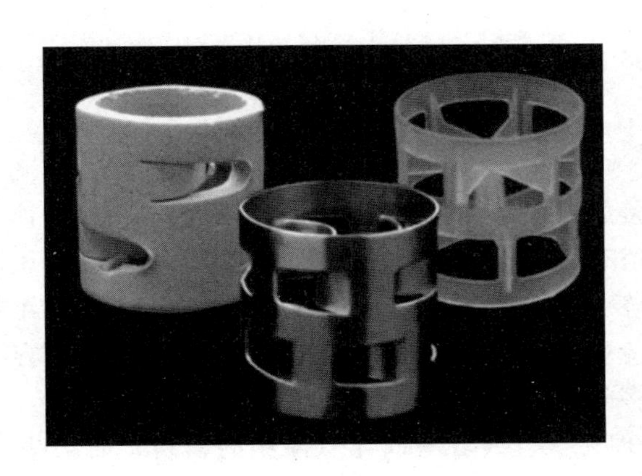

图5-10 不同材质的鲍尔环填料

矩鞍形填料。矩鞍形填料类似马鞍形，两端为矩形，且填料两面大小不等。具有弧形的液体通道，空隙较环形填料连续，气体向上主要沿弧形通道流动，改善了气液流动状况，液体分布均匀，气液传质速率得到提高。瓷矩鞍填料是目前采用最多的一种瓷质填料。陶瓷矩鞍形填料如图 5-11 所示。

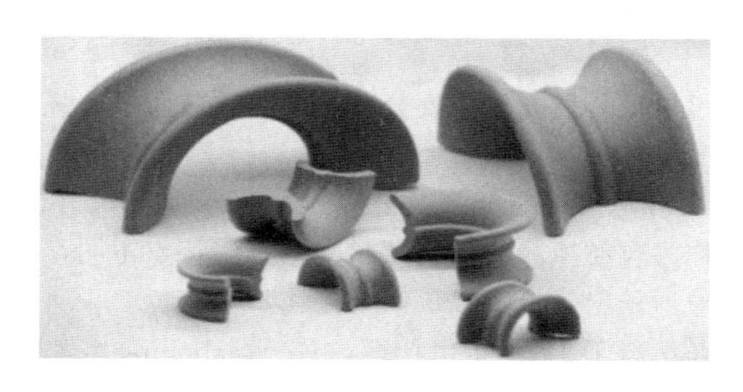

图 5-11 陶瓷矩鞍形填料

b. 规整填料。规整填料一般由波纹状的金属网丝或多孔板重叠而成。使用时根据填料塔的结构尺寸，将圆筒形整块放入塔内或分块拼成圆筒形在塔内砌装。规整填料空隙大，生产能力大，压降小，流道规则，只要液体初始分布均匀，则在全塔中分布也均匀，因此规整填料几乎无放大效应，通常具有很高的传质效率。但是，造价较高，易堵塞，难清洗，因此工业上一般用于较难分离或分离要求很高的情况。规整填料种类很多，根据其几何结构可分为格栅填料、波纹填料、脉冲填料等。

格栅填料。格栅填料是以条状单元体经一定规则组合而成的，具有多种结构形式。工业上应用最早的格栅填料为木格栅填料。应用较为普遍的有格里奇格栅填料、网孔格栅填料、蜂窝格栅填料等，其中以格里奇格栅填料最具代表性。格栅填料的比表面积较小，主要用于要求压降小、负荷大及防堵等场合。

波纹填料。波纹填料由许多层波纹薄片组成，各片高度相同但长短不等，搭配组合成圆盘状，填料波纹与水平方向成 30°或者 45°倾角，相邻两片反向重叠使其波纹互相垂直。将圆盘填料块水平放入塔内，相邻两圆盘的波纹薄片方向互成 90°排列。波纹填料按结构可分为网波纹填料和板波纹填料两大类，其材质又有金属、塑料和陶瓷等之分。波纹填料的优点是结构紧凑，阻力小，传质效率高，处理能力大，比表面积大（常用的有 $125m^2/m^3$、$150m^2/m^3$、$250m^2/m^3$、$350m^2/m^3$、$500m^2/m^3$、$700m^2/m^3$ 等几种）。波纹填料的缺点是不适于处理黏度大、易聚合或有悬浮物的物料，且装卸、清理困难，造价高。不锈钢丝网波纹填料见图 5-12。

（3）填料塔与板式塔的比较

对于许多气液逆流接触过程，填料塔和板式塔都是适用的，设计者必须根据具体情况进行选用。填料塔和板式塔有许多不同点，了解这些不同点对合理选用塔设备是有帮助的。

① 填料塔操作范围较小，特别是对液体负荷变化更为敏感。当液体负荷较小时，填料表面不能很好地润湿，传质效果急剧下降；当液体负荷过大时，则容易产生液泛。设计良好的板式塔，则具有大得多的操作范围。

② 填料塔不宜于处理易聚合或含有固体悬浮物的物料，而某些类型的板式塔（如大孔径筛板塔、泡罩塔等）则可以有效地处理这种物料。另外，板式塔的清洗亦比填料塔方便。

图 5-12 不锈钢丝网波纹填料

③ 当气液接触过程中需要冷却以移除反应热或溶解热时，填料塔因涉及液体均布问题而使结构复杂化。而对于板式塔，可方便地在塔板上安装冷却盘管。同理，当有侧线出料时，填料塔也不如板式塔方便。

④ 之前散装填料塔的直径很少大于 0.5m，后来又提出直径不宜超过 1.5m，根据现在填料塔的发展状况，这一限制已经不再成立。板式塔直径一般不小于 0.6m。

⑤ 关于板式塔的设计资料更容易得到而且更为可靠，因此板式塔的设计比较准确，安全系数可取得更小。

⑥ 当塔径不是很大时，填料塔因结构简单而造价较低。

⑦ 对于易起泡物系，填料塔更适合，因填料对泡沫有限制和破碎的作用。

⑧ 对于腐蚀性物系，填料塔更适合，因可采用瓷质填料。

⑨ 对热敏性物系宜采用填料塔，因为填料塔内的滞液量比板式塔少，物料在塔内的停留时间短。

⑩ 填料塔的压降比板式塔小，因而对真空操作更为适宜。

5.3.2 管式反应器

管式反应器是由多根细管串联或并联而构成的一种反应器。通常，管式反应器的长度和直径之比为 50～100。在实际应用中，管式反应器多数采用连续操作，少数采用半连续操作，使用间歇操作的则极为罕见。

5.3.2.1 管式反应器特点

① 由于反应物分子在反应器内停留时间相等，所以在反应器内任何一点处的反应物浓度和化学反应速率都不随时间而变化，只随管长变化。

② 管式反应器的单位反应器体积具有较大的换热面积，特别适用于热效应较大的反应。

③ 由于反应物在管式反应器中反应速率快、流速大，所以它的生产率高。

④ 管式反应器适用于大型化和连续化的化工生产。

⑤ 与釜式反应器相比较，其返混较小，在流速较低的情况下，其管内流体流型接近于理想置换流。

5.3.2.2 管式反应器的结构

管式反应器包括直管、弯管、密封环、法兰及紧固件、温度补偿器、传热夹套及联络管和机架等几部分。

(1) 直管

根据反应段的不同，直管的内管内径通常也不同，如 Φ27mm 和 Φ34mm，夹套管通过焊接形式与内管固定。夹套管上对称地安装一对不锈钢 Ω 形补偿器，以消除开停车时内外管线膨胀系数不同而附加在焊缝上的拉应力。

向反应器预热段夹套管内通蒸汽以加热反应物料，向反应段或冷却段通冷水以移去反应热或冷却。所以在夹套管两端开了孔，并装有连接法兰，以便和相邻夹套管相连通。为安装方便，在整管中间部位装有支座。

(2) 弯管

弯管结构与直管基本相同。弯头半径 $R \geqslant 5D$ (1±4%)。弯管在机架上的安装方法允许其有足够的伸缩量，故不再另加补偿器。

(3) 密封环

套管式反应器的密封环为透镜环。透镜环有两种形状：一种是圆柱形透镜环，另一种是带接管的 T 形透镜环。圆柱形透镜环由反应器内管同一材质制成。带接管的 T 形透镜环用于安装测温、测压元件。

(4) 管件

反应器的连接必须按规定的紧固力矩进行，对法兰、螺柱和螺母都有一定力矩要求。

(5) 机架

反应器机架用桥梁钢焊接成整体。地脚螺栓安放在基础桩的柱头上，安装管子支架的部位装有托架，管子用抱箍与托架固定。

5.3.2.3 管式反应器的分类及工业应用

通常按管式反应器与管道的连接方式不同，把管式反应器分为多管串联管式反应器和多管并联管式反应器。多管串联管式反应器，一般用于气相反应和气液相反应。例如烃类裂解反应和乙烯液相氧化制乙醛反应。多管并联管式反应器一般用于气固相反应。例如气相氯化氢和乙炔在多管并联装有固相催化剂的管式反应器中反应制氯乙烯。

管式反应器是应用较多的一种连续操作反应器，常用的管式反应器有以下几种类型。

(1) 水平管式反应器

图 5-13 是进行气相或均液相反应常用的一种管式反应器，由无缝钢管与 U 形管连接而成。这种结构易于加工制造和检修。高压反应管道的连接采用标准槽对焊钢法兰，可承受 1600～10000kPa 压力。如用透镜面钢法兰，承受压力可达 10000～20000kPa。

(2) 立管式反应器

单程立管式反应器为带中心插入管的立管式反应器。有时也将一束立管安装在一个加热套筒内，以节省安装面积。立管式反应器被应用于液相氨化反应、液相加氢反应、液相氧化反应等工艺中。

图 5-13 水平管式反应器

（3） 盘管式反应器

将管式反应器做成盘管的形式，设备紧凑，节省空间。但检修和清刷管道比较困难。图 5-14 所示的反应器由许多水平盘管上下重叠串联组成。每一个盘管是由许多半径不同的半圆形管子相连接成螺旋形式，螺旋中央留出 Φ400mm 的空间，便于安装和检修。

图 5-14 外盘管式反应器

（4） U 形管式反应器

U 形管式反应器的管内设有多孔挡板或搅拌装置，以强化传热与传质过程。U 形管的直径大，物料停留时间增长，可应用于反应速率较慢的反应，例如带多孔挡板的 U 形管式反应器被应用于己内酰胺的聚合反应。带搅拌装置的 U 形管式反应器适用于非均液相物料或液固相悬浮物料，如甲苯的连续硝化、蒽醌的连续磺化等反应。图 5-15 是一种强化型传热的 U 形管式反应器。

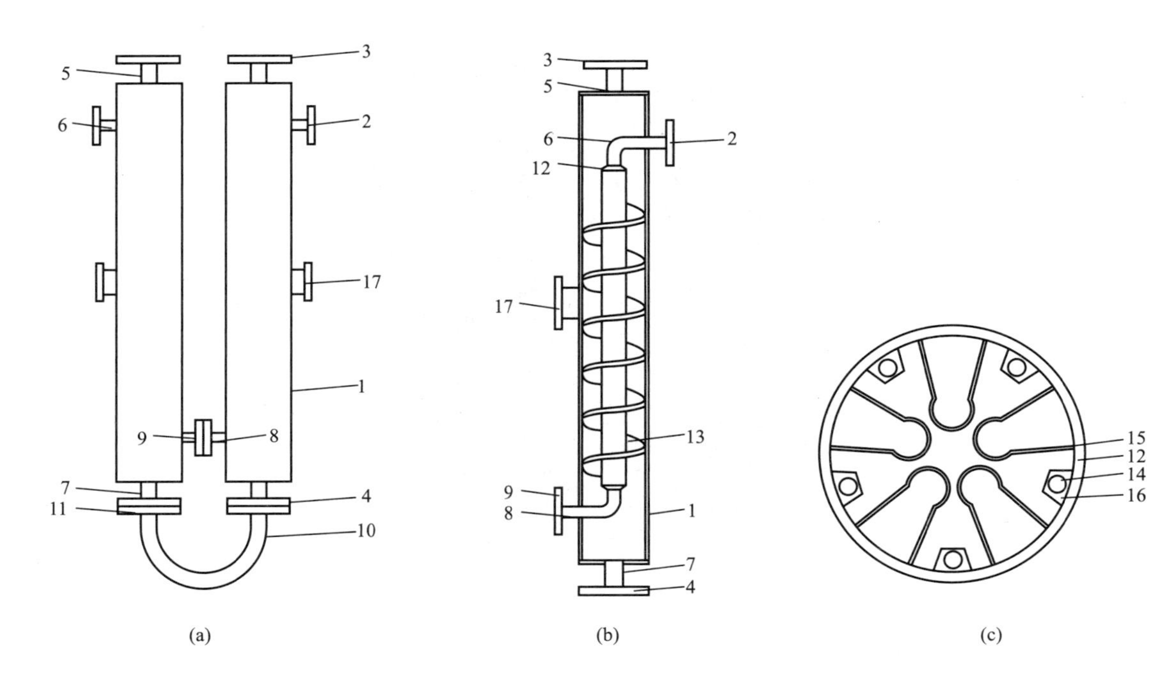

图 5-15 U 形管式反应器外部（a）和内部（b）、（c）结构图

1—反应管；2—第三法兰；3—第一法兰；4—第五法兰；5—第一物料管；6—第一热媒管；7—第二物料管；8—第二热媒管；9—第四法兰；10—弯管；11—第二法兰；12—换热管；13—螺旋片；14—通孔；15—翅片；16—导热条；17—检修口

5.3.2.4 多管降膜式反应器——磺化反应器

以抚顺某石化公司洗化厂磺化装置中的多管降膜式反应器为例介绍管式反应器。

抚顺某石化公司洗化厂的磺化装置引进意大利 Ballestra 公司的技术，以直链烷基苯、硫黄为主要生产原料，生产直链烷基苯磺酸。装置核心设备是 Ballestra 公司的多管降膜式磺化反应器。该磺化反应器的主要特点是：气、液分配均匀，能够充分接触、反应，转化率高，游离油含量低；装置的检测仪表和控制阀门自动化程度高，监控系统采用 PLC 控制系统。整套装置工艺先进，设备精良，具有适应原料品种广、消耗指标低、产品质量好等优点。

（1）多管降膜式磺化反应器结构

多管降膜式磺化反应器由不同数量的单元管组合而成，单元管的数量因产量不同而不同，设备的生产能力主要取决于反应管根数的多少。磺化车间磺化装置的 16R1 磺化反应器，反应管共计 144 根，设计能力是 5t/h，其结构比较简单。

（2）多管降膜式磺化反应器结构特点

① 多管降膜式磺化反应器的选材。由于磺化反应的生成物（如磺酸）腐蚀性较强，且容易混入水分，因而多管降膜式磺化反应器选用优质超低碳不锈钢作为反应管材质以防腐蚀。

② 多管降膜式磺化反应器的反应管结构相对简单。投产前必须对每根反应管成膜状况进行现场调试，产量越大，反应管数越多，调试时间也相对延长。多管降膜式磺化反应器由

多根反应管组成，在使用过程中如发现某根反应管被腐蚀或损坏，可单独换管而不影响其他反应管，反应管维护过程相对复杂，使用寿命一般为10年以上。

③ 多管降膜式磺化反应器头部分配系统。多管降膜式磺化反应器的特殊烷基苯料进料分布系统，通过改变调节垫片的厚度，实现原料均匀分配，将其单管流量相对误差调整在所需的范围（一般控制在±2%）内。多管降膜式磺化反应器的结构如图5-16所示。

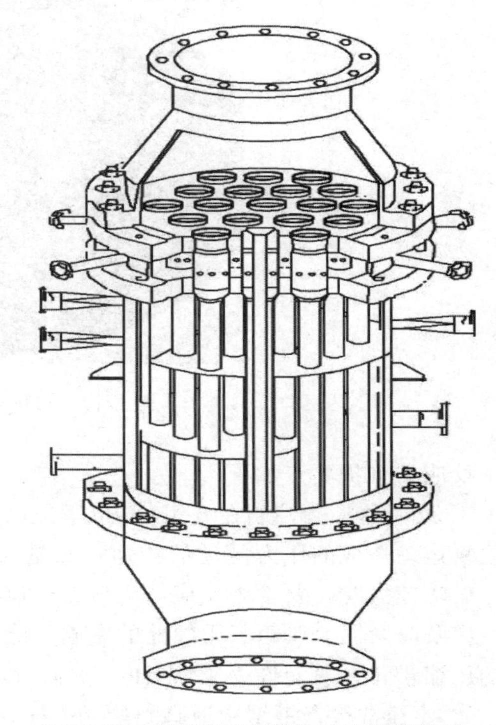

图5-16　多管降膜式磺化反应器结构图

(3) 多管降膜式磺化反应器的工作原理

在16R1磺化反应器内部互相平行的反应管垂直排列在壳体内，反应热的导出在壳体内进行，反应管长6m，分上下两段进行冷却。烷基苯经一个始终保持完全充满状态的物料室均衡进入若干个相同反应管，将烷基苯用分布器均匀分布于反应管壁四周，物料呈膜状自上而下流动，喷入的SO_3气体混合物与物料在液膜上相遇并发生反应，自上而下SO_3浓度越来越低，物料的黏度越来越大，磺化率逐步提高，至反应管下端出口，反应基本完成。

反应过程同时放出大量的热，采用壳程循环冷却水冷却，从而保持稳定的反应温度，反应和换热同时进行进而保证较小的反应压降。SO_3-空气的混合气体通过磺化反应器，液体物料停留时间只有几秒，几乎不存在物料的返混现象，保证减少过磺化及其他的副反应的发生，多管降膜式磺化反应器内磺化反应的总速率取决于SO_3向液膜表面的扩散速度。

(4) 磺化反应器的实际生产情况

烷基苯磺化反应为高度放热的极速反应过程，反应管内有结焦物质产生，而这种结焦的状态会呈累加趋势，随装置运行时间的延长不断加剧。由于系统结焦将影响磺化反应的正常进行，其对操作条件的要求相当苛刻。随着反应的不断进行，原料中部分组分发生过磺化、副反应产物的生成、反应热没有被及时带走等都会在磺化反应器中发生，导致系统内有大量的SO_3气体剩余，这部分剩余的SO_3将随着磺酸进入后续工段，进而影响到磺酸输出泵、旋风分离器、老化罐、水解泵以及磺酸储罐的正常工作。

在停车检修时，会发现磺化反应器分配头和列管堵塞严重，如图5-17所示。结焦物质水溶性差，不易清理，需要对列管以及分配头进行疏通和处理。

5.3.2.5　管式反应器常见故障和处理方法

管式反应器与釜式反应器相比较，由于没有搅拌器类转动部件，具有密封可靠、振动小、管理和维护保养简便的特点。由于反应器是工艺过程的重点环节，因此需要定期巡回检查反应器的使用状况，一旦发现问题，必须及时处理。

图 5-17 磺化反应器头部结焦情况

反应器维护要点如下。

① 反应器振幅控制在 0.1mm 以下。反应器的振动通常有两个来源：一是超高压压缩机的往复运动造成的压力脉动的传递；二是反应器末端压力调节阀频繁动作而引起的压力脉动。振幅较大时，要检查反应器入口、出口配管接头箱紧固螺栓及本体抱箍是否松动，若松动，应及时紧固；头箱紧固螺栓的紧固只能在停车后才能进行，调整时还要注意碟形弹簧垫圈的压缩量，一般允许为压缩量的 50%，以保证管子热膨胀时的伸缩自由。

② 要经常检查钢结构地脚螺栓是否松动，焊缝部分是否有裂纹，等。

③ 开停车时要检查管子伸缩是否受到约束，位移是否正常。直管支架处碟形弹簧垫圈保证不能卡死，弯管支座的固定螺栓也不能压紧，以防止反应器伸缩时的正常位移受到阻碍。

管式反应器常见故障及处理方法见表 5-2。

表 5-2 管式反应器常见故障及处理方法

序号	故障现象	故障原因	处理方法
1	密封泄漏	① 安装密封面受力不均。 ② 振动引起紧固件松动、滑动。 ③ 部件受阻造成局部热胀冷缩。 ④ 不均匀密封环材料处理不符合要求	停车修理： ① 按规范要求重新安装。 ② 把紧紧固螺栓。 ③ 检查、修正相对活动部位。 ④ 更换密封环
2	放出阀泄漏	① 阀杆弯曲度超过规定值。 ② 阀芯、阀座密封面受伤。 ③ 装配不当，使油缸行程不足；阀杆与油缸锁紧螺母不紧；密封面光洁度差；装配前清洗不够。 ④ 阀体与阀杆相对密封面过大，密封比压减小。 ⑤ 油压系统故障造成油压降低。 ⑥ 填料压盖螺母松动	停车修理： ① 更换阀杆。 ② 阀座密封面研磨。 ③ 解体检查重装，并做动作试验。 ④ 更换阀门。 ⑤ 检查并修理油压系统。 ⑥ 紧螺母或更换

续表

序号	故障现象	故障原因	处理方法
3	爆破片爆破	① 膜片存在缺陷。 ② 爆破片疲劳破坏。 ③ 油压放出阀联锁失灵，造成压力过高。 ④ 运行中超温超压发生分解反应	① 注意安装前爆破片的检验。 ② 按规定定期更换。 ③ 检查油压放出阀联锁系统。 ④ 分解反应爆破后，应做下列各项检查：接头箱超声波探伤，相接邻近超高压配管超声波探伤。经检查不合格的接头箱及高压配管应更新
4	反应管胀缩	① 安装不当，使弹簧压缩量增大，调整垫板厚度不当。 ② 机架支托滑动面相对运动受阻。 ③ 支撑点固定螺栓过长。 ④ 机架孔位置不正	① 重新安装，控制碟形弹簧压缩量。 ② 选用适当厚度的调整垫板。 ③ 检查清理滑动面。 ④ 调整反应管位置或修正机架孔
5	套管泄漏	① 套管进出口因管径变化引起汽蚀，穿孔套管定心柱处冲刷磨损穿孔。 ② 套管进出接管结构不合理。 ③ 套管材料较差。 ④ 接口及焊接存在缺陷。 ⑤ 联络管法兰紧固不均匀	停车局部修理： ① 改造套管进出接管结构。 ② 选用合适的套管材料。 ③ 焊口按规范修补。 ④ 重新安装联络管，更换垫片

5.4　其他设备

其他设备以安全阀为例进行讲述。

5.4.1　安全阀的定义

安全阀是一种自动阀门，它不借助任何外力而利用介质本身的作用力来排出额定数量的流体，以防止系统内部压力超过预定的安全值。当恢复正常压力后，阀门自行关闭并阻止介质继续流出。弹簧式安全阀的剖面结构见图 5-18。

公称压力（PN）指安全阀进口所能承受的最高压力，它代表安全阀进口法兰的压力等级。公称通径（DN）是安全阀进口法兰的公称直径。整定压力指安全阀阀瓣在运行条件下开始升起时的进口压力，在该压力下，开始有可测量的开启高度，介质处于可由视觉或听觉感知的连续排出状态。整定压力也称开启压力，是安全阀阀瓣开始动作，离开所接触的密封面，并有一定的位移时的压力。

5.4.2　安全阀的投用

使用安全阀前，首先要正确安装。安全阀安装正确与否，不但关系到安全阀能否正常工作并发挥其应有的作用，而且同时也将直接影响安全阀的动作性能、密封性能和排量等指标。

图 5-18 弹簧式安全阀的剖面结构

安全阀安装投用时应注意以下几点：

① 安全阀应安装在压力容器及其管道上对压力反应最敏感的部分。

② 安全阀应安装在操作及修理人员便于拆装及进行定期检修的场所。

③ 安全阀投用前，应检查安全阀的螺栓、垫片使用是否正确。

④ 安全阀投用前，安全阀是否检验合格。

⑤ 安全阀投用前，安全阀是否试密合格，安全阀中法兰处是否存在泄漏情况。

⑥ 确认安全阀是否存在前后手阀。对于存在前后手阀的安全阀，前后手阀安装是否正确，是否正确投用，阀门手轮是否全开，是否做好铅封。

安全阀投用的程序如下所示：

[P]—安全阀试密合格

[P]—确认安全阀校验合格

[P]—投用安全阀出口手阀

[P]—投用安全阀入口手阀

[I]—确认与安全阀相连接的管线和设备压力正常

[P]—发现压力变化及时关闭安全阀出、入口手阀

[P]—投用后，安全阀前、后手阀安装铅封

5.4.3 安全阀的拆卸

装置停工检修或者安全阀需要拆卸检验时，应先将安全阀的前、后手阀关闭，检查不漏，再使用合适的工具将安全阀拆卸。拆卸时，要注意安全阀的排放位置，进、出口的密封面应避免接触地面。

5.4.4 安全阀的维护保养

① 对于在运行中的安全阀，在日常生产中，应作定期检查。应特别注意阀座和阀瓣密

封面以及弹簧的状况，观察连接螺栓是否松动，巡检时，利用测温仪检查安全阀出、入口的温度，借此来判断安全阀是否存在内漏。

② 对每一个安全阀应建立使用卡片，使用卡片中应保存供货商提供的阀门合格证的副本，以及安全阀修理、检查和调整记录的副本。

③ 对使用中的安全阀，应按照国家有关规程、法规的规定，每年至少进行一次定期校验，并保存好安全阀的校验报告。

④ 对于作为备件的安全阀，长期库存时，建议保存在干燥的室内并用纸包裹，竖直放置。

习题

1. 说明什么是离心泵的气缚和汽蚀。
2. 石油化工用泵的特点有哪些?
3. 简述浮头式换热器和U形管换热器的区别。
4. 板式塔的种类有哪些?
5. 简述什么是液泛和雾沫夹带。
6. 管式反应器的特点有哪些?
7. 安全阀使用注意事项有哪些?

第6章 操作软件使用说明

操作员培训系统（operator training system，OTS）的核心是仿真模拟技术，即在计算机上仿真模拟石化行业各流程的真实生产过程，建立对应的“虚拟工厂”，包含其生产过程及其控制逻辑。在此基础上，实现对工厂过程和控制逻辑的模拟、调整和培训。

这种 OTS 技术对工厂和实训单位有以下作用：

① 情景培训，特别是对生产现场的故障情景再现。

② 验证关键工艺参数变化对生产工艺的影响。

③ 完成对整个生产工艺的系统化学习。

④ 工业控制、智能制造等先进技术的辅助设计。

操作员培训系统包括三方参与者：操作员（学生站）、教师（教师站）和“虚拟工厂”。其运行方式为：“虚拟工厂”可接收来自教师站的各种故障和操作指令，并将其产生的流程变化反映到操作员站上，以此形成对操作员的培训和考评。

通过 OTS 系统和三维虚拟工厂以及现场实物装置的多方交互，可以完整地实现装置的开停工、方案优化、稳态运行、事故处理等环节的操作；通过线上与线下有机融合，模拟工厂实际操作流程，可以更完整地感受石油化工企业的生产氛围。

6.1 OTS 操作员培训系统

6.1.1 OTS 实训系统登录

① 双击桌面 OTS 实训系统图标“ ”，按实训环节选择“环氧乙烷/聚氧/烷基化/磺化作业实操系统”。

② 下拉菜单中出现“单机版”和“局域网版”两个选项，选择“单机版”，如图 6-1，

单击“确定”进入单机版OTS仿真操作系统，进行单机版离线模拟操作。

③ 选择“局域网版”，如图6-2，可以按提前设定的班级、分组进入操作系统，单击“确定”进入分组考核系统，可以实现分组实训和考核。

④ 进入OTS装置仿真系统界面，如图6-3所示，选择不同的精细化工工艺流程，相对应的操作界面会有所区别。

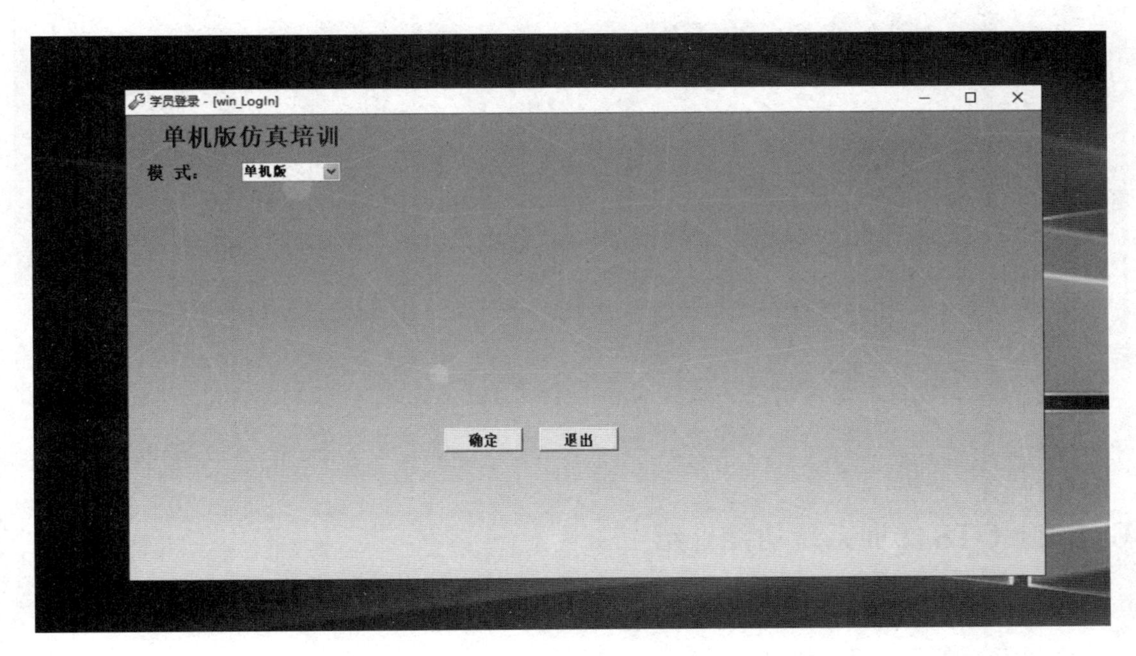

图6-1 OTS系统单机版登录

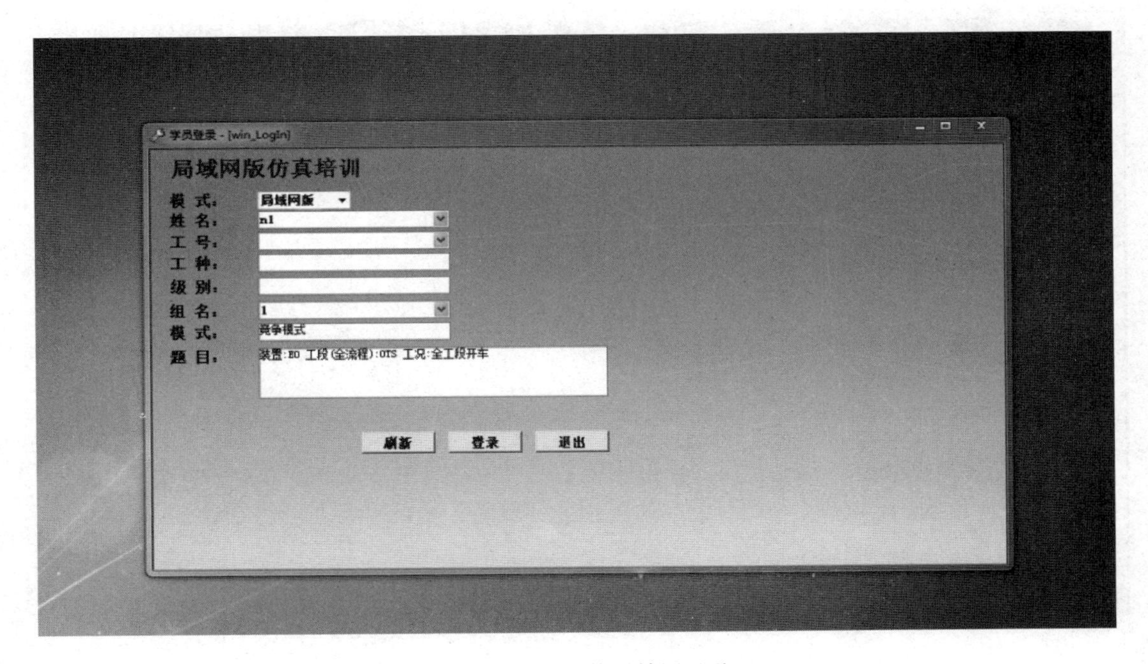

图6-2 OTS系统局域网登录

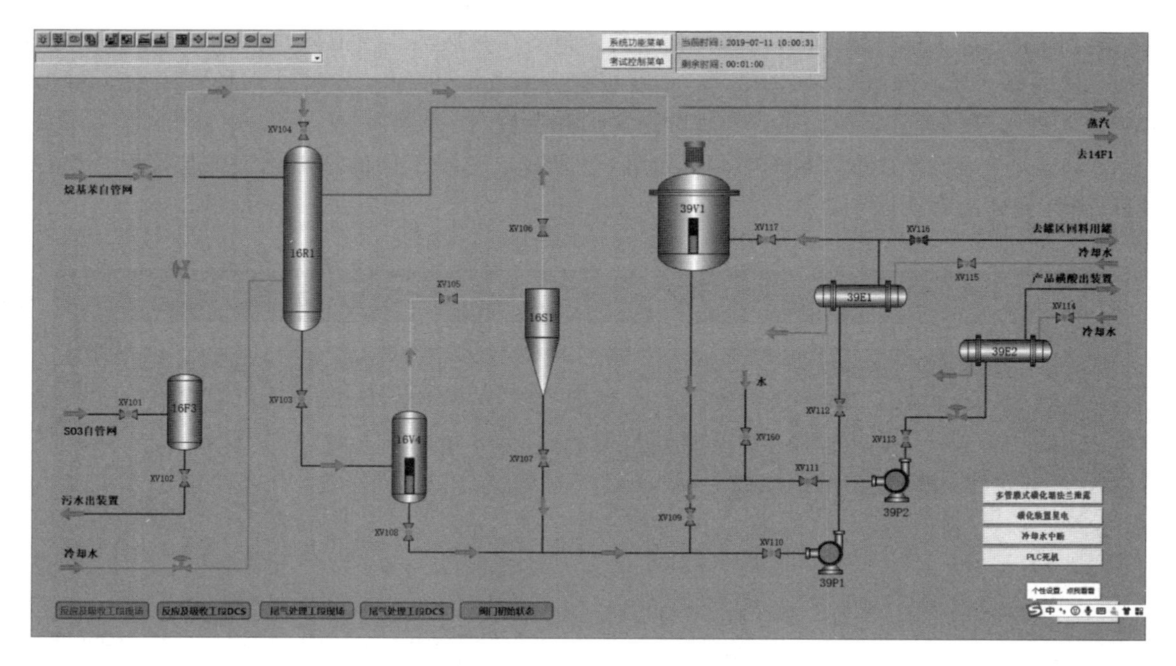

图 6-3 OTS 系统登录后界面

6.1.2 OTS 实训系统功能介绍

6.1.2.1 教师端系统功能

OTS 系统教师端界面如图 6-4 所示。

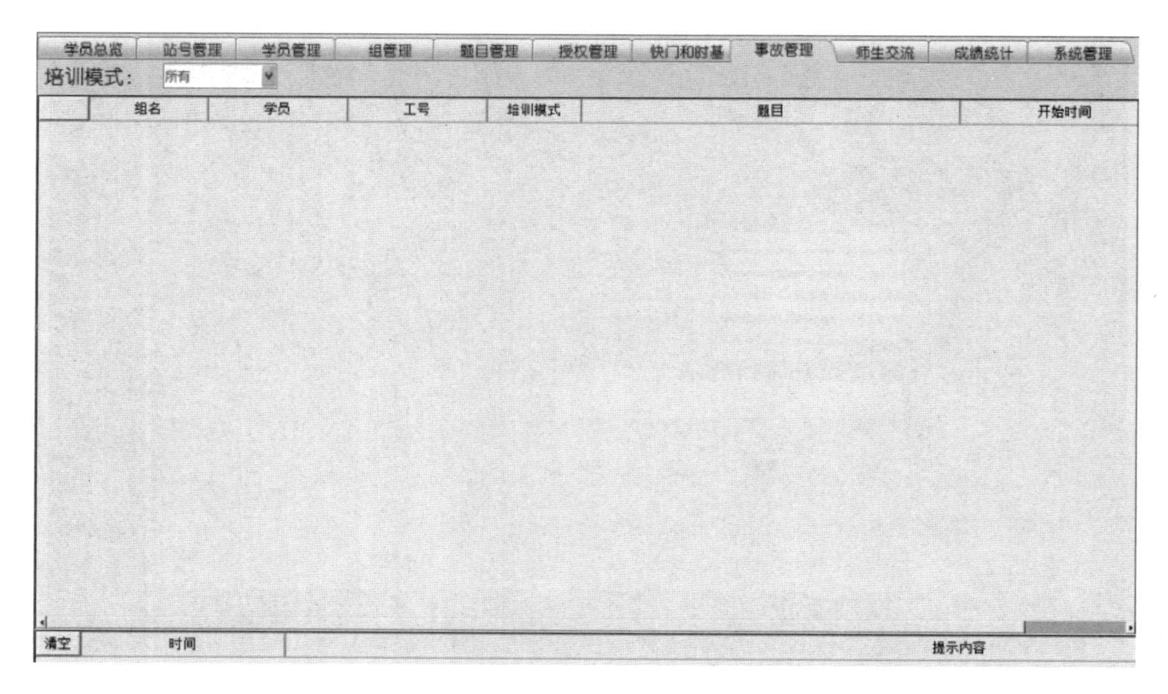

图 6-4 OTS 系统教师端界面

“站号管理”和“学员管理”。此处功能可以实现学生姓名和学生端电脑 IP 地址的对应，以便实现对实训课程的操作管理。

“组管理”。以学生岗位设置新建小组，根据各小组实际情况设置“竞争模式”“合作模式”训练。

“题目管理”。给每个组的学生选择考试题目，如全流程训练、分流程训练、冷态开车、正常停车等。

“授权管理”。教师可选择性授权“保存快门”“读取快门”“删除快门”等功能给学生。

“事故管理”。教师可以根据分组、学生岗位情况，选择给不同组的学生触发不同的事故处理内容。

“师生交流”。打开此功能后，学生与老师可以在聊天室内通过文字输入形式随时互动交流，解决遇到的操作和工艺问题。

“成绩统计”。教师可以随时查看学生分组或全流程的操作成绩。

6.1.2.2 学生操作端功能

(1) 工艺流程操作训练

如图 6-5 所示，学生按指导教师要求进入对应操作系统，选择界面上顶部“系统功能菜单”，单击后选择“题目设置”，在“可选择的装置”中选择“环氧乙烷/聚氧/烷基化/磺化”，“可选择的工段”可以设置“全流程”或“OTS”，设置培训时间，单击“确定”可以进行相关工艺的操作训练。

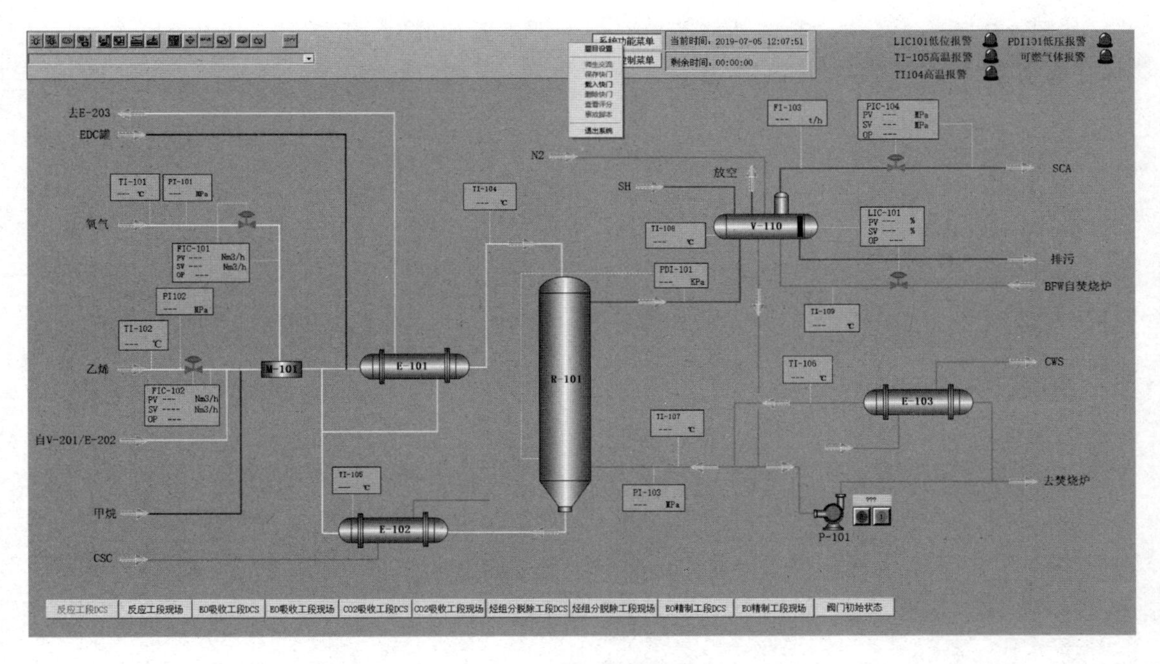

图 6-5 OTS 系统题目设置

(2) 事故操作训练模式

如图 6-6 所示，若需要选择“事故 X”，点击“系统功能菜单”中的“事故脚本”，然后点击“事故触发”。

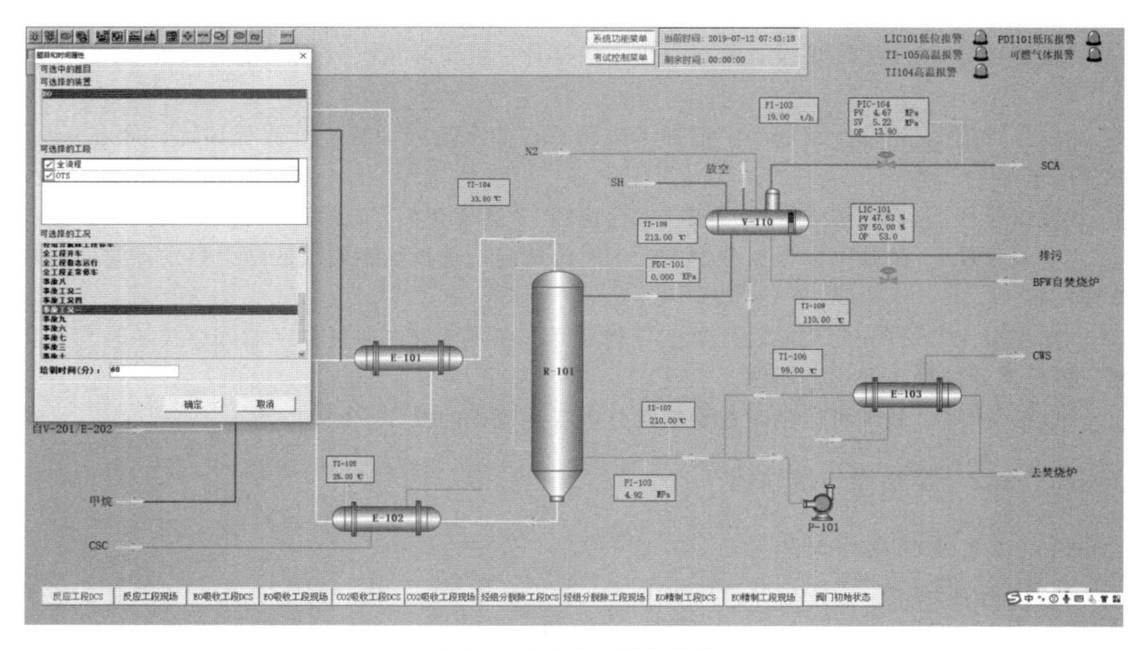

图 6-6 OTS 系统事故触发

(3) 查看操作评分

如图 6-7 所示，单击“系统功能菜单”中的“查看评分”，可参照其中步骤操作，单击“保存成绩”，可将成绩存到指定位置，方便查看。

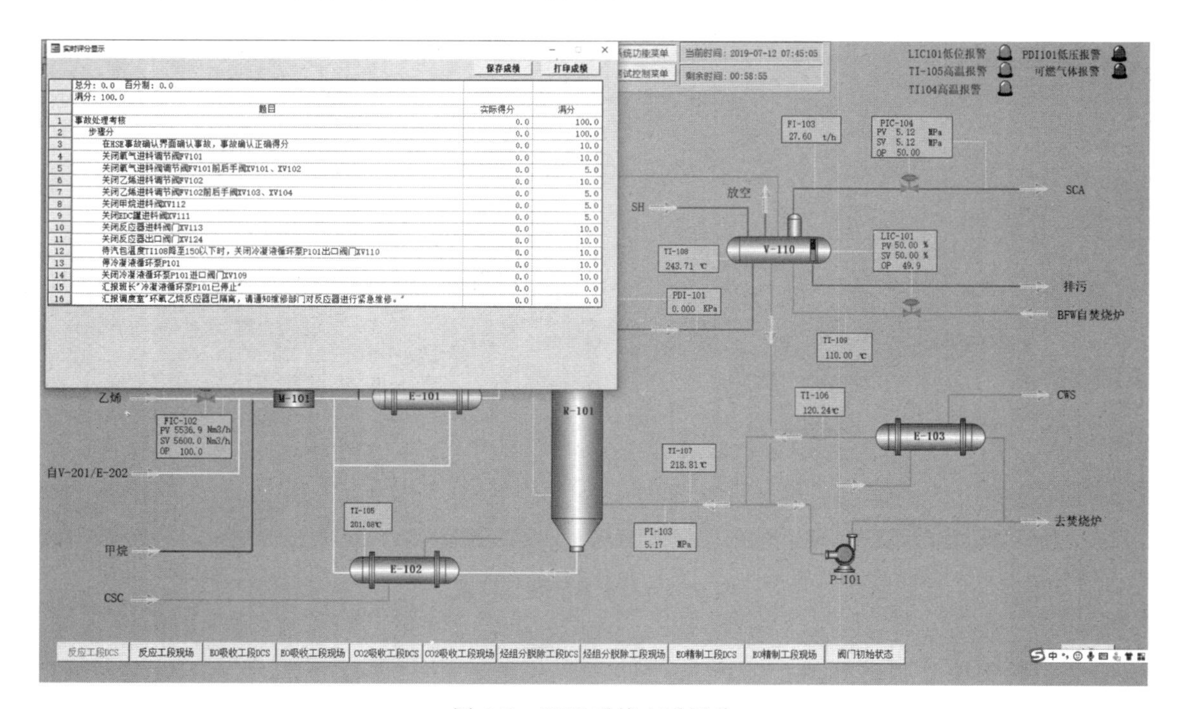

图 6-7 OTS 系统查看评分

(4) 操作进度存档

如图 6-5 所示，当操作未完成，需要保存操作进度时，点击工具栏中“系统功能菜单”下的“保存快门”，修改快门名字，点击“确定”。点击工具栏中“系统功能菜单”下的“载入快门”，可载入未做完的题目。

(5) 操作进度读取

当需要从保存的进度开始操作时，先点击“考试控制菜单”中的“暂停”，系统即被暂停，保持当前操作状态。当系统冻结后要继续进行操作时，再点击工具栏中“考试控制菜单”下的“继续”，系统继续运行。OTS 操作全部完成后，点击工具栏中“考试控制菜单”下的“停止”，系统操作结束并显示操作评分。

(6) 交卷

操作结束之后，单击“交卷”，即结束考试。单击“系统功能菜单”中的“退出系统”，退出程序。

6.2 三维虚拟工厂

6.2.1 启动程序

① 启动 OTS 软件“环氧乙烷/聚氧/烷基化/磺化作业实操虚拟工厂版”，进入程序，设置题目和考试内容。

② 启动虚拟工厂。

6.2.2 登录界面

输入用户名（用户名需要以 w 开头）和服务器 ID，点击登录按钮。如图 6-8。

图 6-8 三维虚拟工厂登录界面

如需要单机版操作训练，服务器 ID 为自己所在电脑 IP；需要三维交互操作时，要登录内操 OTS 系统 IP 地址。OTS 操作系统执行内操操作，三维虚拟工厂模拟外操操作，可完成内外操协同开工、停工等工艺过程训练。

6.2.3 操作界面介绍

① 地图显示。如图 6-9 所示，点击右侧图标小地图按钮，出现小地图，按 E 键可以放大地图效果。

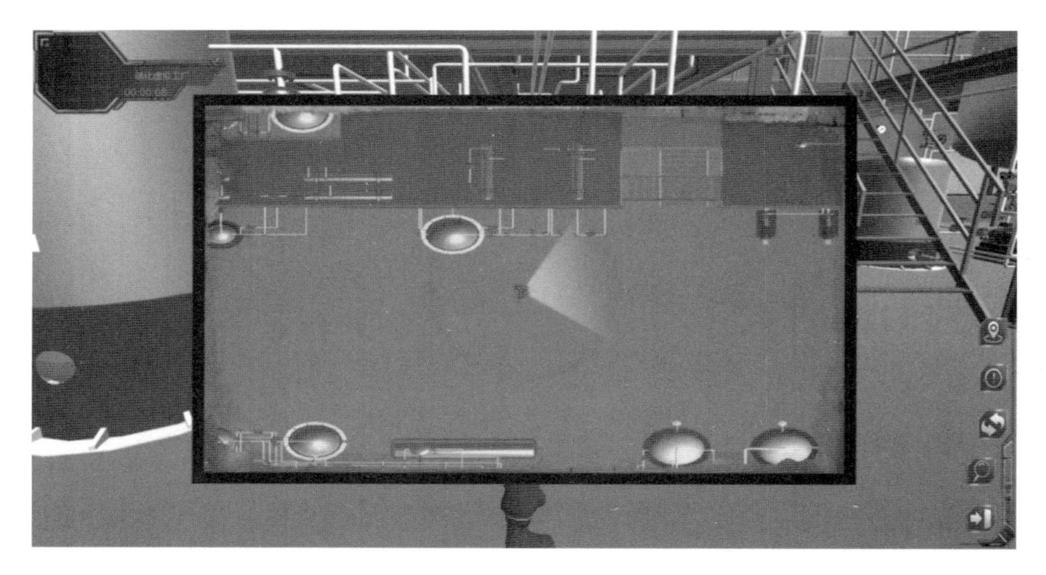

图 6-9 三维虚拟工厂地图显示

② 操作要求。如图 6-10 所示，点击右侧图标操作说明按钮，出现操作说明。

图 6-10 三维虚拟工厂操作说明

③ 人物复位。如图 6-11 所示，点击右侧复位按钮，可以使人物回到初始位置。

图 6-11　三维虚拟工厂人物复位

④ 设备位置查询。如图 6-12 所示，点击右侧查询按钮，输入设备位号，点击确定，移动到该设备的位置。

图 6-12　三维虚拟工厂设备位号

⑤ 退出系统。点击右侧退出按钮，退出程序或者返回主界面。

6.2.4　拓展功能介绍

① 设备放大位号和二维码。如图 6-13 所示，将鼠标放在阀门组位号牌上，双击右键有

放大效果，按鼠标中键退出放大。

图 6-13 三维虚拟工厂放大效果

② 设备视频播放。如图 6-14 所示，用鼠标点击换热器可以播放此设备的功能视频，有助于更形象地了解和掌握设备的结构和功能。

图 6-14 三维虚拟工厂设备视频播放

③ 设备拆卸组装。如图 6-15～图 6-17 所示，点击右侧按钮可以了解典型设备（浮头式换热器、水环真空泵、螺杆压缩机等）的工作原理及内部结构，并对设备进行拆分和组装。

图 6-15　三维虚拟工厂设备拆装说明

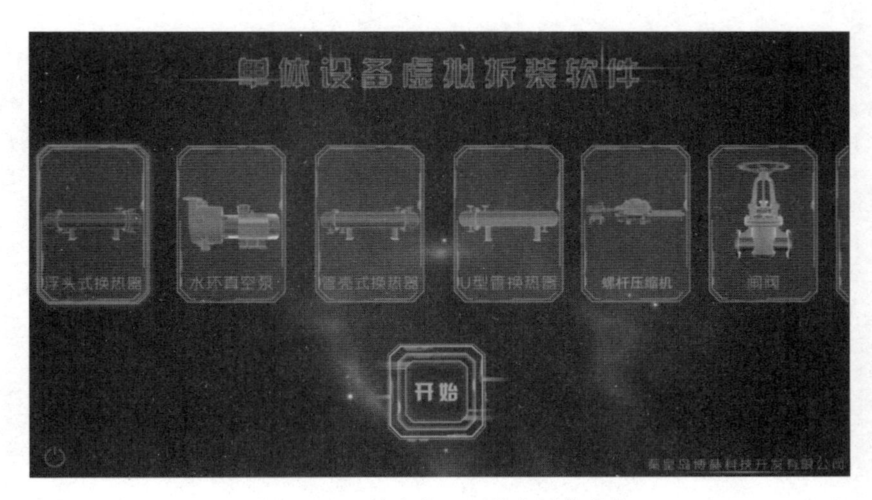

图 6-16　三维虚拟工厂设备拆装软件

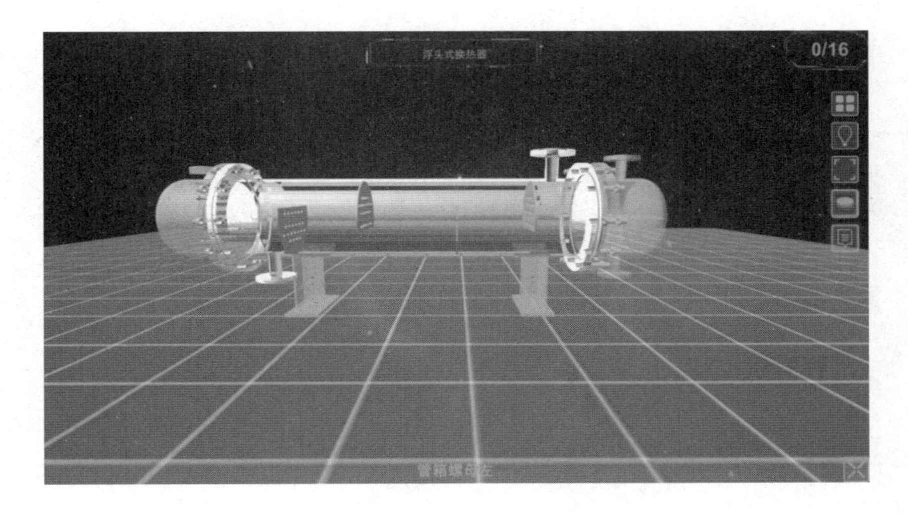

图 6-17　浮头式换热器拆装

参考文献

[1] 智恒平．化工安全与环保［M］．2版．北京：化学工业出版社，2016.
[2] 方文林．危险化学品从业人员安全培训教材［M］．北京：中国石化出版社，2020.
[3] 应急管理部化学品登记中心．危险化学品事故应急处置与救援［M］．北京：应急管理出版社，2020.
[4] 胡广霞．防火防爆技术［M］．北京：中国石化出版社有限公司，2018.
[5] 刘德峥，黄艳芹，赵昊煜，等．精细化工生产技术［M］．北京：化学工业出版社，2019.
[6] 宋启煌，方岩雄．精细化工工艺学［M］．4版．北京：化学工业出版社，2018.
[7] 李忠义，李新，张秀红，等．磺化反应和磺化产品应用［M］．大连：大连理工大学出版社，2019.
[8] 中安华邦（北京）安全生产技术研究院．烷基化工艺作业资格培训考核教材［M］．北京：团结出版社，2021.
[9] 周国保．化学反应器与操作［M］．北京：化学工业出版社，2014.
[10] 薛敦松．石油化工厂设备检修手册：泵［M］．2版．北京：中国石化出版社，2007.
[11] 朱晏萱．换热设备运行维护与检修［M］．北京：石油工业出版社，2012.
[12] 章裕昆．安全阀技术［M］．北京：机械工业出版社，2016.
[13] 夏清，姜峰．化工原理［M］．北京：化学工业出版社，2021.
[14] 麻晓霞，田晓中，田永华．化工仪表及自动控制［M］．北京：化学工业出版社，2020.
[15] 宋虎堂．精细化工工艺实训技术［M］．天津：天津大学出版社，2008.
[16] 濮存恬．精细化工过程及设备［M］．北京：化学工业出版社，2019.
[17] 卢中民，段树斌．化工单元操作实训教程［M］．北京：化学工业出版社，2018.
[18] 李会鹏，黄炜，李宁．石油加工实物仿真实践指南［M］．北京：中国石化出版社，2016.
[19] 杨占旭，王海彦，李宁．石油化工实物仿真实践指南［M］．北京：清华大学出版社，2021.
[20] 孙文志，李会鹏，李宁．石油化工产业链实训教程［M］．北京：化学工业出版社，2021.